国防科技大学建校 70 周年系列著作

火箭冲压组合循环多模态燃烧过程

孙明波　李佩波　安　彬　顾　瑞　著

科学出版社

北京

内 容 简 介

本书围绕火箭冲压组合循环发动机宽域多模态燃烧组织技术展开讨论。首先介绍了火箭冲压组合循环发动机的典型方案、工作特性和关键技术;然后对比了火箭冲压组合循环发动机在多种燃烧模式下的热力学过程,阐述了火箭冲压组合循环发动机在引射模态和冲压模态的掺混过程和混合增强方法;最后对火箭冲压组合循环发动机在引射模态和冲压模态的燃烧组织过程进行了详细分析。

本书可供高等院校飞行器动力工程、航空宇航推进理论与工程等专业的高年级本科生、研究生阅读,也可供从事发动机设计、组合动力关键技术攻关的研究人员参考。

图书在版编目(CIP)数据

火箭冲压组合循环多模态燃烧过程 / 孙明波等著. —
北京:科学出版社,2023.10
ISBN 978－7－03－076349－5

Ⅰ.①火… Ⅱ.①孙… Ⅲ.①固体推进剂火箭发动机
—燃烧分析 Ⅳ.①V435

中国国家版本馆 CIP 数据核字(2023)第 180065 号

责任编辑:徐杨峰 / 责任校对:谭宏宇
责任印制:黄晓鸣 / 封面设计:无极书装

科学出版社 出版
北京东黄城根北街 16 号
邮政编码:100717
http://www.sciencep.com

南京展望文化发展有限公司排版
苏州市越洋印刷有限公司印刷
科学出版社发行 各地新华书店经销

*

2023 年 10 月第 一 版 开本:720×1000 1/16
2023 年 10 月第一次印刷 印张:21 3/4
字数:365 000
定价:170.00 元
(如有印装质量问题,我社负责调换)

总　　序

国防科技大学从 1953 年创办的著名"哈军工"一路走来,到今年正好建校 70 周年,也是习主席亲临学校视察 10 周年。

七十载栉风沐雨,学校初心如炬、使命如磐,始终以强军兴国为己任,奋战在国防和军队现代化建设最前沿,引领我国军事高等教育和国防科技创新发展。坚持为党育人、为国育才、为军铸将,形成了"以工为主、理工军管文结合、加强基础、落实到工"的综合性学科专业体系,培养了一大批高素质新型军事人才。坚持勇攀高峰、攻坚克难、自主创新,突破了一系列关键核心技术,取得了以天河、北斗、高超、激光等为代表的一大批自主创新成果。

新时代的十年间,学校更是踔厉奋发、勇毅前行,不负党中央、中央军委和习主席的亲切关怀和殷切期盼,当好新型军事人才培养的领头骨干、高水平科技自立自强的战略力量、国防和军队现代化建设的改革先锋。

值此之年,学校以"为军向战、奋进一流"为主题,策划举办一系列具有时代特征、军校特色的学术活动。为提升学术品位、扩大学术影响,我们面向全校科技人员征集遴选了一批优秀学术著作,拟以"国防科技大学迎接建校 70 周年系列学术著作"名义出版。该系列著作成果来源于国防自主创新一线,是紧跟世界军事科技发展潮流取得的原创性、引领性成果,充分体现了学校应用引导的基础研究与基础支撑的技术创新相结合的科研学术特色,希望能为传播先进文化、推动科技创新、促进合作交流提供支撑和贡献力量。

　　在此,我代表全校师生衷心感谢社会各界人士对学校建设发展的大力支持! 期待在世界一流高等教育院校奋斗路上,有您一如既往的关心和帮助! 期待在国防和军队现代化建设征程中,与您携手同行、共赴未来!

国防科技大学校长

2023 年 6 月 26 日

前　言

　　日益频繁的空间研究与开发利用活动对空天动力系统的适应性、经济性和可重复使用能力等提出了更高的要求。火箭发动机难以解决比冲性能低的固有缺陷,发射成本仍然高昂。传统的吸气式发动机,如涡轮发动机和冲压发动机等,只能在大气层内工作,且不同的吸气式发动机具有不同的高度和速度适应范围。现有单一类型的动力形式难以满足重复使用高超声速飞行器及天地往返运输系统的快速、经济、可重复使用及遂行多任务灵活作战的需求,发展性能先进的组合循环推进系统迫在眉睫。火箭冲压组合循环(rocket-based combined cycle, RBCC)发动机将可重复使用火箭集成于宽范围冲压发动机流道,实现高推重比、低比冲的火箭发动机和高比冲、低推重比的冲压发动机的有机结合。基于火箭射流与冲压流道的合理匹配,可以实现发动机在不同飞行马赫数下稳定工作,从而保证发动机在各个飞行区间均达到良好性能。RBCC 发动机的宽速域适应性、高推重比和高比冲等优势使其在天地往返飞行器、高超飞行器及导弹武器等诸多领域具有广阔的应用前景,已成为新型动力领域的研究热点。

　　RBCC 发动机研制难度巨大,国内外经历了 60 余年的艰难探索仍未完成实用型发动机研制,其主要瓶颈在于宽域多模态燃烧组织技术尚未得到有效突破。RBCC 发动机的工作速域极宽($Ma = 0 \sim 25$)、工作空域极广($0 \sim 80$ km),进而导致发动机燃烧室入口来流速度、压力和温度等气动参数的变化范围跨度极大。大范围的进气条件变化给在同一流道内实现快速燃料掺混、鲁棒点火和稳定燃烧带来巨大困难。发动机的完整工作过程包括引射模态、亚燃冲压模态、超燃冲压模态和纯火箭模态等多个工作模态,工况变化范围大。发动机内存在湍流、激波、燃烧等复杂物理过程的相互耦合,燃烧模式转换过程复杂,进发匹配难度大。以上因素均给 RBCC 发动机宽域多模态燃烧组织研究带来挑战，需集中资源力量进行技术攻关。

作者所在的研究团队以 RBCC 发动机关键技术攻关为牵引，在 RBCC 发动机宽域多模态燃烧组织技术等方面开展了深入的基础研究工作。本书在总结国内外研究成果的基础上结合作者所在的研究团队的最新基础研究成果，介绍了 RBCC 发动机多模态混合及燃烧组织过程。首先较全面地介绍了 RBCC 发动机的典型方案、工作特性和关键技术，然后对比了 RBCC 发动机在多种燃烧模式下的热力学过程，阐述了 RBCC 发动机在引射模态和冲压模态的掺混过程和混合增强方法，最后对 RBCC 发动机在引射模态和冲压模态的燃烧组织过程进行了详细分析。本书可供高等院校飞行器动力工程、航空宇航推进理论与工程等专业的高年级本科生、研究生阅读，也可供从事发动机设计、组合动力关键技术攻关的研究人员参考。

在本书编写过程中，陈纪凯、李梦磊、王教儒、刘铭江等研究生做了大量的资料收集整理和校对工作，团队已毕业的研究生姚轶智、董泽宇、熊大鹏、王泰宇为本书的完稿做出了大量贡献，在此表示感谢。

本书的撰写得到了国家自然科学基金（T2221002、11925207、92252206、12102472、12102471、12002381、12002376、12272408、11902353、12302395）的资助，在此一并感谢。

感谢"国防科技大学迎接建校 70 周年系列学术著作"计划的资助，谨以此书献上作者对母校的一份祝福。

由于 RBCC 发动机宽域多模态燃烧过程较为复杂，加之作者水平有限，书中难免出现不妥之处，敬请读者批评指正。

作　者

2023 年 5 月于长沙

目　　录

第1章 绪 论

随着高超声速技术和民用航天技术的快速发展[1]，航天技术领域对水平起降、可循环使用的低成本航天运输器的需求越来越迫切。对比当前较为成熟的推进系统可知，不同的推进系统有其各自的特点和优势。冲压发动机在马赫数 3 以上时比冲较高，但是在低马赫数下无法正常工作。火箭有较高的推重比和较大的推力，但比冲相对较低，难以水平起降。因此可以将两种推进系统有机组合，即通过火箭引射增推来弥补冲压发动机的诸多缺点。在低马赫时利用火箭燃气引射一定流量的空气获得推力增益，在高马赫时主要由冲压发动机提供动力，入轨阶段则以纯火箭模式工作，从而大大拓宽发动机的飞行马赫数范围，并在很大程度上提升了全弹道综合比冲（图 1.1）。这种将火箭与冲压发动机组合在一起，共用内流道的方案就是 RBCC 发动机。

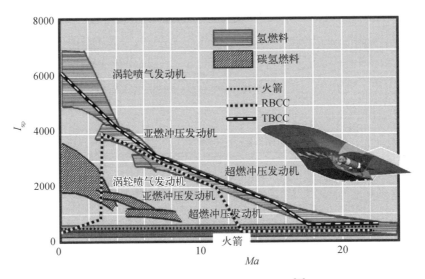

图 1.1 多种推进系统的比冲分布[2]

1.1 RBCC 发动机简介

本节简要介绍 RBCC 发动机的典型工作过程,并对当前 RBCC 发动机发展中面临的关键技术进行分类总结,最后阐述 RBCC 发动机的工程应用价值。

1.1.1 RBCC 发动机工作过程

一般来说按照空域和速域范围可以将 RBCC 发动机工作过程划分为引射模态(ejector mode)、亚燃冲压模态(ramjet mode)、超燃冲压模态(scramjet mode)和火箭模态(rocket mode)等四个模态。图 1.2 基于日本 E3 发动机[3]展示了上述四种工作模态。

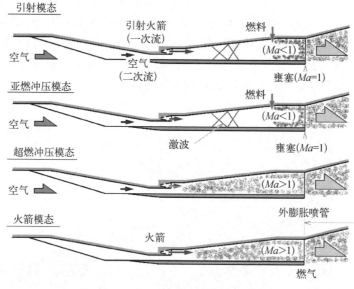

图 1.2 RBCC 发动机工作模态示意图[3]

引射模态是 RBCC 发动机的第一个模态,主要应用于飞行器的加速爬升阶段($Ma=0\sim3$),是 RBCC 发动机最具特点的工作模态。火箭燃气作为驱动流体引射空气,并在内流道中对空气进行补燃。在火箭的引射作用下,RBCC 发动机克服了低空低速时燃烧效率不高、推力不足、总压较低、内流道难以隔绝燃烧室高压力等一系列技术难题[4]。在引射过程中,火箭燃气称为一次流,引射空气称为二次流。在补燃过程中氧化剂来源于二次流,因此理论上在引射模态下发动机的比冲比火箭发动机高。

亚燃冲压模态是 RBCC 发动机的第二个工作模态,工作条件主要为 $Ma=3\sim5$。此时进气道处于起动状态,超声速来流经过进气道和隔离段激波串的压缩作用后变为亚声速气流,在燃烧室中与喷注的燃料掺混并进行亚声速燃烧。此时火箭发动机工作状态将逐渐调节为小流量富燃状态,起到引导火焰的作用,引射火箭底部区域也可以作为稳焰区。

超燃冲压模态是 RBCC 发动机的第三个工作模态,其主要工作阶段为 $Ma=6\sim10$。此时高马赫来流被进气道捕获和压缩之后,经过隔离段进入燃烧室时依然是超声速状态。气流驻留时间短[5,6]、碳氢燃料点火延迟长[7]、燃料掺混不充分[8,9]和湍流耗散强[10]等因素使实现燃料稳定高效的燃烧十分困难,需要设计合适的火焰稳定方案。超燃冲压模态的工作上限与燃料种类有关,氢燃料和碳氢燃料的最高工作马赫数分别约为 10 和 8。

火箭模态是 RBCC 发动机的最后一个工作模态,主要工作在飞行马赫数大于 10 的条件。随着飞行器高度的不断上升及马赫数的提升,来流空气捕捉量迅速下降,难以组织燃烧。此时关闭进气道,结束超燃冲压模态,重新点燃火箭发动机,以火箭作为唯一动力来源。

1.1.2　RBCC 发动机关键技术

RBCC 发动机经历了几十年的研究和发展,从设计到实验都有了很大的进步,但也有一些难题亟待解决。当前 RBCC 发动机设计面临的关键技术问题主要有:超宽范围进排气技术、宽范围冲压发动机技术、大变比变推力火箭发动机技术、火箭引射增推技术、轻质结构及热防护技术、燃料供应与控制技术等。

1.1.2.1　超宽范围进排气技术

随着飞行马赫数的变化,引射模态和冲压模态进入发动机的空气流量会在很大的范围内变化。对于固定几何的进/排气系统,如何优化进/排气设计以同时满足亚、跨、超甚至高超声速宽范围条件下进气量、压缩比和膨胀效率要求,进而保证发动机燃烧室和喷管高效鲁棒的工作是亟需解决的关键技术。对于可调节的进/排气系统,需要针对以下三个方面开展工作:① 进排气调节设计需基于大量进气道内部流场数据,厘清不同飞行状态的调节要求;② 进排气调节需与燃烧室工况进行匹配设计;③ 需解决变几何调节机构的高温动密封问题。

1.1.2.2　宽范围冲压发动机技术

对于宽域 RBCC 发动机,在同一流道内实现宽范围冲压条件下的可靠点火与燃烧组织是其面临的重大技术挑战。宽范围冲压条件下,燃烧室入口气流速度、压力、温度等参数的变化范围非常大,进气条件的大幅变化对在同一流道内实现点火和稳定燃烧带来巨大困难。随着飞行马赫数的提高,理想热力喉道面积比、流道释热匹配规律发生显著变化。马赫数为 2 时,热力喉道与进气道喉道的面积比约为 3.0。马赫数增加到 10 后,热力喉道与进气道喉道的面积比降至 1.5 以下。

1.1.2.3　大变比变推力火箭发动机技术

从 RBCC 发动机的任务剖面来看,火箭发动机在引射模态的状态应被设计为大推力、高室压、小面积比,以获得较优的推力增益;而在冲压发动机工作阶段,火箭发动机最好能维持某种"低工况"状态以获得较高的比冲,同时能作为稳定燃烧的引导火焰。这样的任务需求势必需要大变比变推力火箭发动机,实现推力或室压变化范围大于 10∶1 的可靠调节。对流量大范围可调的液体火箭发动机而言,如何在各种不同工况下保持较高的燃烧效率,以及在工况深度调节的过程中保持燃烧稳定都是相当困难的问题。

1.1.2.4　火箭引射增推技术

引射模态在低飞行马赫数下($Ma = 0 \sim 2$)比冲较低是当前 RBCC 发动机的瓶颈技术之一,从零速起飞至 $Ma = 2$ 将消耗飞行器总燃料量的 40%~50%,甚至可以达到 60% 以上。因此,火箭冲压组合发动机高效的引射增推技术需要得到重点关注。在引射模态下,如何提高进入发动机流道的引射空气流,如何高效地实现火箭燃气和空气的掺混,如何选择引射火箭工况,以及如何组织二次补燃以达到引射/掺混/高效燃烧之间的最优性能,都是引射模态工作需要解决的问题。

1.1.2.5　轻质结构与热防护技术

RBCC 发动机部件众多、系统复杂,为了进一步提升发动机推重比,必须开展结构一体化设计,从发动机质量约束角度出发,统筹考虑结构设计方案。通过系统优化,尽可能提升结构一体化程度,减小结构质量,最终提升发动机的推重比。在长时热防护设计方面,发动机内壁面温度高,热流密度大,高速富氧条件下的气流冲刷和热烧蚀现象严重,工作环境十分恶劣。对于 RBCC 发动机,需要探索变推力火箭发动机燃烧室内外两侧和冲压燃烧室内侧的主动热防护技术和新型热防护材料技术。

1.1.2.6 燃料供应与控制技术

RBCC 发动机在不同工作模式之间的转换需依靠精准的燃料供应技术及高效的监测控制技术。RBCC 发动机中包含了液态煤油及低温液氧两种燃料,这对燃料储箱、泵阀系统的设计提出了更高的要求,研制难度较大。为促进 RBCC 发动机的工程应用,亟需加快完善燃油供应系统总体设计与评估方法、提高电机泵的集成化水平、突破大流量小体积燃油泵、液氧泵的设计方法与加工技术。

1.1.3 RBCC 发动机工程应用价值

高超声速飞行器具有优越的高空高速飞行特性,可以提高飞行器突防能力,缩短军事力量投放时间,加强对临近空间的控制。但是超燃冲压发动机只有在较高的飞行马赫数下才能正常工作,这极大地制约了高超声速飞行器的工程应用。高超声速飞行器若不采用组合动力方案,就不可避免依靠助推火箭来完成加速过程,由此大大增加飞行成本,降低飞行器的机动空间,影响飞行器的可循环使用性能。

为了使飞行器自身具备从亚声速加速至高超声速巡航的能力,RBCC 发动机应运而生。RBCC 发动机融合了火箭发动机的宽适用性和冲压发动机的优良高速性能,适用于高超声速宽范围飞行,并且可以实现飞行器可重复使用。因此,RBCC 发动机是高超声速飞行器实现在宽速域、大空域内智能机动、自由穿梭的理想动力装置。

与其他的动力方案相比,RBCC 发动机至少具有以下几点优势:一是 RBCC 发动机在低速时可以获得比冲增益,因此在相同起飞重量下,RBCC 发动机方案的综合比冲高于火箭助推方案;二是由于流道中增加了火箭发动机,RBCC 发动机在高马赫数工况下具有富余动力,具备更强机动能力;三是基于 RBCC 发动机的高超声速飞行器具备全空域、宽速域的飞行能力,可爬升加速至高超声速巡航,也可减速俯冲至低空盘旋,飞行任务更加多样;四是基于 RBCC 发动机的可重复使用高超声速飞行器系统高度集成、发射准备时间短、装备维护便捷,可提高任务响应速度。

1.2 RBCC 发动机技术工程研制历程

20 世纪 50 年代美国第一次提出了引射火箭的概念,之后随着吸气式高超声速理论的快速发展,RBCC 发动机经历了半个多世纪的研究和关键技术攻关,世界主要大国均取得一定的技术积累,完成了大量地面及飞行实验研究。

1.2.1 美国

1958 年,在美国空军的支持下,Marquardt 公司以冲压发动机基本构型为基础,在内部安装火箭发动机,利用可调进气道成功进行了火箭模态和冲压模态的初步飞行实验[11],第一次证明了火箭与冲压发动机可以融合在统一的内流道中。20 世纪 60 年代,美国为了研制单级入轨(single stage to orbit, SSTO)飞行器,率先对火箭增推技术进行广泛研究。1965~1967 年,由 Marquardt 等多个工业公司鉴定了组合循环发动机的重要性及发展潜力,并描绘了关键技术需求,设计了大量推进方案。这些研究一度掀起了关于 RBCC 技术的研究热潮。但由于经费和技术等各方面的影响,热潮于 70 年代沉寂。到 20 世纪 80 年代,在美国国家空天飞机(National Aerospace Plane, NASP)计划的开展与牵引下,RBCC 发动机关键技术得到突破性发展,其中高强度耐高温的热防护材料的发展以及超声速来流条件下燃烧组织技术的突破更是为第二次 RBCC 研究热潮打下了技术基础。

基于技术的积累,NASA 在 1999 年提出了综合航天运输计划(Integrated Space Transportation Plan, ISTP)。之后 2003 年的美国国家航天倡议(National Aerospace Initiative, NAI)、2010 年美国空军发布的《技术地平线——空军 2010 年至 2030 年科技发展愿景》、2012 年 NASA 技术路线图指导委员会等机构完成的《NASA 空间技术路线图和优先级:恢复 NASA 技术优势并为空间新纪元铺平道路》等报告中都明确指出 RBCC 应作为美国优先发展的动力系统。美国的 RBCC 技术发展经历了概念研究、基础研究、关键技术攻关和地面集成阶段,其间主要开展了 Strutjet、A5、GTX 和 ISTAR 等典型 RBCC 样机的研制工作。

1.2.1.1 套管火箭和 RENE 动力系统

在 RBCC 发动机研究初期,套管火箭(ducted rocket)是最简单的引射增推系统。该方案在火箭外部直接安装了一个等直管道,在使用中也没有强调对空气进行补燃,如图 1.3 所示。超声速的火箭燃气在等直管道中引射空气并掺混,最终混合气体以亚声速状态排出发动机。其主要机制是通过引射过程来获得额外推力增益[12],这种设计一方面增大了发动机工质,另一方面将火箭燃气的热量和动能传递给了空气。但是依靠混合层进行能量传递效率很低且损失很大。

为了提高发动机性能,Martin Marietta 公司发展了一种名为火箭发动机喷管引射(rocket engine nozzle ejector, RENE)的推进系统方案[13]。相比于套管火

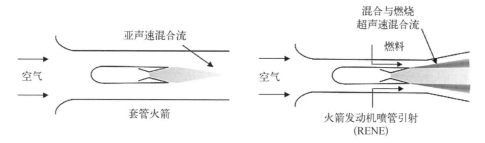

图 1.3　两种基于火箭增推技术的动力系统[14]

箭方案,RENE 方案在混合段用圆锥扩张段替代了等直圆筒结构。混合气体在发动机下游存在一个临界截面,混合后的气体以超声速状态射出,因此引射空气流量由下游喉部决定。在该设计方案中,为了提高推力增益,还尝试了在空气流道中喷入燃油,在混合过程中开展补燃。在亚声速来流条件下发动机可以增加约 55% 的比冲。RENE 方案是一个很大的进步,其采用扩张喷管使混合气流以超声速状态排出发动机,从而实现了对二次流空气的显著加速,同时该方案论证了在引射模态中进行补燃的重要意义。

1.2.1.2　SERJ 与 ScramLACE

1965~1967 年,由 Marquardt 公司、Rocketdyne 公司和 Lockheed-California 公司组成的工业团体筛选了 36 种备选方案,这些概念被评估为两级水平起降飞行器的第一级推进系统。通过一系列关于载荷、操纵性、技术需求和成本等方面的考虑最终选择了 12 种方案。

图 1.4 展示了一些较有代表性的方案[15]。对这 12 种方案进一步研究得到以下结论[16]:超燃冲压推进系统相比于亚燃冲压发动机增加了 50% 的载荷质量;空气液化系统使载荷质量增加了 100%;增压风扇系统使载荷增加 45%;制氢设备增加 15% 的载荷;系统硬件成本正比于载荷性能。

通过综合对比分析,Marquardt 公司最终选出的两个备选方案:增压引射冲压发动机(super-charged ejector ramjet,SERJ)和液化空气循环发动机(scramjet liquid air cycle engine,ScramLACE)。前者用增压风扇代替超燃系统,后者既有超燃系统又包含空气液化系统[16]。图 1.5 展示了 SERJ 发动机的构型。由于采用了增压风扇作为低速段的压气装置,为了避免高速条件下风扇对气流的阻滞,该发动机采用了可旋转装置,能够在高速条件下将扇叶旋转至与气流平行。相比于全火箭飞行器,SERJ 载荷性能增加 400%,ScramLACE 载荷增加 800%。

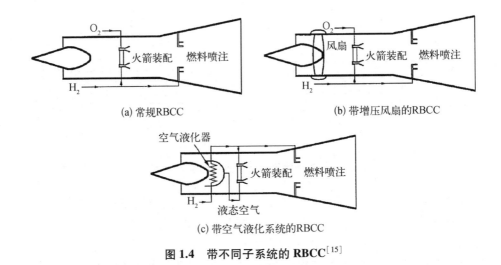

(a) 常规RBCC

(b) 带增压风扇的RBCC

(c) 带空气液化系统的RBCC

图 1.4 带不同子系统的 RBCC[15]

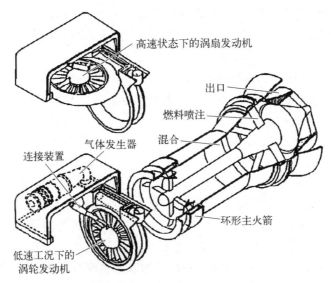

图 1.5 SERJ‐RBCC 发动机[17]

1.2.1.3 Strutjet 发动机

美国 Aerojet 公司在 1995 年提出了一种名为 Strutjet 的发动机构型,该构型的提出是 Lewis 公司、美国空军、Aerojet 公司、GASL 公司和洛克希德·马丁公司共同合作的结果[18]。该发动机属于二元式引射冲压/超燃冲压组合发动机,以氢气或者煤油作为燃料[19,20]，由可调进气系统、隔离段(超燃燃烧室)、亚燃燃烧室、支板火箭和可调喷管等组成，如图 1.6 所示，其突出特点是采用发动机进气道/二次燃烧室/喷管一体化结构设计和模块化设计技术。三种动力循环通过支板结构在同一流道中接替工作、平稳转换，有效缩短了进气道的长度。支板结构可以缩小流道间隙，使燃料和空气能够在较短的距离内实现充分掺混并使流体静压升高，进而提高燃烧室的压力和燃烧效率。另外，支板还能起到支撑发动机壳体的作用，有效降低了发动机的结构重量。该构型还具有机械式

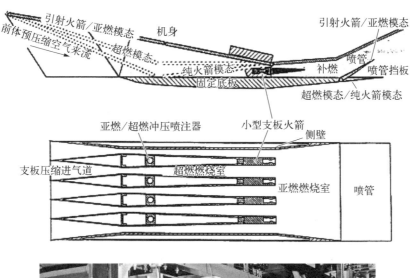

图 1.6　Strutjet 发动机[21]

可变形进气道和尾喷管,根据飞行马赫数的变化和模态的转换改变进气道构型和尾喷管膨胀比,从而改善进气道的起动性能以及尾喷管的推力输出,提高发动机适应全速域飞行的能力。发动机内的支板火箭不仅可以在引射模态下作为引射火箭提供推力并引射二次流气体,也可在进气道关闭的纯火箭模态下提供推力。Aerojet 公司针对 Strutjet 完成了超过 1 000 次直连实验和自由射流实验,研究了各个模态下的进气道特性和不同马赫数下的发动机性能,验证了火箭、进气道、冲压燃烧室等关键组件性能。

1.2.1.4 A5 发动机

A5 发动机是美国 Rocketdyne 公司设计的一款 RBCC 发动机。A5 发动机采用了二元全固定式流道构型。如图 1.7 所示,进气道为定几何三维侧压式进气道,顶部带有边界层吸除结构[22,23]。主火箭安装在发动机侧壁,以氢和氧作为推进剂。A5 发动机采用了一种流向涡混合技术以保证燃料和空气较优的混合效果,从而缩短燃烧室长度。美国针对 A5 发动机样机模型,在 GASL 主要开展了三种模态的实验研究工作。针对引射模态在地面进行了 20 余次飞行马赫数为 0 的实验。针对冲压模式考察了 $Ma=3\sim4$ 范围内流道的工作特性。除推力和比冲外,还评估了不同燃料喷注位置对进气道燃烧室相互作用和隔离段性能的影

图 1.7   A5 发动机[22,23]

响。此外,还成功进行了模拟实际飞行情况下引射模态向冲压模态的过渡转换。截至 2000 年,A5 发动机已进行 80 余次实验,累计工作时间超过 3 600 s。数十项实验结果揭示了火箭燃烧室压力、混合比等对引射模态性能的影响[22-24],验证了各模态的兼容性和引射/亚燃模态之间的转化过程。

1.2.1.5 GTX 轴对称发动机

GTX 轴对称发动机是一种集成了轴对称 RBCC 发动机的单级入轨飞行器,又名"Trailblazer"。在初始阶段,设计团队通过准一维分析研究了从起飞到马赫 3 条件下的发动机工作性能[25]。GTX 轴对称发动机旨在论证单级入轨能力以及评估 RBCC 技术,其概念及样机模型如图 1.8 所示,该构型由 NASA 格林研究中心承担研究任务[26]。GTX 轴对称发动机四周呈 120° 均布了 3 台发动机,每一个发动机模块是一台独立的 RBCC 发动机,采用固定几何燃烧室结构,其切口型的喷管集成方式可以利用机体的底部面积来获得更大的面积比和高度

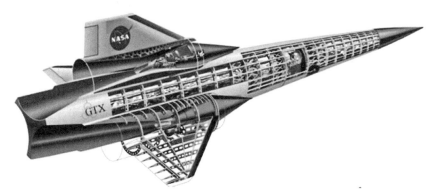

图 1.8 GTX 发动机模型[26]和飞行演示验证样机[27]

补偿,通过前后移动调节进气道锥形中心体和改变燃料喷注方案,可以实现发动机不同工作模态之间的平稳过渡,从而保证不同模态下的最优性能,其模型示意如图 1.9 所示[28]。

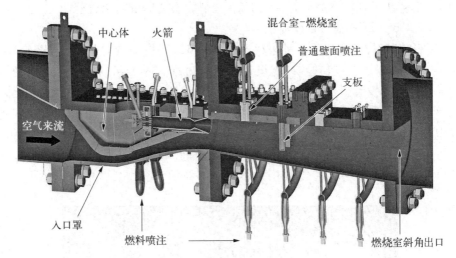

图 1.9　GTX 轴对称发动机模型示意图[28]

在引射模态下,氢燃料在发动机入口扩压段注入并与来流进行预混,能够有效缩短燃烧室长度,有利于火焰传播和快速释热[29]。预混气体在燃烧室与火箭羽流相遇形成剪切层。火箭在此阶段不仅提供推力,还能作为点火装置。当飞行马赫数接近转换点时,火箭产生推力的比例下降,其稳焰功能也不再必要。此时由亚燃冲压模态提供的推力逐渐增大,因此火箭逐渐节流,直到马赫数 2.5 时关闭火箭发动机,发动机转入纯亚燃冲压模态。实验结果表明在马赫数 2.5 下可以逐步进行模态转化,马赫数 5.5 时燃烧室中可以组织超声速燃烧,可以通过中心体的移动来辅助发动机进入超燃冲压模态。当飞行马赫数在 10 附近时,火箭再次点火,同时移动中心锥使进气道完全封闭,发动机进入纯火箭模态。

1.2.1.6　ISTAR 发动机

21 世纪初,NASA 下属的 Marshall 研究中心启动了一项新的 RBCC 设计项目,名称为"吸气式火箭发动机综合实验(Integrated System Test of an Air-Breathing Rocket,ISTAR)"[30]。该项目基于 NASA 支持的 Hyper - X 项目中的 X - 43B 飞行器项目进行研究。ISTAR 计划的研究小组成员有 Aerojet 公司、Pratt&Whitney

公司和 Rocketdyne 公司。三家公司于 2001 年 3 月联合成立"RBC3"公司,针对 ISTAR 发动机进行联合设计。其计划飞行器任务剖面如图 1.10 所示。

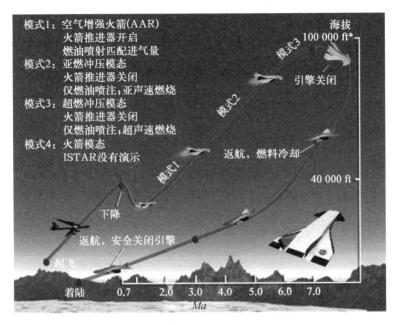

图 1.10　ISTAR 计划飞行器任务剖面[30]

　　ISTAR 发动机在流道设计上以 Aerojet 公司的 Strutjet 发动机为蓝本,进气道采用可变几何结构,融合具有普惠公司煤油燃烧技术的双模态燃烧室,通过多级燃料喷注体系对热力喉道进行调节。此外,ISTAR 发动机使用 H_2O_2 替代液氧作为氧化剂,简化了发动机的结构,增加有效载荷的同时保证了安全性。X-43B 飞行器包括引射模态、亚燃冲压模态和超燃冲压模态,但是纯火箭模态不属于 ISTAR 项目研究内容。具体工作流程如下:在载机上释放后,挂载 ISTAR 发动机的 X-43B 飞行器以引射模态工作;飞行器在来流 $Ma \approx 3$ 时完成引射模态和亚燃冲压模态的过渡,亚燃冲压模态时在支板尾部喷注燃料;当来流 $Ma \geqslant 5.5$ 时,采用支板前端的喷嘴喷注燃料,组织超声速燃烧;来流 $Ma > 7$ 时,飞行器关闭发动机滑翔降落。

---

　　*　1 ft = 0.304 8 m。

1.2.2 日本

20 世纪 90 年代末期,日本开始探索单级入轨可重复使用飞行器技术,在动力系统方面寻求发展基于 RBCC 的组合循环动力系统。2001 年日本国家宇航实验室着手研究 RBCC 动力单级入轨飞行器的可行性,早期论证的概念模型类似于美国早期的轴对称垂直发射/水平降落飞行器[31]。2003 年,日本宇宙航空研究开发机构(Japan Aerospace Exploration Agency, JAXA)测试了组合循环发动机的燃烧模态,采用两个火箭提供富燃预燃气体,由此形成了该单位 RBCC 发动机的雏形[32]。

JAXA 自 2005 年开始针对名为 E3 的 RBCC 发动机开展研究工作[33-35]。E3 发动机为二元构型,采用两个并列的 $H_2 - O_2$ 火箭。引射火箭安装在进气道末端的后向台阶内。火箭上方的机体内安装燃料供应系统。进气道为可移动斜坡,在再入条件下可以关闭。发动机出口设有第二喉道。日本已经在实验中完成了无二次喉道条件下的冲压模态亚声速燃烧,因此该发动机理论上可以实现亚燃到超燃的模态转换。E3 发动机在燃烧室扩张区域布置补燃射流,能够进一步提高发动机内部释热,增加推力。JAXA 还研究了每个组件的独立性能,并建立了对应物理模型。该发动机的初步设想是在马赫数 $0 \sim 3$、$3 \sim 7$、$7 \sim 12$ 及 12 以上分别处于引射、亚燃冲压、超燃冲压和纯火箭模态[36]。地面样机如图 1.11 所示。图 1.12 展示了 E3 发动机的尺寸示意图,可见其总长为 3 m、宽度为 0.28 m、高度为 0.2 m、进气道长度为 1.14 m。火箭安装在发动机中部,距离尾部出口约 1.61 m 的位置,火箭直径约 0.08 m[37]。

图 1.11　日本 E3 发动机地面样机[36]

截至 2015 年,JAXA 建立了一个集飞行器几何构型、推进系统、气动性能和飞行弹道的多学科优化设计框架,目标为最大化有效载荷质量、最小化起飞质量及最小化水平起飞速度。通过多年的探索,JAXA 对 RBCC 动力飞行器的一

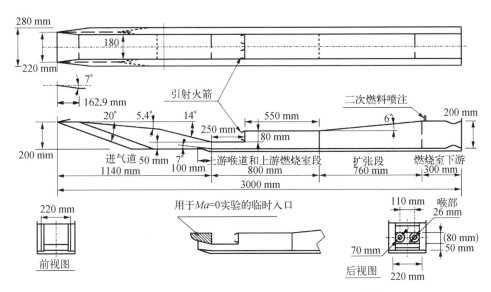

图 1.12　日本 E3 发动机的关键截面视图和尺寸[37]

体化设计有了更加清醒的认识,获得了具有良好分布状态的 Pareto 前沿,并通过敏感性分析对多学科优化数据进行了数据挖掘[38]。

1.2.3　欧洲

20 世纪 60 年代以来,欧洲各个国家相继开展了 RBCC 发动机的相关研究。法国在 1992 年时开始了为期 6 年的国家高超声速研究与技术计划,其研究的 B1 发动机是一种典型的变喉部 RBCC 发动机,目标是通过地面实验验证 $Ma=4\sim8$ 缩比超燃冲压发动机,使其用于单级入轨航天器。

1995 年起 MBDA 法国子公司与莫斯科航空学院联合研制了一种宽马赫变结构双模态冲压发动机,工作范围为 $Ma=2\sim12$。1997 年法国国家航空航天研究院和德国航空航天中心开始了为期 4 年的联合研制计划,其目标是研制 $Ma=2\sim12$ 的氢燃料双模态冲压发动机,并进行了地面实验[39]。1999~2002 年,MBDA 法国子公司又开展了名为"PROMETHEE"的计划,研究用于长距离空地导弹的双模态冲压发动机。2003 年起,该公司又提出了为期 9 年的"LEA"计划,用于发展 $Ma=4\sim8$ 的双模态发动机。

俄罗斯国家航天集团为了研究天地往返运输系统的一系列方案,开展了 OREL 计划。OREL 计划分为两个子计划:其中第一个计划重点开展飞行器总体方案的论证与研究工作,称为"OREL-1";第二个计划则关注动力系统方案的研究,称为"OREL-2"。动力系统研究具有多种备选方案,其中"OREL-2-1"计划主要进行吸气式推进系统的研究,而"OREL-2-2"计划主要研究液化空气循环发动机。此外,俄罗斯中央航空发动机研究院针对组合循环推进系统做了充分且有价值的研究[40]。

欧洲航天局于1994~1998年推出了"未来空间运输研究计划"(FESTIP),其主要目的是研究可重复使用发射系统,其中的推进系统部分着眼点主要是低速时火箭引射模态的研究[27]。1998年底~2002年,欧洲航天局将FESTIP改为"未来运载器技术计划"(FLTP),并设计了EXTV和Themis两种验证飞行器。2005年,欧洲航天局又制定了长期先进推进概念和技术研究计划。该项目由来自工业、科研机构和大学的11个合作伙伴组成,旨在提出新的可替代目前航空模式的系统方案,主要开展了RBCC和TBCC组合推进关键技术和新概念飞行器设计工作。

1.3 RBCC发动机宽域混合燃烧技术研究进展

RBCC动力系统包括多种工作模态,每个模态的混合燃烧过程及模态间转换过程都会对发动机的整体性能产生重大影响,所以开展各模态性能及模态转换过程的研究对推动RBCC发动机的工程应用具有重要意义。本节主要从RBCC发动机引射模态混合燃烧技术、冲压模态混合燃烧技术和火箭模态工作特点等三个方面介绍RBCC发动机典型模态的混合燃烧技术,阐述RBCC发动机引射模态-亚燃冲压模态转换、亚燃冲压模态-超燃冲压模态转换的相关要求和技术进展。

1.3.1 RBCC发动机引射模态混合燃烧技术研究

对于RBCC发动机而言,在引射模态获得推力增强的前提是基本设计参数的有效匹配,如引射比、总压比、二次燃料当量比等,这些参数决定了发动机在引射模态的热力学状态。引射模态的混合与燃烧技术涉及一次流和二次流的混合、燃料的喷注与掺混、火焰传播与火焰稳定等众多复杂问题。上述问题相互影响,共同决定着RBCC发动机引射模态的整体性能。本节主要介绍引射模态典型混合燃烧模式,并从引射火箭参数、燃烧室构型、补燃燃料喷注位置、飞行马赫数和飞行高度等方面介绍影响 RBCC 发动机引射模态性能的主要因素。

1.3.1.1　引射模态混合燃烧模式

引射模态是 RBCC 发动机的第一个模态。虽然该模态工作时间短,但是燃料消耗量占比较大且性能提升困难,受到研究者们重点关注。在引射模态下,引射火箭产生高温且超声速的一次流。在一次流的抽吸作用下,外界空气经进气道进入燃烧室,该部分空气被称为二次流。在混合室中,两股气流通过流场中的涡结构、湍流脉动和分子扩散等作用进行掺混,一次流的内能和动量逐渐传递给低速低温的二次流。为充分发挥 RBCC 发动机在引射模态的性能,对二次流中的氧气组织二次燃烧十分重要。经过多年的深入研究,目前主要存在五种二次燃烧模式,分别是扩散后燃烧(diffusion and afterburning, DAB)模式、即时混合燃烧(simultaneous mixing and combustion, SMC)模式、一次射流屏蔽(shield primary injection, SPI)模式、多级火箭引射(multistage rockets ejection, MRE)模式和独立亚燃燃烧(independent ramjet stream, IRS)模式[41]。

针对各种不同补燃模式之间的区别,Yungster 等[25]、Bond 等[42]、Edwards 等[43]和 Hu 等[44]进行了对比分析,并得出了一些结论,各模式之间优缺点如表 1.1 所示。理想的燃烧室应当拥有尽可能小的结构重量和复杂性,具有足够高的燃烧效率、热力学循环效率和推力,并且保证补燃释热不影响引射性能。从表 1.1 可知,在工程实践中三个方面难以兼得,对各项参数进行合理取舍并实现发动机整体性能最优十分关键。下面对引射模态下上述燃烧模式开展较为详细的论述。

表 1.1　五种补燃模式的优缺点

补燃模式	优　点	缺　点
DAB 模式	燃烧效率和热力学循环效率高、推力大、补燃释热不易影响引射	混合室长、重量大
SMC 模式	燃烧室尺寸小、结构简单、重量轻	燃烧效率和热力学循环效率低、推力小、补燃释热易影响引射效果
MRE 模式	燃烧效率和热力学循环效率较高、推力较大、补燃释热不易影响引射	结构复杂、控制困难
SPI 模式	燃烧效率和热力学循环效率较高、推力较大、补燃释热不易影响引射	工程应用难度大、不易控制二次燃烧发生位置
IRS 模式	结构简单、容易集成到冲压模态的流道	燃烧效率和热力学循环低、推力小、补燃释热易影响引射效果、对进气道和隔离段流场的干扰强

1. DAB 模式

DAB 模式的工作过程如图 1.13[15] 所示。在该模式下,引射火箭工作在恰当当量比或者贫燃状态,一次流和二次流实现部分或者完全掺混后再喷注二次燃料进行补燃。由于补燃位置处混合气压力和温度较高,燃烧效率和热力学循环效率较高。另外,补燃位置距引射火箭和进气道较远,混合气动量高、抗反压能力强,二次燃烧释热对引射抽吸作用的不利影响小。但是,由于实现一/二次流完全掺混所需的距离较长,该方案会导致燃烧室重量和复杂程度增加。Etele 等[45] 在飞行马赫数 0.8 条件下的研究表明,采用单个位于流道中心的圆截面引射火箭时,实现一/二次流完全掺混所需的距离为流道直径的 10 倍。王国辉等[46] 等对处于静止海平面状态下的 RBCC 发动机进行数值计算,发动机入口截面宽 11 cm、高 10 cm,结果表明一/二次流在引射火箭下游 100 cm 处仍未实现完全掺混。所以促进一次流和二次流的快速掺混对于 DAB 模式而言十分重要。

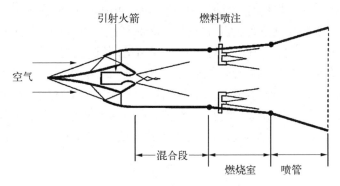

图 1.13　DAB 模式示意图[15]

2. SMC 模式

在 SMC 模式下,引射火箭工作在富燃状态并同时起到喷注燃料的作用,富燃的一次流与二次流在燃烧室内边混合边燃烧[47],如图 1.14 所示[48]。该方案的掺混段较短,可缩短燃烧室的长度。但是二次燃烧主要发生在一次流与二次流交界的剪切层处,此时一/二次流掺混程度低,一次流对二次流的增压不明显。因此,SMC 模式的燃烧效率和热力学效率较低,发动机推力低于相同工况下的 DAB 模式。Stroup 等[49] 的研究表明,相比于 DAB 模式高达 90% 的燃烧效率,缩短掺混段导致 SMC 模式的燃烧效率仅为 40%。由于二次燃烧的释热区域靠近进气道,燃烧造成的反压升高容易影响二次流流量。黄生洪等[50] 对处于静止海平面的 RBCC 发动机的数值仿真研究表明,二次燃烧使二次流流量下降约 40%。在静止海平面条件下两种模式的差异最明显,随着飞行马赫数的增加,二者在燃烧效率和引射系数方面的差异逐渐缩小[15]。虽然 DAB 模式在低飞行马赫数下的性能明显优于 SMC 模式,但是低马赫数飞行仅占总飞行任务的小部分。相比之下,SMC 模式在飞行器结构重量方面的优势则可以体现在整个飞行任务,因此 Billig 等[51]认为 SMC 模式的整体性能优于 DAB 模式。

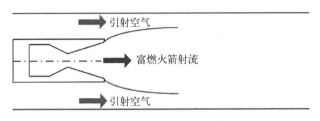

图 1.14　SMC 模式示意图[48]

3. DAB 和 SMC 混合模式

相比于纯粹的 DAB 模式和 SMC 模式,介于两者之间的混合模式受到了更多的关注。最简单的混合模式是采用和 SMC 模式类似的发动机结构,引射火箭工作在轻度富燃状态,并且在燃烧室下游喷注燃料进行再次补燃。该方案兼顾 DAB 模式和 SMC 模式的优点,并尽可能削弱二者的缺点,具有更高的实用价值。

在深入研究 DAB 模式和 SMC 模式的基础上,张漫等[52]提出了多级主火箭模式,如图 1.15 所示。其中一级火箭位于燃烧室前部且工作在当量比为 1 的状

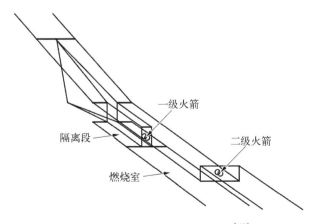

图 1.15　多级主火箭模式示意图[47]

态,主要起到引射空气的作用。二级火箭位于一级火箭之后,并且工作在富燃状态,具有喷注补燃燃料和火焰稳定的作用。在两级火箭之间,一/二次流已实现部分掺混,总压有所提高。在二级火箭之后,富燃燃气与周围气体边掺混边燃烧。因此,多级主火箭模式同样是一种介于 DAB 模式和 SMC 模式之间的方案。但是优化两级火箭的安装位置、流量分配十分复杂。设置两级引射火箭增大了发动机的结构重量和复杂性,在实际飞行条件下精确控制两级火箭的工作状态使其与飞行条件匹配也比较困难。

SPI 模式是另一种在流动和燃烧上介于 DAB 模式和 SMC 模式之间的方案,如图 1.16[53] 所示。该方案采用工作在恰当当量比的引射火箭,并在引射火箭中间喷注燃料。一次流裹挟着燃料向下游运动,有效延缓了二次流与补燃燃料的掺混和燃烧,避免了二次燃烧释热对引射效果和发动机推力的不利影响。采用该模式可以通过改变喷注方案来调整发动机的工作状态,在损失小部分推力性能的条件下降低发动机的重量和复杂性。但是如何实现在火箭羽流中间喷注燃料难度较大。

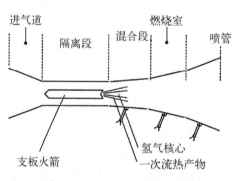

图 1.16 SPI 模式示意图[53]

北卡罗来纳州立大学提出了独立亚燃燃烧(independent ramjet stream, IRS)模式[54],如图 1.17 所示,其工作范围是从起飞到 Ma 2.5。该模式在进气道或者隔离段内喷注燃料,燃料在到达引射火箭出口时已实现部分掺混。引射火箭将上游喷注的燃料点燃,起到点火和火焰稳定的作用。Hu 等[44]的研究表明贫燃的火箭羽流具有更好的点火和火焰稳定效果。该方案不需要较长的混合流道,降低了燃烧室重量和复杂度。相比于多引射火箭等增强掺混的方案,IRS模式的结构更为简单。而且由于掺混距离长,燃烧主要是预混和半预混模式,释热速度较快。另外,IRS 模式对发动机流道的改变较小,容易集成到冲压模态的流道,也更容易实现模态转换。该方案的缺点与 SMC 模式类似,二次燃烧的位置比较靠前,燃烧释热容易影响引射效果。由于燃烧发生时二次流与一次流的掺混不充分,一次流对二次流的增压和增温效应不明显,燃烧效率和热力学循环效率不高。而且燃料射流会使进气道或隔离段内流场结构更加复杂。

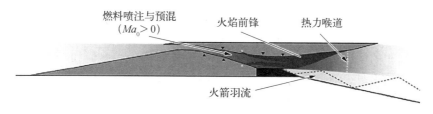

燃料喷注与预混
($Ma_0 > 0$)　　火焰前锋　　热力喉道

火箭羽流

图 1.17 IRS 模式示意图[54]

虽然目前见诸报道的补燃模式至少有五种,但一般认为 DAB 模式和 SMC 模式是最基本的两种补燃模式,相关的研究成果也最丰富。多级主火箭模式、SPI 模式和 IRS 模式虽然提供了新的补燃思路,但其综合性能相比于 DAB 模式和 SMC 模式并没有颠覆性的提升。

1.3.1.2 影响引射模态性能的主要因素

1. 引射火箭参数

在引射模态中,火箭燃气作为抽吸空气的主要驱动源,其工作状态对引射掺混特性和发动机推力性能具有重要影响[55-58]。Chojnacki 等[16]、王国辉等[59,60]和吕翔等[61]通过数值仿真等方法分析了火箭的流场结构和工作参数对 RBCC 引射模态性能的影响,发现在火箭喷管构型相同的条件下,随着火箭燃烧室压力升高,RBCC 发动机推力增益增大。二次流流量在引射抽吸作用下亦逐渐增加,但是引射系数却迅速下降。随着火箭燃烧室压力的进一步提高,过大的一次流流量会导致流道壅塞,欠膨胀的一次流则会挤压二次流流道,甚至导致出现 Fabri 壅塞[16]。在保证引射火箭喷管出口压力不变的条件下提高火箭室压,意味着同时提高了一次流的流量和马赫数,这在提高火箭推力的同时也削弱了火箭射流对二次流的挤压,但是一次流马赫数的增加会导致一/二次流的掺混更加困难[62,63]。Aoki 等[64]、Gist 等[65]、Fabri 等[66]、DeTurris 等[67]和林彬彬等[68,69]系统研究了一/二次流总压比对引射性能的影响,发现随着一/二次流总压比的增加,二次流通道有效流通面积变小,火箭射流对空气来流的引射作用明显减弱,导致引射系数降低。综上所述,在保证一次流不导致流道壅塞,且一/二次流能够充分掺混的条件下,增加火箭燃烧室压力和出口马赫数可以提高发动机整体推力,提高掺混后流体的总压,燃烧效率和热力学循环效率亦有提升。

大量研究表明,采用单个引射火箭时引射系数和一/二次流的掺混效果均不理想,实现一次流和二次流完全掺混所需的距离达到流道直径的 10 倍以上[45]。为了提高引射系数和掺混效果,国内外学者提出了采用多个小引射火箭代替单个引射火箭的方案[60]。宾夕法尼亚州立大学在静止海平面条件下对单引射火箭方案和双引射火箭并联方案进行了研究[70,71]。如图 1.18 所示,由于剪切面积的增加和声学振荡的增强,双火箭方案实现一次流和二次流完全掺混的距离约为单火箭方案的 1/3。其中振幅大、频率低的声学振荡对掺混的促进作用不亚于剪切面积的增大,但是双火箭方案并没有带来引射系数和推力的明显提高。通过进一步优化设计双火箭或多火箭方案应当可以获得优于单火箭方案的性能,但多火箭方案的主要缺点是结构比较复杂、流道湿面积大,在高飞行马赫数下会带来严重的流动阻力和热防护问题。

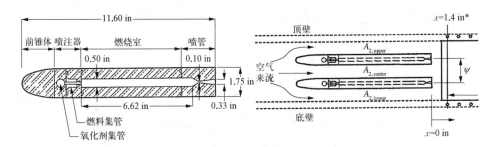

图 1.18　单引射火箭方案和双引射火箭方案[70]

在低飞行马赫数下,引射火箭对进气道的影响可能比较严重,合理布置引射火箭在流道中的位置对 RBCC 发动机的整体性能有重要影响。西北工业大学在静止海平面条件下对引射火箭的位置进行了较为详细的数值仿真研究[72],发动机构型如图 1.19 所示。研究结果表明,当引射火箭流量较小时,将其置于靠前的位置可以获得较大的引射系数。当引射火箭流量较大时,后置引射火箭可以提高引射系数。随着引射火箭的后移,发动机比冲和推力呈增长趋势。当引射火箭后移 450 mm 时,发动机推力和比冲提高约 15%。在实际发动机中受到飞行器总体尺寸和冲压流道的限制,通过后移引射火箭来提高发动机性能的方案可行性不高。

在相同的一次流流量下,环形引射火箭方案相比于圆截面火箭方案具有更大的剪切面积,所以具有更强的引射能力和更好的掺混效果。Etele 等[45]计算对比了单个中心火箭方案和中心火箭+环形火箭方案(环形火箭的质量流量占总一次流流量的 75%),如图 1.20 所示。结果表明单火箭方案整体性能较差,

---

　　* 1 in＝2.54 cm。

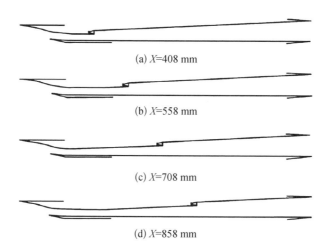

(a) *X*=408 mm

(b) *X*=558 mm

(c) *X*=708 mm

(d) *X*=858 mm

图 1.19　引射火箭位置示意图[72]

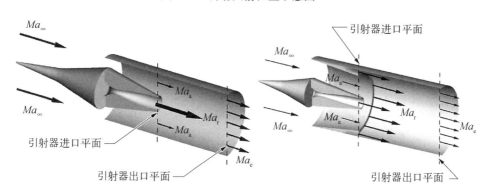

图 1.20　中心引射火箭与环形引射火箭[45]

而环形火箭的燃气迅速与二次流掺混,掺混速度远高于位于中心的一次流。对环形引射火箭的实验研究[73,74]表明,环形引射火箭的二次流流量比圆截面引射火箭高 74%~90%,且掺混更加均匀。环形火箭的主要缺点是结构复杂、加工困难。

　　除采用环形引射火箭外,诱导一/二次流的大尺度波动同样有可能提高发动机性能。Daines 和 Bulman[75]采用数值仿真研究了静止海平面条件下非稳态引射火箭对发动机性能的影响,如图 1.21 所示。随着火箭羽流的波动,火箭羽流与二次流之间形成压力波,在局部使二次流加速,火箭羽流减速增压,增压后的燃气又向周围扩张,形成高速运动的流体团,并诱发更高频率的振荡。计算结果表明,即使没有补燃燃料,该方案的发动机推力比稳态引射火箭方案的推力高 24%。需要注意的是,非稳态引射火箭的有效控制比较困难,而非稳态一次流所导致的燃烧不稳定性也可能给发动机带来众多不利影响,因此该方案能否应用于发动机设计还有待商榷。

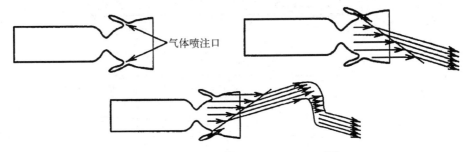

图 1.21　非稳态火箭工作过程示意图[75]

　　Lentsch 等[76]对轴对称 RBCC 发动机引射模态一/二次流掺混特性进行了数值仿真研究,指出采用波瓣型火箭喷管可以有效促进一/二次流间的动量和能量交换,提升 RBCC 发动机引射模态整体性能。Rao 等[77,78]对比分析了圆锥型、带斜面型、锯齿型及 ESTS(elliptic sharp tipped shallow)花瓣型喷管对超声速混合层流场的影响,相比于圆锥型喷管,锯齿型和 ESTS 花瓣型喷管射流形成的混合层平均增长率分别提高了 143% 和 379%。异型火箭可能会得到更好的掺混效果和整体性能,但同时也可能会造成更大的总压损失[79]。

　　2. 发动机构型

　　虽然 RBCC 发动机的流道设计应当以冲压模态的流动和燃烧为主,但是通过考察发动机构型对引射模态性能的影响,可以更有效地优化发动机的整体性能。本节主要介绍发动机入口截面、燃烧室扩张角、燃烧室喉部和发动机出口面积等因素对发动机性能的影响。Kanda 等[35]研究了发动机入口截面对引射模态性能的影响,发动机结构如图 1.22 所示。结果表明,在保证引射火箭相同时,发动机入口面积越大,引射系数越高,二次流越容易在引射火箭喷管出口处达到壅塞。在二次流未达到壅塞前,二次流流量与发动机入口面积近似呈正比。但是当二次流达到壅塞后,进一步增大发动机入口面积也不能提高引射系数。

　　安佳宁[80]计算了冷流时燃烧室反压对流场结构的影响,研究发现,由于一/二次流不断掺混,引射火箭羽流边界逐渐模糊,气流在混合室出口处达到超声速。当燃烧室出口反压较低时,混合室出口处流动仍为超声速,反压使边界层分离并形成激波串结构,此时反压对上游流场和引射系数没有影响。当进一步

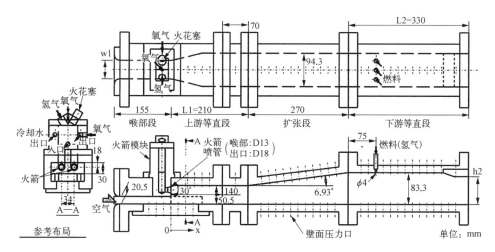

图 1.22 文献[35]中发动机的结构示意图

提高反压,混合室出口气流变为亚声速,激波串随之消失,引射系数大幅下降。

陈慧杰等[81]和黄生洪等[82]考察了燃烧室扩张角的影响。研究表明,扩张型燃烧室可以协助引射火箭抽吸更多的二次流,但是抗反压能力较差。收缩型燃烧室的抗反压能力强,有较好的一/二次流掺混效果和较高的发动机推力,但引射系数较低。等直型燃烧室在各方面的性能介于扩张型和收缩型燃烧室之间。Dijkstra等[83]研究了混合室不同直径的物理喉部对流动和燃烧的影响(图 1.23 和图 1.24),

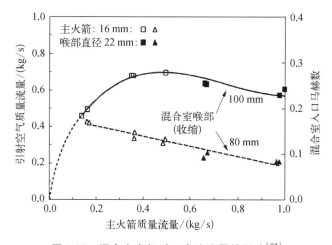

图 1.23 混合室喉部对二次流流量的影响[83]

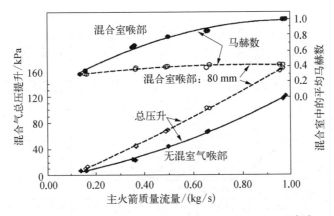

图 1.24 混合室喉部对一/二次流混合气总压的影响[83]

结果表明混合室喉部会限制二次流流量的增加。从一/二次流混合气的总压来看,喉部促进了一/二次流间的动量交换,提高了混合气的总压,营造了更有利于燃烧的环境,但是物理喉部可能难以与冲压模态的全扩张流道兼容。

在低飞行马赫数下,燃烧室内流体主要为亚声速状态,发动机出口面积会对上游流场产生重要影响。陆晋丽[84]对比分析了固定结构燃烧室和变结构燃烧室引射模态性能,发现通过采用可变角度的调节板代替拉瓦尔尾喷管的变结构燃烧室方案,有利于提高 RBCC 引射模态推力性能。Ye 等[85-87]针对 RBCC 发动机变结构燃烧室宽范围工作性能开展了地面实验研究,结果表明,变结构燃烧室有效实现了发动机从火箭冲压模态到亚燃/超燃冲压模态的平稳转换,比冲性能显著提高。

刘佩进等[88,89]从地面实验和数值仿真两方面,研究了无二次补燃条件下不同二次喷管构型对引射模态整体性能的影响,发现在引入二次喷管后,引射空气流量降低。随着二次喷管出口面积减小,发动机推力先逐渐增大,然后迅速降低,这表明存在一个二次喷管出口面积的最优值,使得发动机推力最大。

3. 补燃燃料喷注方案

Kanda 等[36]研究了补燃燃料在等直段喷注位置对燃烧特性的影响,实验结果如图 1.25 所示。研究发现二次流在引射火箭出口处已达到壅塞,且发生在等直段的补燃释热导致的壁面压力升高并不明显,所以二次燃烧对扩张段上游的流场没有影响,此时释热区的位置对于喷注位置不敏感。万少文等[90]研究了飞行马赫数 2.5 时燃料喷注位置对发动机性能的影响。数值计算和实验结果均表明,在不影响进气道的前提下,燃料喷注位置适当前移能够延长燃料的驻留时间,增强燃料、火箭羽流和空气的掺混,实现更好的掺混效果。在此基础上,潘科玮等[91]在燃烧室入口马赫数 1.5 条件下得到了与万少文等[90]类似的结论,并提出了更详细的喷注方案:对于扩张型 RBCC 发动机,当燃烧室内组织亚声速燃烧时,建议将燃料喷注位置设置在燃烧室前部,或者采用多级喷注方式。增加燃烧室前部二次燃料流量,逐步减少燃烧室后部燃料喷注流量。

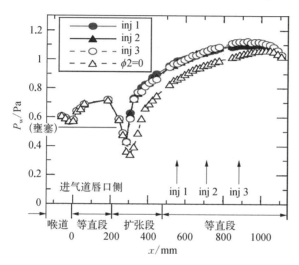

图 1.25　静止海平面条件下补燃燃料喷注位置
对壁面压力分布的影响[36]

4. 飞行马赫数与飞行高度

黄生洪等[50]在 $Ma = 0 \sim 1$ 的范围内研究了飞行马赫数对发动机性能的影响,发现在飞行马赫数低于 0.7 时 RBCC 发动机总推力低于纯火箭方案,但进一步提高飞行马赫数可以获得正的推力增益。保证其他参数不变,若要获得大推力,RBCC 发动机应在较低高度、较高飞行马赫数下运行。吕翔等[92]通过理论分析发现当飞行马赫数达到 1.5 时,来流空气的冲压效应起主要作用,此时引射火箭应当工作在小流量状态。

欧洲航天局的实验结果[83]表明,飞行马赫数越高,发动机比冲越大,且在马赫数大于 1 时比冲增长速度加快。随着马赫数从 0 增加到 1,比冲增益从 10%增长到 40%。$Ma > 2.0$ 时比冲增益可达到 100%以上。Shi 等[93]分析了飞行马赫数 0~2.5 范围内 RBCC 引射模态进气道流动特性与发动机性能,探讨了不同飞行工况下发动机进气道和引射火箭的匹配关系。根据进气道前体激波形态及其壅塞状态,可将引射模态工作过程划分为 5 个阶段(图 1.26):抽吸阶段、溢流阶段、弓形激波阶段、进气道不起动阶段和进气道起动阶段。进一步研究发现,二次流流量和进气道阻力从宏观上影响 RBCC 发动机引射模态性能,合理设计进气道和优化飞行器运动轨迹对改善这两个参数具有重要意义。Cui 等[94,95]通过研究不同飞行高度和马赫数条件下引射模态推力性能变化规律,发现当飞行器在较低海拔匹配较高飞行马赫数工作时,发动机可获得较优推力性能。

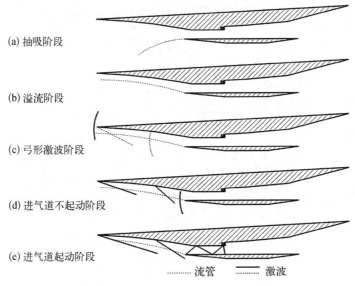

(a) 抽吸阶段

(b) 溢流阶段

(c) 弓形激波阶段

(d) 进气道不起动阶段

(e) 进气道起动阶段

------ 流管 —— 激波

图 1.26　RBCC 引射模态典型工作阶段划分示意图[94]

1.3.2　RBCC 发动机冲压模态混合燃烧技术研究

当 RBCC 发动机进入亚燃冲压模态和超燃冲压模态后,燃烧室内主流速度远高于湍流火焰传播速度,气体的驻留时间远短于燃料的化学反应延迟时间,实现火焰稳定十分困难。为在高速气流中实现燃料稳定燃烧,各国学者提出了多种火焰稳定技术。这些技术一般通过在燃烧室中构造回流区,进而在局部实现流动速度与火焰传播速度的匹配,为引燃主流中的燃料持续提供热量和自由基。本节主要从支板火焰稳定技术、凹腔火焰稳定技术和典型 RBCC 发动机冲压模态火焰稳定方案三个方面介绍冲压模态混合燃烧技术研究。

1.3.2.1 支板火焰稳定技术

支板是冲压发动机中一种常用的火焰稳定器。在超声速流动中,支板底部流场结构与 RBCC 发动机中引射火箭底部流场结构有许多相似之处,对设计 RBCC 发动机在冲压模态的火焰稳定方案有重要参考价值。自 NASA 兰利研究中心在 20 世纪 70 年代提出支板的概念并验证了它的作用[96],各国对支板在冲压发动机和 RBCC 发动机中的设计与优化开展了广泛研究[97-109]。

以德国航空航天中心(Deutsches Zentrum Für Luftund Raumfahrt, DLR)设计的三角形支板[110]为例,简要介绍超声速燃烧室中支板绕流的主要特点。图 1.27 为流场结构示意图,超声速气流经支板迎风面的压缩后形成两道斜激波。斜激波经燃烧室侧壁反射后形成反射激波。流道在支板底部的突然扩张导致了两个膨胀波和紧贴支板底部的回流区。两个膨胀波在回流区尾部形成再附激波。鲍文等[97]的研究表明支板底部回流区内流体驻留时间在 1 ms 量级,越靠近支板对称轴气流驻留时间越长。回流区的下游为支板尾迹区,该区域内存在大量拟序结构。一般情况下,化学反应主要在支板底部回流区及其下游尾迹区内。

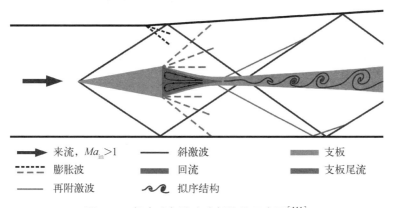

来流,$Ma_{in}>1$ 斜激波 支板
膨胀波 回流 支板尾流
再附激波 拟序结构

图 1.27 超声速气流中支板绕流示意图[111]

为进一步增强支板火焰稳定能力,各国学者对支板构型提出了多种改进方案(图 1.28)。Tomioka 等[112]采用单个厚度为 11 mm 的支板作为火焰稳定器,并在支板侧面设计了两个深度为 2 mm 的后向台阶。Sunami 等[113]研究了具有交错型尾部的支板,利用支板尾部交错型结构生成流向涡,促进燃料掺混与燃烧。但流向涡的产生也会造成总压损失的提高[114]。Niioka 等[115]将支板分为两部分以增强支板火焰稳定能力,两部分之间的空腔为回流区,通过增大空腔的长度

延长回流区内流体的驻留时间。Sathiyamoorthy 等[116]在来流马赫数 2.0、总温 1 500 K 的条件下采用构型与 Niioka 等[115]类似的支板进行火焰稳定。Denis 等[117]在支板下游安装棍状物,也达到了提高燃料掺混和火焰稳定效果的目的。

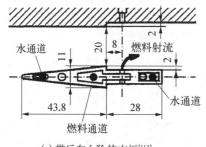

(a) 带后向台阶的支板[112]

(b) 具有交错型尾部的支板[113]

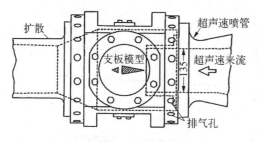

(c) 分为两部分的支板[115]

(d) 安装了棍状结构的支板[117]

图 1.28 多种改进支板的方案

在燃烧室截面尺寸较大时,燃料在燃烧室展向上的扩散不充分,除改进支板构型外,增加支板数量也能够有效提升燃烧室火焰稳定能力[96],并使燃料快速、均匀地分布到整个燃烧室。多支板并联的方案使 Strutjet 发动机的燃烧室能够实现模块化设计[118]。Manna 等[119]、Choubey 等[120]、Bouchez 等[121]和 Hande 等[122]采用数值仿真和实验观测研究了多支板的火焰稳定能力,发现多支板方案可以增强燃料与来流的掺混。

1.3.2.2　凹腔火焰稳定技术

凹腔作为一种非侵入式火焰稳定器,具有总压损失小、流动阻力低等优点,是超声速气流中应用最广泛的火焰稳定器[123,124]。如图 1.29 所示,对于凹腔火焰稳定器来说,凹腔内存在大范围的回流区,剪切层将凹腔内的回流区与主流中的高速流动分开,剪切层撞击凹腔后缘后形成压缩波。

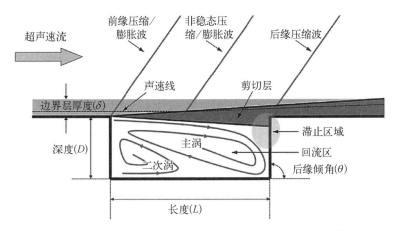

图 1.29　无燃料喷注时凹腔内典型流场结构示意图[125]

影响凹腔附近流场结构的主要因素包括来流马赫数(Ma)、边界层厚度(δ)、凹腔深度(D)、长度(L)和后缘倾角(θ)等。各国学者对超声速来流条件下凹腔剪切层增长[126]、回流区形态[127-132]、燃料的喷注与掺混[133-146]和火焰稳定模式[147-154]等方面进行了广泛且深入的研究。Dimotakis[155]、王振国等[156]和Coats 等[157]从理论上对凹腔剪切层厚度进行了分析,并提出了预测模型。一般来说,根据剪切层的形态可将凹腔分为开式、过渡式和闭式凹腔。当凹腔长深比小于 10 时,剪切层跨过整个凹腔并在凹腔后缘再附(开式凹腔);当凹腔长深比大于 13 时,剪切层在凹腔底部再附并形成撞击激波(闭式凹腔);当凹腔长深比在 10~13 之间时为过渡型凹腔。

由于燃料种类、来流条件、凹腔构型和喷注方案等因素的不同,燃烧室内存在多种火焰稳定模式。在以氢气为燃料的冲压发动机中,Micka 等[147]将火焰稳定模式分为凹腔稳定燃烧模式和射流尾迹燃烧模式。在第一种模式下,反应区稳定在凹腔前缘附近并以固定的角度向主流中发展;在第二种模式下,反应区稳定在凹腔上游射流尾迹内,火焰的前缘是弯曲的。Barnes 和 Segal[123]对以往关于凹腔火焰稳定的研究结果进行了汇总并划分了三种火焰稳定模式(图 1.30)。

凹腔辅助的射流尾迹火焰一般出现在燃烧室反压、来流总温和燃料喷注压力等参数较高的情况下,火焰的形态与 Micka 等[147]提出的射流尾迹燃烧模式一致。随着来流总温的降低或热力学喉道的消失,燃料射流尾迹处的化学反应熄灭,火焰稳定在凹腔剪切层内,形成凹腔剪切层火焰。该模式与 Micka 等[147]提出的凹腔稳定燃烧模式一致。当燃料射流距凹腔较近时,火焰前锋被推到凹

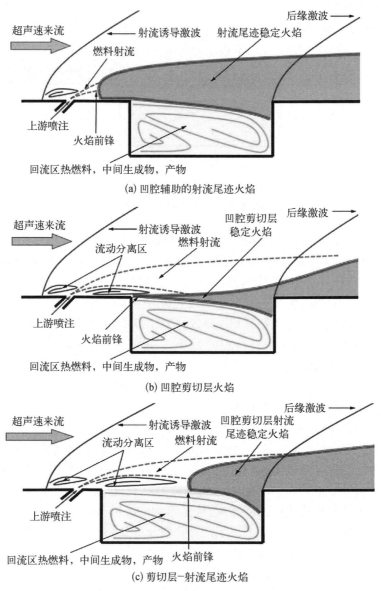

(a) 凹腔辅助的射流尾迹火焰

(b) 凹腔剪切层火焰

(c) 剪切层-射流尾迹火焰

图 1.30　基于凹腔的典型火焰稳定模式[123]

腔前缘下游较远处,形成剪切层-射流尾迹火焰。Zhang 等[158]在对后缘突扩凹腔的研究中发现,在当量比和释热率较高的情况下,凹腔剪切层向主流中偏移,该模式为抬举剪切层火焰。出现该现象的主要原因是在扩张型流道中凹腔剪切层明显向凹腔底壁偏转,但在形成稳定火焰之后凹腔回流区扩张,从而促使剪切层抬升。汪洪波[150]对图 1.30 中三种火焰稳定模式的研究表明,由于间歇性的吹熄现象,凹腔辅助的射流尾迹火焰是最不稳定的,而剪切层-射流尾迹火焰则是最稳定的。

1.3.2.3　典型 RBCC 发动机冲压模态火焰稳定方案

RBCC 发动机冲压模态的火焰稳定方案复杂多样,主要包括支板稳焰、引射火箭稳焰、凹腔稳焰等。本小节介绍当前报道较多的 3 种 RBCC 发动机的火焰稳定方案。总体来说,Strutjet 发动机主要依靠支板进行火焰稳定;A5 发动机、GTX 发动机和 E3 发动机虽然结构不同,但是三者的火焰稳定都主要依靠引射火箭及其尾迹区;西北工业大学设计的 RBCC 发动机的火焰稳定方案主要包括引射火箭、燃料支板和凹腔。

1. 基于支板的火焰稳定方案

Strutjet 发动机在研究初期以氢气为燃料,支板的结构比较简单,主要包括前部的楔角、中间的隔离段和尾部的引射火箭。当燃料改变为煤油后,由于煤油的雾化、蒸发和掺混更加困难、点火延迟更长,实现火焰稳定和高效燃烧的难度大大增加。为了提高发动机的整体性能,Aerojet 公司针对冲压模态的流动和燃烧特点设计了更为复杂的支板和喷注方案[20,159],如图 1.31 所示。该方案的特点是在支板上增加了凹腔、凹槽和船型尾部等结构,取消了引射火箭;采用了多级喷注方案,并用具有更高穿透深度和掺混效果的级联式喷注器代替传统圆

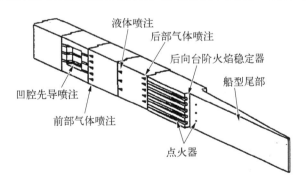

图 1.31　Strutjet 针对冲压模态设计的支板[159]

形喷注器。凹腔的主要作用是提高局部温度,促进煤油的蒸发和掺混,而不是火焰稳定。支板后部整体上可视为后向台阶,能够形成回流区,具有一定火焰稳定能力。而支板后部的一系列凹槽类似下沉式的斜坡,能够促进燃料与空气的掺混。在实际飞行条件下,支板船型尾部的喷孔喷注燃气发生器产生的富含氢气的燃气。富氢燃气能够大大加快煤油的燃烧,并能辅助控制释热区分布。研究表明,采用该支板时发动机能在全局当量比 0.8 的条件下达到高于 80% 的燃烧效率。虽然该支板能够实现煤油的高效燃烧,但是船型尾部使其难以与引射火箭兼容。

2. 基于火箭燃气的火焰稳定方案

日本 E3 发动机是 JAXA 设计的 RBCC 发动机,其具体结构已在 1.2.2 节中详细介绍。E3 发动机以氢气为燃料,进入冲压模态后火箭发动机工作在富燃状态。火箭燃气中未燃的氢气在燃烧室中与进气道捕获的空气掺混、燃烧,从而产生更大推力。由于作为火焰稳定器的引射火箭主要取决于引射模态的要求,该发动机主要通过优化喷注方案和燃烧室型面来提高冲压模态性能。

Kouchi 等[160]在飞行马赫数 4 的条件下研究了燃料喷注方案对发动机推力的影响,其结果如图 1.32 和图 1.33 所示。研究表明,由火箭喷注所有燃料时,超声速来流和超声速火箭燃气的掺混十分缓慢,燃烧释热不够充分。这导致发动机燃烧效率和推力性能很不理想。采用壁面喷注方案时,由位于燃烧室壁面的喷孔喷注 70% 的燃料,火箭喷注 30% 的燃料。位于壁面附近的燃料射流能够与来流快速掺混,释热比较充分,燃烧室反压的升高将激波串推到上游。超声速来流经过激波串的压缩在到达燃烧室时已为亚声速,燃烧效率和发动机推力的增加十分明显。Kobayashi 等[161]的研究发现,相比于单级喷注,多级喷注能够使发动机最大推力提高 37%。

$Ma:$
0   1.0   2.4

(a) 燃烧室中心截面

(b) 引射火箭中心截面

图 1.32 由火箭喷注所有燃料时燃烧室内马赫数云图[160]

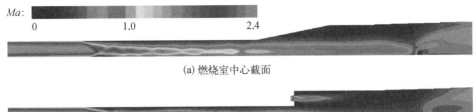

(a) 燃烧室中心截面

(b) 引射火箭中心截面

图 1.33 火箭和燃烧室侧壁喷孔同时喷注燃料时燃烧室内马赫数云图[160]

Tomioka 等[162]在飞行马赫数 6 的研究发现,随着燃料当量比的提高,压力曲线的峰值逐渐增大,出现峰值的位置不断向燃料喷孔移动。在相同的当量比下,随着喷注位置向燃烧室后部移动,压力曲线的峰值逐渐降低,出现压力峰值的位置也向燃烧室后部移动。对发动机推力的分析表明,靠上游喷注燃料和提高当量比对提升发动机推力有益,燃烧室扩张角小于 3.1° 时发动机的性能与等直型的发动机类似,但过大的扩张角会降低发动机推力。

3. 基于引射火箭、支板和凹腔的火焰稳定方案

西北工业大学的火焰稳定方案最为复杂,主要包括引射火箭、燃料支板和凹腔。汤祥[163]对该发动机在冲压模态的工作特点进行了详尽的实验观测和数值仿真。其研究结果表明,当引射火箭以小流量工作在富燃状态时,火箭燃气促进了煤油的雾化和蒸发,能够点燃下游燃料支板喷注的煤油。对燃料支板位置的研究发现,燃料支板距引射火箭过远时,引射火箭燃气辅助点火和火焰稳定的作用大大降低,燃烧效率明显下降;当燃料支板靠近引射火箭时可以获得较好的火焰稳定效果,但是燃烧释热集中于燃烧室前部,容易造成进气道不起动[164]。另外,释热集中在燃烧室前部也会导致形成热力学喉道的位置较为靠前[165],进而导致气流在扩张型的燃烧室内不断加速,不利于燃料的充分燃烧。

虽然引射火箭的横截面占流道的 30%,但是关闭引射火箭后仅靠火箭底部回流区并不能实现煤油的稳定燃烧。因此在没有引射火箭作为引导火焰的条件下,引入凹腔火焰稳定器十分重要[163]。当凹腔与燃料支板较近时,凹腔促进了火焰在流道内的展向发展。凹腔内的火焰可能向上游传播并引燃支板喷注的燃料,使火焰稳定在燃料支板与凹腔之间,从而获得更宽范围的火焰稳定。但应当避免凹腔与支板间距离过小而导致燃料掺混不充分[166]。

薛瑞等[167,168]进一步提出了四种火焰稳定模式(图1.34),分别是弱燃烧模式、火箭-超燃模式、火箭-亚燃模式和亚燃模式。仅采用引射火箭燃气进行火焰稳定,并在引射火箭侧壁喷注煤油时,燃烧室内出现弱燃烧模式。该模式下化学反应主要发生在流道中心。由于超声速剪切层稳定性较好,高温火箭燃气、煤油和空气难以实现快速掺混,火箭射流剪切层内为富燃状态。这导致燃烧释热很弱,主流依然为超声速,燃烧室出口存在大量碳颗粒。

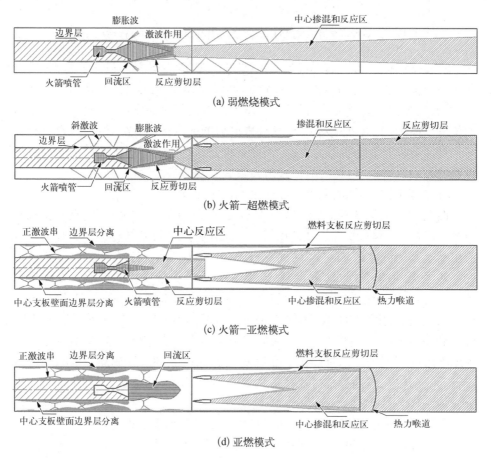

图1.34 薛瑞等[168]提出的四种火焰稳定模式

为促进煤油与来流空气的掺混和燃烧,可在引射火箭下游设置两个喷注煤油的燃料支板,由火箭射流作为引导火焰点燃支板喷注的煤油,该模式为火箭-

超燃模式。此时化学反应依然主要发生在流道中心,燃烧释热产生的反压足以使隔离段内形成激波串。燃料支板尾迹区形成的剪切层在一定程度上将反应区与靠近燃烧室侧壁的来流空气隔离,降低了发动机燃烧效率。

　　将燃料支板向上游移动并在支板后增加凹腔能够加强燃烧反压对隔离段的影响,使来流进入燃烧室时为亚声速。来流速度的降低和静压的升高使化学反应更为剧烈,燃烧室后部得以形成热力学喉道。如果此时引射火箭依然工作,发动机工作在火箭-亚燃模式。若关闭引射火箭,则为亚燃模式。由于此时燃烧室内已经建立起较高的反压,关闭火箭后火箭下游的流场不会出现明显变化。

1.3.3　RBCC 发动机火箭模态工作特点

　　随着飞行马赫数和飞行高度的提高,RBCC 发动机进入纯火箭模态。由于RBCC 发动机技术并不成熟,对 RBCC 发动机纯火箭模态的研究比较匮乏。Smith 等[169]和 Steffen[170]认为纯火箭模态下发动机比冲提高 10%,则整个飞行任务中发动机的平均比冲能够提高 7%。Smith 等[169]和 Steffen[170]采用数值计算针对一种轴对称型的发动机(图 1.35)分析火箭面积比、混合室-引射器入口面积、混合室-引射器出口面积、混合室-引射器长径比对火箭比冲的影响。增大混合室-引射器的入口面积会导致火箭燃气的横向膨胀加剧,减小了气流沿流道轴向的速度,降低了发动机推力。提高发动机的长径比同样会导致性能损失,主要原因是流道湿面积的增大增加了摩擦阻力,激波在流道内反射次数的增加导致总压损失增大。增大火箭的面积比、混合室-引射器出口与入口的面

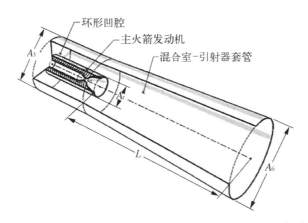

图 1.35　轴对称型的火箭和混合室-引射器构型示意图[170]

积比使火箭燃气的膨胀更加充分,有利于提高发动机比冲。根据上述四个参数对发动机比冲的影响可以发现,提高发动机在纯火箭模态性能的思路就是使发动机的流动与普通火箭发动机尽可能相似。

1.3.4 RBCC发动机模态转换技术研究

具有多种工作模态是RBCC动力系统区别于其他发动机的重要特性。模态间的平稳过渡是确保飞行器安全工作的基本条件。模态转换过程主要包括引射/亚燃模态转换、亚燃/超燃模态转换、超燃/纯火箭模态转换。根据引射火箭工作方式的不同,在发动机推力不足的情况下可能还存在引射/亚燃共同工作模态向纯亚燃模态转换的过程。当前,RBCC发动机的相关技术还不成熟,研究重点放在引射/亚燃模态转换和亚燃/超燃模态转换上,针对超燃/纯火箭模态转换的研究相对较少。

1.3.4.1 引射/亚燃模态转换技术研究

引射模态向亚燃模态的过渡涉及进气道起动、火箭工作状态改变、燃烧室点火和二次燃料喷注策略改变等多个过程,是实现飞行器从零速启动到发动机冲压工作的关键转换过程。影响RBCC发动机引射模态和亚燃模态性能的因素众多且互相牵制。需要在给定任务和参考弹道条件下根据发动机的性能评估结果进行选择,从而提高RBCC发动机的整体性能[171]。性能评估首先要分析过渡点性能变化规律,掌握引射/亚燃模态中比冲、推力随高度、飞行马赫数的变化过程;其次要带入具体任务,针对具体飞行任务,将弹道和阻力系数带入评估方法分析两种模态下比冲和推力需求;最后是确定过渡区间。总体来说,飞行器执行任务时,必须满足飞行器对加速和爬升的推力需求,在满足推力需求的前提下比冲越高越好。

1.3.4.2 亚燃/超燃模态转换技术研究

进入亚燃冲压模态后,燃烧引起的反压会导致隔离段内形成拟正激波串。来流经过拟正激波串的压缩减速作用变为亚声速状态,在燃烧室内与燃料进行掺混并进行燃烧。在燃烧释热和燃烧室面积变化的共同作用下,燃气在燃烧室轴向某处达到热壅塞,此处即为热力学喉道。随着飞行马赫数的增加,来流总焓逐渐增大,为了减少亚燃冲压带来的加热与总压损失的影响,需要削弱燃烧释热。此时预燃激波串被推向燃烧室,激波强度逐渐减弱,结尾终止于超声速状态。燃烧室内亚燃与超燃同时存在,表现为混合燃烧模态,并最终发展为有斜激波串的超燃模态[172]。

　　燃烧模态转换过程中发动机内部参数的分布存在很大范围的变化,随着热力学喉道达到临界状态,隔离段内的预燃激波串可能突然移动。同时在燃烧模态转换过程中,发动机的推力输出存在突变和迟滞特性。这种推力的突变和迟滞特性会给发动机控制系统的设计带来困难,同时在发动机实际工作过程中容易导致燃烧模态的振荡乃至整个系统的失稳[173]。

　　针对燃烧模态转换过程的迟滞特性,Cui 等[174]开展了理论分析研究。认为激波运动的正反馈效应是导致迟滞特性的物理机制。从内在形成机制来看,迟滞特性由发动机工作过程中的诸多不稳定因素引起,而从外在表现来看,燃烧模态转换过程中的迟滞特性,可以看成是发动机工作模态的一种自持特性。这种维持自身原有工作状态的能力对发动机推力控制而言十分重要。强迟滞特性条件下可以留有余地地进行推力调节,避免出现燃烧模态的频繁转换;而弱迟滞特性时在燃烧模态转换结束后难以及时进行推力调节,否则会导致燃烧模态的频繁转换。

1.4　本书内容简介

　　本节简要介绍全书的论述体系。

　　第 1 章是对本书研究背景及研究对象的概述。首先简要介绍了火箭冲压组合发动机的基本概念、工作过程、关键技术和开展研究的重要意义;其次系统梳理了世界主要大国针对 RBCC 发动机开展的工程研制历程,并从 RBCC 发动机引射模态、亚燃/超燃冲压模态、火箭模态及模态转换等方面对宽域混合燃烧技术研究进展进行了综述。最后介绍了本书的基本结构和内容。

　　第 2 章利用热力学分析方法对 RBCC 发动机在宽速域多模态条件下的工作特性进行评估。首先系统梳理了 RBCC 发动机的典型燃烧组织模式;其次分别对掺混后燃烧(DAB)模式、即时掺混燃烧(SMC)模式和冲压模态开展热力学分析和参数化研究;最后结合典型的飞行弹道对不同燃烧模式进行综合评估。

　　第 3 章探讨 RBCC 发动机引射模态的混合特性及增强机制。首先开展了混合层理论分析,明晰 RBCC 发动机内部混合层高对流马赫数、大温差、压力不匹配的特点;然后着重研究火箭膨胀情况、对流马赫数和高总温燃气等重要因素对混合层掺混过程的影响规律;最后针对 RBCC 发动机中不利于混合层增长的情况总结出行之有效的混合增强手段。

　　第4章对掺混后燃烧(DAB)模式的燃烧过程进行系统分析。首先通过实验对DAB模式在典型飞行弹道下的总体性能开展了研究;其次开展DAB模式混合增压特性的参数化研究;再次针对实际发动机中二次流可能受限的情况,分析火箭当量比和混合室长度对火箭羽流抽吸作用的影响;最后分析有限长度混合室条件下非均匀混合气在扩张段内的流动机制。

　　第5章深入分析即时掺混燃烧(SMC)模式的燃烧特性。首先通过地面实验研究采用SMC模式的RBCC发动机在不同飞行马赫数的总体性能,比较不同混合室型面、火箭当量比及补燃参数对比冲性能的影响;然后通过数值仿真对SMC模式的总体性能开展了参数化研究。

　　第6章结合RBCC发动机结构特点以实验观测为主对基于凹腔的火焰稳定方案、基于引射火箭底部回流区的火焰稳定方案以及凹腔与引射火箭底部回流区协同火焰稳定方案开展深入研究,揭示复杂波系作用下的凹腔点火与火焰稳定规律、引射火箭底部回流区火焰稳定特性和双燃烧区相互作用等关键科学问题。此外,为提高发动机在加速过程中的推阻比、拓展发动机飞行包线,第6章还针对低动压条件下的冲压燃烧室设计开展初步探索。

　　第7章全面总结了本书的研究成果并展望RBCC发动机宽域多模态燃烧组织技术下一步需重点关注的研究方向。

参考文献

[1] Duan L, Beekman I, Martin M P. Direct numerical simulation of hypersonic turbulent boundary layers. Part 2. Effect of wall temperature[J]. Journal of Fluid Mechanics, 2010, 655: 419 – 445.

[2] Huang W, Yan L, Tan J G. Survey on the mode transition technique in combined cycle propulsion systems[J]. Aerospace Science and Technology, 2014, 39: 685 – 691.

[3] Kanda T, Kato K, Tani K et al. Experimental study of a combined-cycle engine combustor in ejector-jet mode[C]. 44th AIAA Aerospace Sciences Meeting and Exhibit, Reno, 2006.

[4] Kitamura E, Mitani T, Huang S H, et al. Pressure recovery in mixing ducts of ejector-ramjets[C]. 13th AIAA/CIRA International Space Planes and Hypersonics Systems and Technologies, Capua, 2005.

[5] Huete C, Sánchez A L, Williams F A. Diffusion-flame ignition by shock-wave impingement on a hydrogen-air supersonic mixing layer[J]. Journal of Propulsion and Power, 2017, 33:

256－263.

[6] Ruan J L, Domingo P, Ribert G. Analysis of combustion modes in a cavity based scramjet [J]. Combustion and Flame, 2020, 215: 238－251.

[7] Saxena S, Kahandawala M S P, Sidhu S S. A shock tube study of ignition delay in the combustion of ethylene[J]. Combustion and Flame, 2011, 158: 1019－1031.

[8] Huang W. Mixing enhancement strategies and their mechanisms in supersonic flows: A brief review[J]. Acta Astronautica, 2018, 145: 492－500.

[9] Soni R K, De A. Investigation of mixing characteristics in strut injectors using modal decomposition[J]. Physics of Fluids, 2018, 30: 016108.

[10] Liu Q, Baccarella D, Hammack S, et al. Influences of freestream turbulence on flame dynamics in a supersonic combustor[J]. AIAA Journal, 2017, 55: 913－918.

[11] Moszee R. Liquid rocket propulsion—evolution and advancements: Rocket-based combined cycle[R]. ADA411560, 1999.

[12] 张昆.脉冲爆震发动机喷管与引射器增推技术[D].西安: 西北工业大学,2015.

[13] Pryor D E, Hyde E H, Escher W J D. Development of a 12-thrust chamber kerosene/oxygen primary rocket subsystem for an early (1964) air-augmented rocket ground test system[R]. AIAA 1999－4896, 1999.

[14] Foster R W, Escher W J D, Robinson J W. Studies of an extensively axisymmetric rocket based combined cycle (RBCC) engine powered single-stage-to-orbit (SSTO) vehicle[C]. 25th Joint Propulsion Conference, Monterey,1989.

[15] Daines R, Segal C. Combined rocket and airbreathing propulsion systems for space-launch applications[J]. Journal of Propulsion and Power, 1998, 14(5): 605－612.

[16] Chojnacki K, Hawk C. An assessment of the rocket-based combined cycle propulsion system for Earth-to-orbit transportation[C]. 29th Joint Propulsion Conference and Exhibit, Monterey, 1993.

[17] Escher W J D. Rocket-based combined-cycle (RBCC) powered spaceliner class vehicles can advantageously employ vertical takeoff and landing (VTOL) [C]. 6th International Aerospace Planes and Hypersonics Technologies Conference, Chattanooga, 1995.

[18] Debonis J, Yungster S. Rocket-based combined cycle engine technology development-Inlet CFD validation and application[J]. 32nd Joint Propulsion Conference and Exhibit, Lake Buena Vista, 1996.

[19] Siebenhaar A, Bulman M J, Bonnar D K. Strutjet rocket-based combined-cycle engine [M]. California: American Institute of Aeronautics and Astronautics, 2000: 697－755.

[20] Campbell B T, Siebenhaar A, Nguyen T. Strutjet engine performance[J]. Journal of Propulsion and Power, 2001, 17: 1227－1232.

[21] Bulman M,Siebenhaar A. The strutjet engine: Exploding the myths surrounding high speed

airbreathing propulsion[C]. 31st Joint Propulsion Conference and Exhibit, San Diego, 1995.

[22] Hueter U. Rocket-based combined-cycle propulsion technology for access to space applications [C]. 9th International Space Planes and Hypersonic Systems and Technologies, Norfolk, 1999.

[23] Ketchum A, Emanuel M, Cramer J. Summary of rocketdyne engine A5 rocket based combined cycle testing[C]. Propulsion Engineering Research Center Tenth Annual Symposium, 1999, Reston.

[24] Ketchum A, Emanuel M, Cramer J. Summary of rocketdyne engine A5 rocket based combined cycle testing[R]. Virgnia: NTIS, 1998.

[25] Yungster S, Trefny C. Analysis of a new rocket-based combined-cycle engine concept at low speed[C]. 35th Joint Propulsion Conference and Exhibit, Los Angeles, 1999.

[26] Trefny C J. An air-breathing launch vehicle concept for single-stage-to-orbit[C]. 35th Joint Propulsion Conference and Exhibit, Los Angeles,1999.

[27] Thomas S R, Palac D T, Trefny C J, et al. Performance evaluation of the NASA GTX RBCC flowpath[R]. Cleveland: NASA Glenn Research Center, NASA/TM－2001－210953, 2001.

[28] Walker J F, Kamhawi H, Krivanek T M, et al. Status of the RBCC direct-connect mixer combustor experiment[R]. Cleveland: Glenn Research Center, 2002: NASA TM－211555.

[29] Kamhawi H, Krivanek T M, Thomas S R, et al. Direct-connect ejector ramjet combustor experiment[C]. 41st Aerospace Sciences Meeting and Exhibit, Reno, 2003.

[30] Quinn J E. ISTAR: Project status and ground test engine design[C]. 39th AIAA/ASME/SAE/ASEE Joint Propulsion Conference and Exhibit, Huntsville, 2003.

[31] Lentsch A, Taguchi H, Shepperd R, et al. Vehicle concepts for an ejector ramjet combined cycle engine[C]. 10th AIAA/NAL-NASDA-ISAS International Space Planes and Hypersonic Systems and Technologies Conference, Kyoto, 2001.

[32] Kanda T, Kudo K, Kato K, et al. Scramjet mode tests of a combined cycle engine combustor[C]. 12th AIAA International Space Planes and Hypersonic Systems and Technologies, Norfolk, 2003.

[33] Hiraiwa T, Ito K, Sato S, et al. Recent progress in scramjet/combined, cycle engines at JAXA, KAKUDA space center[J]. Acta astronautica, 2008, 63(5－6): 565－574.

[34] Yoshida M. R&D activities of JAXA Kakuda space center on RBCC engines for a TSTO launch vehicle[C]. 20th AIAA International Planes and Hypersonic Systems Technology Conference, Glasgow, 2015.

[35] Kanda T, Tani K, Kudo K. Conceptual study of a rocket-ramjet combined-cycle engine for an aerospace plane[J]. Journal of Propulsion and Power, 2007, 23(2): 301－309.

［36］ Kanda T, Tomioka S, Ueda S, et al. Design of sub-scale rocket-ramjet combined cycle engine model［C］. International Astronautical Federation-56th International Astronautical Congress, Fukuoka, 2005.

［37］ Kodera M, Tomioka S, Ueda S, et al. Numerical analysis of scramjet mode operation of a RBCC engine［C］. 18th AIAA/3AF International Space Planes and Hypersonic Systems and Technologies Conference, Tours, 2012.

［38］ Fujikawa T, Tsuchiya T, Tomioka S. Multi-objective, multidisciplinary design optimization of TSTO space planes with RBCC engines［C］. 56th AIAA/ASCE/AHS/ASC Structures, Structural Dynamics, and Materials Conference, Kissimmee, 2015.

［39］ 刘洋,何国强,刘佩进,等.RBCC 组合循环推进系统研究现状和进展［J］.固体火箭技术,2009(3)：288－293.

［40］ Escher W. Motive power for next generation space transports: Combined airbreathing rocket propulsion［C］. 6th International Aerospace Planes and Hypersonics Technologies, Chattanooga, 1995.

［41］ 崔朋,徐万武,陈健,等.火箭基组合循环燃烧组织研究现状［J］.火箭推进,2015, 41(4)：1－7.

［42］ Bond R B, Edwards J R. Computational analysis of an independent ramjet stream in a combined cycle engine［J］. AIAA Journal, 2004, 42 (11)：2276－2283.

［43］ Edwards J R, McRae D S, Bond R B. Three dimensional numerical simulation of rocket-based combined-cycle engine response during mode transition events［R］. Cleveland: Glenn Research Center, 2003：NASA CR－212193.

［44］ Hu J C, Chang J T, Bao W. Ignition and flame stabilization of a strut-jet RBCC combustor with small rocket exhaust［J］. The Scientific World Journal, 2014, 2014：675498.

［45］ Etele J, Sislian J P, Parent B. Effect of rocket exhaust configurations on ejector performance in RBCC engines［J］. Journal of Propulsion and Power, 2005, 21(4)：656－666.

［46］ 王国辉,何国强,刘佩进,等.RBCC 引射模态 DAB 模式二次燃烧数值研究［J］.固体火箭技术,2004,27(1)：5－8.

［47］ 崔朋.SMC 模式下火箭基组合循环引射/亚燃模态性能研究［D］.长沙:国防科学技术大学,2015.

［48］ 董泽宇.火箭基组合循环发动机引射模态混合增强机理研究［D］.长沙:国防科技大学,2021.

［49］ Stroup K, Pontzer R. Advanced ramjet concepts, volume I. ejector ramjet systems demonstration［R］. The Marquardt Corp., Air Force Aero Propulsion Lab., TR－67－118, 1968.

［50］ 黄生洪,何国强,何洪庆.支板火箭引射冲压发动机引射模态燃烧流动(Ⅰ)瞬时掺混燃烧流场的数值模拟［J］.推进技术,2003,24(2)：160－165.

［51］ Billig F. The integration of the rocket with the ram-scramjet as a viable transatmospheric accelerator[C]. 11th International Symposium on Air Breathing Engines, Tokyo, 1993.

[52] Zhang M, He G, Liu P. Performance improved by multistage rockets ejection in RBCC engine[C]. 44th AIAA/ASME/SAE/ASEE Joint Propulsion Conference & Exhibit, Hartford, 2008.

[53] Foelsche R O, Tsai C, Bakos R J. Experiments on a RBCC ejector scramjet with integriated, staged secondary fuel injection[C]. 35th AIAA/ASME/SAE/ASEE Joint Propulsion Conference and Exhibit, Los Angeles, 1999.

[54] Bond R B. Reynolds-averaged navier-stokes analysis of the flow through a model rocket-based combined cycle engine with an independently-fueled ramjet stream[D]. Raleigh: North Carolina State University, 2003.

[55] Yang Q C, Shi W, Chang J T, et al. Maximum thrust for the rocket-ejector mode of the hydrogen fueled rocket-based combined cycle engine[J]. International Journal of Hydrogen Energy, 2015, 40: 3771 – 3776.

[56] Qu J X, Luo F T, Tian Y F, et al. Primary/secondary flow mixing characteristics in the RBCC flowpath[C]. 21st AIAA International Space Planes and Hypersonics Technologies Conference, Xiamen, 2017.

[57] 黄思源,王泽江,谭宇.RBCC 发动机纯引射模态推力增益效果一维分析[C].第五届空天动力联合会议暨中国航天第三专业信息网第 41 届技术交流会,南京,2020.

[58] Gu R, Sun M B, Cai Z, et al. Experimental study of the rocket-ejector system with a throat in the secondary stream[J]. Aerospace Science and Technology, 2021, 113: 106697.

[59] 王国辉,蔡体敏,何国强,等.火箭基组合循环发动机引射模态流动分析[J].推进技术,2002,23(4): 298 – 302.

[60] 王国辉,何国强,蔡体敏.一次火箭参数对 RBCC 引射模态性能的影响[J].推进技术,2003,24(3): 204 – 207.

[61] 吕翔,郑思行,何国强,等.火箭引射模态下主火箭总压与 RBCC 发动机的匹配性[J].固体火箭技术,2015,38(2): 179 – 184.

[62] Hueter U, Turner J. Rocket-based combined cycle activities in the advanced reusable transportation program office[C]. 35th AIAA/ASME/SAE/ASEE Joint Propulsion Conference and Exhibit, Los Angeles, 1999.

[63] 潘宏亮,林彬彬,何国强,等.多模态 RBCC 主火箭室压对引射流动燃烧影响研究[J].推进技术,2016,37(6): 1108 – 1114.

[64] Aoki S, Lee J, Masuya G, et al. Aerodynamic experiment on an ejector-jet[J]. Journal of Propulsion and Power, 2005, 21(3): 496 – 503.

[65] Gist D R, Foster T J, DeTurris D J. Examination of Fabri-choking in a simulated air augmented rocket[C]. 43rd AIAA/ASME/SAE/ASEE Joint Propulsion Conference and Exhibit, Cincinnati, 2007.

[66]　Fabri J, Siestrunk R. Supersonic air ejectors[J]. Advance in Applied Mechanics, 1958, 5: 1-35.

[67]　DeTurris D J. Fabri choking in a two-dimensional reacting flow mixer-ejector[C]. 48th AIAA Aerospace Sciences Meeting Including the New Horizons Forum and Aerospace Exposition, Orlando, 2010.

[68]　林彬彬,李世林,魏武国,等.引射模态总压比对气动壅塞影响[J].科学技术与工程, 2020,20(21): 8823-8828.

[69]　林彬彬.RBCC 引射模态主火箭与全流道匹配技术研究[D].西安: 西北工业大学, 2017.

[70]　Cramer J M. Performance characteristics of a rocket-ejector operating in a single and twin thruster configuration[D]. State College: Pennsylvania State University, 2004.

[71]　Cramer J M, Greene M, Pal S, et al. RBCC ejector mode operating characteristics for single and twin thruster configurations[C]. 37th AIAA/ASME/SAE/ASEE Joint Propulsion Conference, Salt Lake City, 2001.

[72]　吴亚可,徐卫昌,黄威,等.海平面静态时一次火箭沿流道放置位置对 RBCC 性能的影响[J].弹箭与制导学报,2017,37(5): 91-94,98.

[73]　Etele J, Kodera M, Ueda S. Experiments with ejector rocket entrainment[J]. Journal of Propulsion and Power, 2016, 32(5): 1110-1118.

[74]　Etele J, Hasegawa S, Ueda S. Experimental investigation of an alternative rocket configuration for rocket-based combined cycle engines[J]. Journal of Propulsion and Power, 2014, 30(4): 944-951.

[75]　Daines R L, Bulman M. Computational analyses of dynamic rocket ejector flowfields[C]. 32nd Joint Propulsion Conference and Exhibit, Lake Buena Vista, 1996.

[76]　Lentsch A, Morgenthaler V, Maita M. CFD simulation of a rocket-ejector for an ejector-ramjet combined cycle engine[C]. 10th AIAA International Space Planes and Hypersonic Systems and Technologies Conference, Kyoto, 2001.

[77]　Rao S M V, Asano S, Saito T. Comparative studies on supersonic free jets from nozzles of complex geometry[J]. Applied Thermal Engineering, 2016, 99: 599-612.

[78]　Rao S M V, Jagadeesh G. Novel supersonic nozzles for mixing enhancement in supersonic ejectors[J]. Applied Thermal Engineering, 2014, 71: 62-71.

[79]　张宇杰.支板发动机引射模态混合增强特性研究[D].长沙: 国防科学技术大学,2012.

[80]　安佳宁.RBCC(火箭基组合循环)引射模态研究[D].长沙: 国防科学技术大学,2011.

[81]　陈慧杰,安佳宁.不同混合室构型 RBCC 引射模态性能分析[J].科学技术与工程, 2012,12(21): 5408-5411.

[82]　黄生洪,何洪庆,何国强,等.构型及二次燃烧对 RBCC 引射模态推力性能的影响[J].空气动力学学报,2005,23(2): 139-143.

[83] Dijkstra F, Marée A G M, Caporicc M, et al. Experimental investigation of the thrust enhancement potential of ejector rockets[C]. 33rd Joint Propulsion Conference and Exhibit, Seattle, 1997.

[84] 陆晋丽.燃烧室结构变化对火箭引射模态性能影响研究[D].西安：西北工业大学, 2007.

[85] Ye J Y, Pan H L, Qin F, et al. Investigation of RBCC performance improvements based on a variable geometry ramjet combustor[J]. Acta Astronautica, 2018, 151: 874-885.

[86] 叶进颖.RBCC 变结构燃烧室工作特性研究[D].西安：西北工业大学, 2018.

[87] 叶进颖,潘宏亮,秦飞,等.变结构 RBCC 发动机亚燃模态全流道数值模拟研究[J].推进技术,2021,42(9): 1948-1955.

[88] 刘佩进,何国强,李宇飞.二次喷管对引射火箭性能影响研究[J].固体火箭技术,2004, 27(2): 108-110.

[89] 刘佩进.RBCC 引射火箭模态性能与影响因素研究[D].西安：西北工业大学,2001.

[90] 万少文,何国强,刘佩进,等.RBCC 混合燃烧模式下燃料喷注位置对燃烧性能影响研究[J].固体火箭技术,2010,33(6): 636-640.

[91] 潘科玮,何国强,刘佩进,等.RBCC 发动机燃料喷注位置变化对混合燃烧模式燃烧的影响[J].航空动力学报,2011,26(8): 1900-1906.

[92] 吕翔,刘佩进,何国强,等.火箭引射模态下一次火箭流量优化方法研究[J].固体火箭技术,2010,33(6): 631-635.

[93] Shi L, Liu X W, He G Q, et al. Numerical analysis of flow features and operation characteristics of a rocket-based combined-cycle inlet in ejector mode[J]. Acta Astronautica, 2016, 127: 182-196.

[94] Cui P, Xu W W, Li Q L, et al. Analysis of influence factors on performances for divergent RBCC engine under the flight condition of Ma3[C]. 21st AIAA International Space Planes and Hypersonics Technologies Conference, Xiamen, 2017.

[95] Cui P, Xu W W, Li Q L. Numerical simulation of divergent rocket-based-combined-cycle performances under the flight condition of Mach 3[J]. Acta Astronautica, 2018, 142: 162-169.

[96] Rogers R C, Capriotti D P, Guy R W. Experimental supersonic combustion research at NASA Langley[C]. 20th AIAA Advanced Measurement and Ground Testing Technology Conference, Albuquerque, 1998.

[97] 鲍文,宁东坡,张军龙.一种计算支板回流区内气体驻留时间的方法[J]. 燃烧科学与技术,2015,21: 353-356.

[98] Berglund M, Fureby C. LES of supersonic combustion in a scramjet engine model[J]. Proceedings of the Combustion Institute, 2007, 31: 2497-2504.

[99] Oevermann M. Numerical investigation of turbulent hydrogen combustion in a scramjet using

flamelet modeling[J]. Aerospace Science and Technology, 2000, 4: 463 480.

[100] 俞刚,李建国.氢/空气超声速燃烧研究[J].流体力学实验与观测,1999,13: 1 – 12.

[101] 范周琴,刘卫东,林志勇,等.支板喷射超声速燃烧火焰结构实验[J].推进技术,2012, 33: 923 – 927.

[102] Srinivasan K, Maurya P K, Abhishek K, et al. Supersonic combustion of a scramjet engine using hydrogen fuel in shock tunnel[J]. AIAA Journal, 2018, 56: 3600 – 3609.

[103] Huang Z, He G, Wang S, et al. Simulations of combustion oscillation and flame dynamics in a strut-based supersonic combustor [J]. International Journal of Hydrogen Energy, 2017, 42: 8278 – 8287.

[104] Colket M B, Spadaccini L J. Scramjet fuels autoignition study[J]. Journal of Propulsion and Power, 2001, 17: 315 – 323.

[105] Zhang D, Song W. Experimental study of cone-struts and cavity flameholders in a kerosene-fueled round scramjet combustor[J]. Acta Astronautica, 2017, 139: 24 – 33.

[106] Ma S, Zhong F, Zhang X. Numerical study on supersonic combustion of hydrogen and its mixture with ethylene and methane with strut injection [J]. International Journal of Hydrogen Energy, 2018, 43: 7591 – 7599.

[107] Shin J, Sung H G. Combustion characteristics of hydrogen and cracked kerosene in a DLR scramjet combustor using hybrid RANS/LES method[J]. Aerospace Science and Technology, 2018, 80: 433 – 444.

[108] Zhu S, Xu X, Ji P. Flame stabilization and propagation in dual-mode scramjet with staged-strut injectors[J]. AIAA Journal, 2017, 55: 171 – 179.

[109] 纪鹏飞,朱韶华,陈兵,等.双支板超燃燃烧室变当量比喷注试验研究[J].推进技术, 2017,38: 2011 – 2019.

[110] Waidmann W, Alff F, Brummund U, et al. Experimental investigation of the combustion process in a supersonic combustion ramjet (SCRAMJET) [R]. Hardthausen: DLR Institute for Chemical Propulsion and Engineering, 1994: 24815.

[111] 安彬.火箭基组合循环发动机冲压模态火焰稳定机理和增强方法研究[D].长沙:国防科技大学,2021.

[112] Tomioka S, Murakami A, Kudo K, et al. Combustion tests of a staged supersonic combustor with a strut[J]. Journal of Propulsion and Power, 2001, 17: 293 – 300.

[113] Sunami T, Magre P, Bresson A, et al. Experimental study of strut injectors in a supersonic combustor using OH-PLIF[C]. AIAA/CIRA 13th International Space Planes and Hypersonics Systems and Technologies, Capua, 2005.

[114] Vergine F, Ground C, Maddalena L. Strut injectors for scramjets: Total pressure losses in two streamwise vortex interactions [J]. Journal of Propulsion and Power, 2017, 33: 1140 – 1150.

[115] Niioka T, Terada K, Kobayashi H, et al. Flame stabilization characteristics of strut divided into two parts in supersonic airflow[J]. Journal of Propulsion and Power, 1995, 11: 112 - 116.

[116] Sathiyamoorthy K, Danish T H, Srinivas J, et al. Experimental investigation of supersonic combustion in a strut-cavity based combustor[J]. Acta Astronautica, 2018, 148: 285 - 293.

[117] Denis S R, Kau H-P, Brandstetter A. Experimental study on transition between ramjet and scramjet modes in a dual-mode combustor[C]. 12th AIAA International Space Planes and Hypersonic Systems and Technologies, Norfolk, 2003.

[118] Thomas S R, Perkins H D, Trefny C J. Evaluation of an ejector ramjet based propulsion system for air-breathing hypersonic flight[R]. Ohio: Lewis Research Center, 1997: NASA TM - 107422.

[119] Manna P, Behera R, Chakraborty D. Liquid-fueled strut-based scramjet combustor design: a computational fluid dynamics approach[J]. Journal of Propulsion and Power, 2008, 24: 274 - 281.

[120] Choubey G, Pandey K M. Effect of different wall injection schemes on the flow-field of hydrogen fuelled strut-based scramjet combustor[J]. Acta Astronautica, 2018, 145: 93 - 104.

[121] Bouchez M, Kergaravat Y, Saucereau D, et al. Scramjet combustor design in French PREPHA program-Final status in 1998[C]. 8th AIAA International Space Planes and Hypersonic Systems and Technologies Conference, Norfolk, 1998.

[122] Hande R P, Marathe A G. A computational study on supersonic combustion with struts as flame holder[C]. 44th AIAA/ASME/SAE/ASEE Joint Propulsion Conference and Exhibit, Hartford, 2008.

[123] Barnes F W, Segal C. Cavity-based flameholding for chemically-reacting supersonic flows [J]. Progress in Aerospace Sciences, 2015, 76: 24 - 41.

[124] Lee K, Kang S, Lee Y, et al. Effects of fuel injectors and cavity configurations on supersonic combustion[J]. Journal of Propulsion and Power, 2013, 29: 1052 - 1063.

[125] Barnes F W, Segal C. Cavity-based flameholding for chemically-reacting supersonic flows [J]. Progress in Aerospace Sciences, 2015, 76: 24 - 41.

[126] Stallings R L, Wilcox F J. Experimental cavity pressure distributions at supersonic speeds [R]. Hampton: Langley Research Center, 1987: NASA TP - 2683.

[127] Zare-Behtash H, Lo K H, Kontis K, et al. Transverse jet-cavity interactions with the influence of an impinging shock[J]. International Journal of Heat and Fluid Flow, 2015, 53: 146 - 155.

[128] Zhuang N, Alvi F S, Alkislar M B, et al. Supersonic cavity flows and their control[J].

AIAA Journal, 2006, 44: 2118 – 2128.

[129] Chung K. Characteristics of compressible rectangular cavity flows[J]. Journal of Aircraft, 2003, 40: 137 – 142.

[130] Yu K, Xu J, Tang L, et al. Inverse design of inlet distortion using method of characteristics for direct-connect scramjet studies[J]. Aerospace Science and Technology, 2015, 46: 351 – 359.

[131] Yu K, Xu J, Zhang X, et al. Inverse design of shock wave distortion for a direct-connect facility[J]. Aerospace Science and Technology, 2016, 55: 220 – 226.

[132] Peltier S J, Kirik J W, Goyne C P, et al. Response of a ramped cavity to shock-induced distortions in a mach 3 freestream[C]. 49th AIAA/ASME/SAE/ASEE Joint Propulsion Conference, San Jose, 2013.

[133] Lee J, Lin K, Eklund D. Challenges in fuel injection for high-speed propulsion systems [J]. AIAA Journal, 2015, 53: 1405 – 1423.

[134] Zhao G, Sun M, Wang Y, et al. Investigations of injection parameters on combustion oscillation in a supersonic crossflow[J]. Acta Astronautica, 2018, 152: 426 – 436.

[135] Gruber M R, Donbar J M, Carter C D, et al. Mixing and combustion studies using cavity-based flameholders in a supersonic flow[J]. Journal of Propulsion and Power, 2004, 20: 769 – 778.

[136] Hsu K-Y, Carter C, Crafton J, et al. Fuel distribution about a cavity flameholder in supersonic flow [C]. 36th AIAA/ASME/SAE/ASEE Joint Propulsion Conference and Exhibit, Huntsville, 2000.

[137] Sato N, Imamura A, Shiba S, et al. Advanced mixing control in supersonic airstream with a wall-mounted cavity[J]. Journal of Propulsion and Power, 1999, 15: 358 – 360.

[138] Wang H, Wang Z, Sun M, et al. Large-eddy/Reynolds-averaged Navier-Stokes simulation of combustion oscillations in a cavity-based supersonic combustor[J]. International Journal of Hydrogen Energy, 2013, 38: 5918 – 5927.

[139] Liu C, Zhao Y, Wang Z, et al. Dynamics and mixing mechanism of transverse jet injection into a supersonic combustor with cavity flameholder [J]. Acta Astronautica, 2017, 136: 90 – 100.

[140] Zhao Y, Liang J, Zhao Y. Non-reacting flow visualization of supersonic combustor based on cavity and cavity-strut flameholder[J]. Acta Astronautica, 2016, 121: 282 – 291.

[141] Cai Z, Liu X, Gong C, et al. Large eddy simulation of the fuel transport and mixing process in a scramjet combustor with rearwall-expansion cavity[J]. Acta Astronautica, 2016, 375 – 381.

[142] Rasmussen C C, Driscoll J F, Hsu K-Y, et al. Stability limits of cavity-stabilized flames in supersonic flow[J]. Proceedings of the Combustion Institute, 2005, 30: 2825 – 2833.

[143] 李西鹏.超声速气流中煤油燃料火花塞直接点火过程研究[D].长沙:国防科学技术大学,2014.

[144] Li X, Liu W, Pan Y, et al. Investigation on ignition enhancement mechanism in a scramjet combustor with dual cavity[J]. Journal of Propulsion and Power, 2016, 32: 439 – 447.

[145] 李西鹏.超声速气流中煤油喷注混合及点火过程研究[D].长沙:国防科技大学,2018.

[146] Quick A, King P I, Gruber M R, et al. Upstream mixing cavity coupled with a downstream flameholding cavity behavior in supersonic flow[C]. 41st AIAA/ASME/SAE/ASEE Joint Propulsion Conference and Exhibit, Tucson, 2005.

[147] Micka D J, Driscoll J F. Combustion characteristics of a dual-mode scramjet combustor with cavity flameholder[J]. Proceedings of the Combustion Institute, 2009, 32: 2397 – 2404.

[148] Gruber M R, Baurle R A, Mathur T, et al. Fundamental studies of cavity-based flameholder concepts for supersonic combustors[J]. Journal of Propulsion and Power, 2001, 17: 146 – 153.

[149] Li M, Zhou J, Geng H, et al. Investigations on function of cavity in supersonic combustion using OH PLIF[C]. 40th AIAA/ASME/SAE/ASEE Joint Propulsion Conference and Exhibit, Fort Lauderdale, 2004.

[150] 汪洪波.超声速燃烧凹腔剪切层非定常特性研究[D].长沙:国防科学技术大学,2007.

[151] Kirik J W, Goyne C P, Peltier S J, et al. Velocimetry measurements of a scramjet cavity flameholder with inlet distortion[C]. 49th AIAA/ASME/SAE/ASEE Joint Propulsion Conference, San Jose, 2013.

[152] Kirik J W, Goyne C P, Peltier S J, et al. Velocimetry measurements of a scramjet cavity flameholder with inlet distortion[J]. Journal of Propulsion and Power, 2014, 30: 1568 – 1576.

[153] Ombrello T, Peltier S, Carter C. Effects of inlet distortion on cavity ignition in supersonic flow[C]. 53rd AIAA Aerospace Sciences Meeting, Kissimmee, 2015.

[154] Etheridge S, Lee J G, Carter C, et al. Effect of flow distortion on fuel/air mixing and combustion in an upstream-fueled cavity flameholder for a supersonic combustor[J]. Experimental Thermal and Fluid Science, 2017, 88: 461 – 471.

[155] Dimotakis P E. High-speed flight propulsion system[M]. Washington: America Institute of Aeronautics and Astronautics, 1991: 265 – 340.

[156] 王振国,杨揖心,梁剑寒,等.超声速气流中稳焰凹腔吹熄极限分析与建模[J].中国科学: 技术科学,2014,44: 961 – 972.

[157] Coats C M, Richardson A P, Wang S. Nonpremixed combustion in turbulent mixing layers Part 2: Recirculation, mixing and flame stabilization[J]. Combustion and Flame, 2000, 122: 271–290.

[158] Zhang Y X, Wang Z G, Sun M B, et al. Hydrogen jet combustion in a scramjet combustor with the rearwall-expansion cavity[J]. Acta Astronautica, 2018,144:181–192.

[159] Sieberihaar A, Bulman M, Norris R, et al. Development and testing of the aerojet strutjet combustor[R]. 9th International Space Planes and Hypersonic Systems and Technologies Conference, Norfolk, 1999.

[160] Kouchi T, Kobayashi K, Kudo K, et al. Performance of a RBCC combustor operating in ramjet mode [C]. 42nd AIAA/ASME/SAE/ASEE Joint Propulsion Conference and Exhibit, Sacramento, 2006.

[161] Kobayashi K, Tomioka S, Kato K, et al. Performance of a dual-mode combustor with multi-staged fuel injection[C]. 40th AIAA/ASME/SAE/ASEE Joint Propulsion Conference and Exhibit, Fort Lauderdale, 2004.

[162] Tomioka S, Kobayashi K, Kudo K, et al. Performance of supersonic combustors with fuel injection in diverging section[J]. Journal of Propulsion and Power, 2006, 22: 111–119.

[163] 汤祥.RBCC 支板火箭超燃模态动态过程与性能研究[D].西安:西北工业大学, 2015.

[164] 徐朝启,何国强,刘佩进,等.RBCC 发动机亚燃模态一次火箭引导燃烧的实验[J].航空动力学报,2013,28: 567–572.

[165] 何国强,徐朝启,秦飞,等.基于直扩流道构型的 RBCC 发动机亚燃模态高效燃烧组织研究[J].推进技术,2013,34: 1064–1070.

[166] 潘科玮,何国强,秦飞,等.煤油燃料 RBCC 亚燃模态掺混与燃烧数值模拟研究[J].推进技术,2012,33: 907–913.

[167] 薛瑞.RBCC 隔离段气动特性及与燃烧室相互作用研究[D].西安:西北工业大学, 2016.

[168] Xue R, He G, Wei X, et al. Experimental study on combustion modes of a liquid kerosene fueled RBCC combustor[J]. Fuel, 2017, 197: 433–444.

[169] Smith T D, Steffen C J, Yungster S, et al. Performance of an axisymmetric rocket based combined cycle engine during rocket only operation using linear regression analysis[R]. NASA/TM–1998–206632.

[170] Steffen C J, Smith T D, Yungster S, et al. Computational analysis for rocket-based combined-cycle systems during rocket-only operation[J]. Journal of Propulsion and Power, 2000, 16(6): 1030–1039.

[171] 刘洋,何国强,刘佩进,等.RBCC 引射/亚燃模态过渡点选择[J].固体火箭技术,2009 (5): 500–505.

［172］ 张岩,朱韶华,刘刚,等.双模态冲压发动机中的模态转换研究综述[J].推进技术,2013,34(12): 1719 - 1728.

［173］ 曹瑞峰.超燃冲压发动机燃烧模态转换及其控制方法研究[D].哈尔滨: 哈尔滨工业大学,2016.

［174］ Cui T, Tang S L, Zhang C, et al. Hysteresis phenomenon of mode transition in ramjet engines and its topological rules[J]. Journal of Propulsion and Power, 2012, 28(6): 1277 - 1284.

第 2 章　RBCC 发动机热力学分析

　　RBCC 发动机工作过程中内部流场复杂多变,涉及火箭引射、混合层发展、补燃燃烧等多个过程。不同燃烧模式的适用条件、总体性能及影响因素差异较大。在 RBCC 发动机设计之初,厘清宽速域要求下发动机几何融合过程中的突出问题,获得不同燃烧模式的推力性能在不同几何/气动影响因素下的变化趋势,形成总体方案闭环十分必要。一维分析模型不仅能够较为真实地反映 RBCC 发动机工作特性,而且能够实现快速性能评估、结构设计与优化,是 RBCC 发动机总体设计的有力工具。

　　本章主要研究 RBCC 发动机在宽速域下的性能特点,利用热力学分析对发动机在引射模态和冲压模态的工作过程进行建模,得到其主要性能特点。2.1 节建立了 DAB 模式分析模型;2.2 节建立了 SMC 模式分析模型;2.3 节阐述了 RBCC 发动机冲压模态的性能特点;2.4 节给出了引射模态下 DAB 和 SMC 两种模式的优劣及选择依据。

2.1　掺混后燃烧(DAB)模式热力学分析

　　引射模态的工作范围通常为飞行马赫数 3 以下,DAB 模式是引射模态下最为重要的燃烧组织模式之一。在采用 DAB 模式的流道中,火箭与二次流空气在混合通道中进行混合增压。混合通道通常采用等面积通道,这有利于火箭燃气和空气的掺混以及不同模态间的结构融合。火箭燃气与二次流的混合增压过程是 DAB 模式特有的流动过程,在混合通道中存在气动壅塞现象。为了探究 DAB 模式下引射模态的性能特点,下面对 DAB 模式开展热力学分析。

2.1.1 DAB 模式热力学循环分析

2.1.1.1 流场壅塞类型

不同飞行状态和火箭发动机工作状态下,RBCC 发动机内部流道中可能存在多种临界壅塞类型。首先发动机一般存在两个几何喉部,即进气道喉部和喷管喉部。当气流流量较大时,几何喉部会起到扼流作用。其次,随着燃料当量比的增加,燃烧室中可能会出现热壅塞。最后,在 RBCC 发动机中还会出现气动壅塞。根据气动壅塞位置的不同可分为三类:第一类气动壅塞出现在混合段进口截面;第二类气动壅塞出现在混合段中间截面;第三类气动壅塞出现在混合段出口截面[1,2]。

图 2.1 给出了 DAB 模式示意图。发动机主要由进气道、火箭发动机、混合段、扩张段、补燃燃烧室和喷管组成。流道内不同截面的命名方式如图中所示:0 截面为空气进口截面;1 截面和 m 截面分别为混合段的进、出口截面;2 截面和 3 截面分别为燃烧室进、出口截面;4 截面为喷管出口截面。由于 RBCC 发动机在引射模态下的飞行包线很宽,火箭燃气与空气在火箭发动机出口截面很难一直保持压力匹配条件。假设存在一个 y 截面,在 y 截面上两股气流压力匹配。在图 2.1 中,下标 s 为二次流空气,下标 p 为火箭燃气。

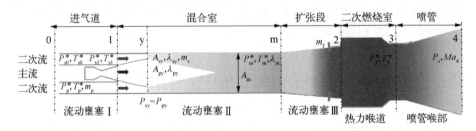

图 2.1 DAB 模式示意图[3]

2.1.1.2 热力学循环过程

通过对 DAB 模式的热力学循环分析可以得到一/二次流之间的能量传递过程,有助于厘清引射、混合、增压和补燃的具体过程。为简化问题,在分析中对流动作如下假设:

(1) 在空气进口、火箭喷管和发动机喷管中的流动是等熵过程;

(2) 一/二次流在 y 截面压力匹配;

(3) 在混合段出口气流混合均匀;

（4）补燃燃烧过程是等压燃烧；

（5）火箭处于富氧工况。

图 2.2 给出了整个循环过程的热力学 $P-V$ 图,图中分别显示了两股气体的做功能力,其中红色区域为相比于纯火箭额外增加的做功部分,绿色区域为做负功的情况。P_r 为火箭室压,P_m 为混合段出口压力,P_0 为环境压力,P_y 为 y 截面上一/二次流的匹配压力。图 2.3 展示了循环过程的热力学 $T-S$ 图,图中分别显示了两股气体各自的吸放热情况,其中红色区域为相比于纯火箭工况额外增加的放热,绿色区域为吸热。T_3 为燃烧室出口温度,T_m 为混合段出口温度,T_0 为环境温度,T_4 为发动机出口截面温度。含有上标的是二次流的状态,没有上标的是一次流的状态。

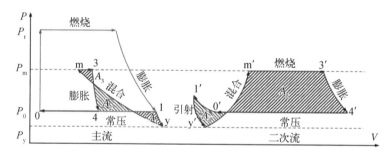

图 2.2　DAB 模式热力学 $P-V$ 图[3]

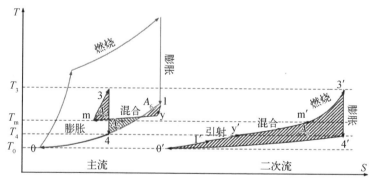

图 2.3　DAB 模式热力学 $T-S$ 图[3]

如图 2.3 所示,以火箭发动机的循环过程为基准,火箭燃料经历了从 0 状态到 1 状态的等熵压缩、等压燃烧和等熵膨胀过程。在火箭喷管的出口处,燃气

以等压过程从 1 状态到 0 状态结束整个循环过程。

在 DAB 模式下,具有一定速度的二次流空气在进气道冲压作用下压力由 0′状态增大到 1′状态,并且在火箭引射的作用下,压力由 1′状态降低到 y′状态。因为在 y 截面上一/二次流压力匹配,火箭燃气在混合段中进一步膨胀到 P_y。在这个过程中火箭燃气做功放热,而二次流空气吸热并做负功。在随后的混合过程中,两股气流的压力均从 P_y 增大到 P_m。火箭燃气与二次流空气均处于压缩过程,火箭燃气处于放热过程,空气处于吸热过程。混合过程中火箭燃气损失很大。混合气进入燃烧室以后等压燃烧压力保持 P_m。混合气体在发动机喷管中由 P_3 等熵膨胀到 P_4,最后以混合气体的温度从 T_4 回到 T_0 结束整个循环过程。因此,一次流在整个循环过程中的过程为 0—1—y—m—3—4—0,二次流在整个循环过程中的过程为 0′—1′—y′—m′—3′—4′—0′。

从整个循环过程可以发现,损失主要来源于引射和混合过程,一旦混合气体在燃烧室中进行二次补燃,则可以获得可观的推力增益。从 P-V 图上可以看到,RBCC 发动机的推力增益来源于面积 $A_5 + A_3 + A_1 - A_4 - A_2$ 的差值,空气引射流量越大、混合压力越高、二次流总压越高、混合损失越小都有助于提高 RBCC 发动机的做功能力。引射流量大于一定值后,RBCC 发动机的主要做功来源由二次流决定,火箭的作用是对二次流空气增压,使二次流进口能够不受燃烧室反压的影响。

2.1.2 DAB 模式分析模型

2.1.2.1 DAB 模式分析模型假设条件及参数定义

为简化问题在 DAB 模式分析模型建立中对物理过程进行如下假设:

(1) 发动机内流道中的流动是一维、绝热定常流动过程,忽略壁面摩擦力;

(2) 给定火箭参数和二次流总压、总温;

(3) 混合段为等面积等直型流道;

(4) 进气道简化为等面积流道,忽略进气道中的流动损失;

(5) 两股气流在 y 截面压力匹配,满足 $P_{sy} = P_{py}$;

(6) 截面 1 至截面 y 之间距离很短,一/二次流没有混合;

(7) 一次流从截面 1 至截面 y 的膨胀或压缩过程为等熵可逆过程;

(8) 补燃燃烧室燃烧过程为等压燃烧;

(9) 二次流通流面积满足 $A_{s1} \geqslant A_{sy}$,即从截面 1 至截面 y 二次流为加速过程。

引射系数 k 和增压比 σ_m 是衡量 RBCC 发动机引射、混合以及增压性能的重要参数。两股气流的定压比热容 c 和总温度比 θ 是引射模态重要的进口参数。这些参数的定义公式如下所示：

$$k = \frac{\dot{m}_s}{\dot{m}_p} \tag{2.1}$$

$$\sigma_m = \frac{P_m^*}{P_s^*} \tag{2.2}$$

$$c = \frac{C_{ps}}{C_{pp}} \tag{2.3}$$

$$\theta = \frac{T_m^*}{T_s^*} \tag{2.4}$$

在下面的研究中，RBCC 发动机的一次流由液氧煤油火箭发动机提供，火箭的气体组分采用平衡流参数，具体成分采用理论计算值[4]。燃气的 C_{pp} 和 γ_p 是温度的函数，通过查表[4]，拟合如下多项式进行计算：

$$C_{pp} = 959 + 0.785\,8t - \frac{2.889t^2}{10^4} + \frac{5.332t^3}{10^8} - \frac{3.93t^4}{10^{12}} \quad (300 < t < 3\,500) \tag{2.5}$$

$$\gamma_p = 1.415 - \frac{3.643t}{10^4} + \frac{3.102t^2}{10^7} - \frac{1.647t^3}{10^{10}} + \frac{5.279t^4}{10^{14}} - \frac{9.225t^5}{10^{18}} + \frac{6.705t^6}{10^{22}} \quad (300 < t < 3\,500) \tag{2.6}$$

采用 $Z(\lambda)$ 方程[1]计算一/二次流进口冲量：

$$\dot{m}v + PA = c_\gamma \dot{m} Z(\lambda) \tag{2.7}$$

其中，$c_\gamma = \frac{\gamma + 1}{2\gamma}\sqrt{\frac{2\gamma R T^*}{\gamma + 1}}$；$Z(\lambda) = \lambda + \frac{1}{\lambda}$。

一/二次流在混合通道中掺混，采用指示函数 β [5]来确定气体掺混均匀后的流动状态，具体表达式如下：

$$\beta = \frac{A_{py}/A_m}{\gamma_p}\left(\frac{1}{Ma_{py}^2} - 1\right) + \frac{A_{sy}/A_m}{\gamma_s}\left(\frac{1}{Ma_{sy}^2} - 1\right) \tag{2.8}$$

两股气流掺混后的特性在 $\beta < 0$ 时类似超声速气流，$\beta = 0$ 时类似声速气流，当 $\beta > 0$ 时类似亚声速气流。

2.1.2.2 DAB 模式引射混合过程

在分析引射混合过程时，给定火箭参数、二次流滞止参数和等直混合段直径，通过质量守恒、动量守恒、能量守恒计算二次流的质量流量和混合气流的平均参数。

质量守恒方程：

$$\dot{m}_p + \dot{m}_s = \dot{m}_m \tag{2.9}$$

能量守恒方程：

$$\dot{m}_p C_{pp} T_p^* + \dot{m}_s C_{ps} T_s^* = \dot{m}_m C_{pm} T_m^* \tag{2.10}$$

动量守恒方程：

$$c_{\gamma pp} \dot{m}_{py} Z(\lambda_{py}) + c_{\gamma sy} \dot{m}_{sy} Z(\lambda_{sy}) = c_{\gamma m} \dot{m}_m Z(\lambda_m) \tag{2.11}$$

混合气体的定压比热可表示为[1]

$$\dot{m}_p C_{pp} + \dot{m}_s C_{ps} = \dot{m}_m C_{pm} \tag{2.12}$$

通过式(2.1)、式(2.2)、式(2.5)和式(2.6)可以求得 C_{pm}：

$$C_{pm} = C_{pp} \frac{1 + kc}{1 + k} \tag{2.13}$$

通过式(2.1)、式(2.2)、式(2.4)和式(2.9)可以求得 T_m^*：

$$T_m^* = T_p^* \frac{1 + kc\theta}{1 + kc} \tag{2.14}$$

R_m 和 γ_m 可以用下列公式计算：

$$R_m = \frac{R_p + kR_s}{1 + k} \tag{2.15}$$

$$\gamma_m = \gamma_s \frac{1 + kc}{\dfrac{\gamma_s}{\gamma_p} + kc} \tag{2.16}$$

2.1.2.3 气动壅塞状态

在引射混合过程的计算中，引射系数是最重要的参数。引射系数的求解需要获得二次流的流量，而二次流的引射流量则由气动壅塞类型决定。因此通过求解二次流的最大流量可以得到混合通道气动壅塞的状态。

$\dot{m}_{\rm sy}$ 满足以下关系式：

$$Z(\lambda_{\rm m}) = \frac{c_{\rm ppy}\dot{m}_{\rm py}Z(\lambda_{\rm py}) + c_{\gamma{\rm sy}}\dot{m}_{\rm sy}Z(\lambda_{\rm sy})}{c_{\gamma{\rm m}}\dot{m}_{\rm m}} \geq 2 \qquad (2.17)$$

此外，混合通道的 y 截面还满足面积守恒、总静压关系式和压力匹配关系式：

$$A_{\rm m} = A_{\rm sy} + A_{\rm py} \qquad (2.18)$$

$$P_{\rm sy}^* = \frac{P_{\rm sy}}{\left(1 - \dfrac{\gamma_{\rm sy} - 1}{\gamma_{\rm sy} + 1}\lambda_{\rm sy}^2\right)^{\frac{\gamma_{\rm sy}}{\gamma_{\rm sy}-1}}} \qquad (2.19)$$

$$P_{\rm py}^* = \frac{P_{\rm py}}{\left(1 - \dfrac{\gamma_{\rm py} - 1}{\gamma_{\rm py} + 1}\lambda_{\rm py}^2\right)^{\frac{\gamma_{\rm py}}{\gamma_{\rm py}-1}}} \qquad (2.20)$$

$$P_{\rm sy} = P_{\rm py} \qquad (2.21)$$

对 $\lambda_{\rm sy}$ 在 0~1 进行迭代可以求解得到 $\dot{m}_{\rm sy}$ 的最大值，根据下列关系式可以判断出流动的壅塞状态：

$$\begin{cases} \lambda_{\rm sy} = 1,\ Z(\lambda_{\rm m}) > 2, & \text{第一类气动壅塞} \\ \lambda_{\rm sy} < 2,\ Z(\lambda_{\rm m}) > 2, & \text{第二类气动壅塞} \\ \lambda_{\rm sy} < 2,\ Z(\lambda_{\rm m}) = 2, & \text{第三类气动壅塞} \end{cases} \qquad (2.22)$$

此外，在 $Z(\lambda_{\rm m}) > 2$ 的情况下，$\lambda_{\rm m}$ 可以对应两个值，分别是大于 1 的情况和小于 1 的情况，此时可以通过指示函数 β 进行判断：

$$\begin{cases} \text{当}\ \beta < 0\ \text{时：} & \lambda_{\rm m} > 1 \\ \text{当}\ \beta > 0\ \text{时：} & \lambda_{\rm m} < 1 \end{cases} \qquad (2.23)$$

2.1.2.4　混合气流扩压过程

混合段后部的扩压段主要实现了对混合气流的减速增压。若混合气体在等直段出口截面 $\lambda_{\rm m} \leq 1$，忽略扩压过程中的流动损失，在混合段出口截面 λ_2 可以通过下式计算：

$$q(\lambda_{\rm m})A_{\rm m} = q(\lambda_2)A_2 \qquad (2.24)$$

若混合气体在等直段出口截面 $\lambda_m > 1$，则会在混合段内形成正激波并伴随总压损失。因此，混合段出口截面 λ_2 可以通过公式(2.25)计算：

$$q\left(\frac{1}{\lambda_m}\right)A_m = q(\lambda_2)A_2 \tag{2.25}$$

2.1.2.5 二次燃烧过程

假设燃烧效率为100%，燃料的当量比 φ_3 决定了燃烧室内的总加热量。补燃过程燃烧室中的能量方程如下：

$$(\dot{m}_s + \dot{m}_p)h_2^* + \dot{m}_f h_{PR} = [\dot{m}_s(1+k)/k + \dot{m}_f]h_3^* \tag{2.26}$$

由于 $\dot{m}_s(1+k)/k \gg \dot{m}_f$，经过简化：

$$\dot{m}_f h_{PR} = \dot{m}_s(1+k)c_{p2}T_2^*\left(\frac{T_3^*}{T_2^*} - 1\right)\bigg/ k \tag{2.27}$$

燃烧室中的增温比 τ 可以定义为

$$\tau = \frac{T_3^*}{T_m^*} \tag{2.28}$$

进一步可以得

$$\tau = \frac{\varphi_3 k h_{PR}}{16.19(1+k)c_{p2}T_2^*} + 1 \tag{2.29}$$

其中，h_{PR} 为煤油的热值 4.32×10^7 J/kg；当量比 φ 的取值范围为 $0 \sim 1$。经过燃烧以后，燃烧室出口参数如下[6]：

$$Ma_3 = \frac{Ma_2}{\sqrt{\tau\left(1 + \frac{\gamma_3 - 1}{2}Ma_2^2\right) - \frac{\gamma_3 - 1}{2}Ma_2^2}} \tag{2.30}$$

$$P_3^* = P_2^*\bigg/\left[1 + \frac{\gamma_3 - 1}{2}Ma_2^2(1 - 1/\tau)\right]^{\gamma_3/(\gamma_3 - 1)} \tag{2.31}$$

2.1.2.6 喷管膨胀过程

喷管中燃气等熵膨胀到环境压力 P_s，出口截面的 Ma_4 和 v_4 可通过下式计算：

$$Ma_4 = \sqrt{\left[\left(\frac{P_3^*}{P_8}\right)^{\frac{\gamma_4 - 1}{\gamma_4}} - 1\right]\bigg/\left(\frac{\gamma_4 - 1}{2}\right)} \tag{2.32}$$

$$v_4 = \sqrt{\frac{\gamma_4 R_4 T_4^*}{1 + \dfrac{\gamma_4 - 1}{2} Ma_4^2}} \cdot Ma_4 \tag{2.33}$$

RBCC 发动机的推力[6]:

$$F_4 = (\dot{m}_{\mathrm{f}} + \dot{m}_{\mathrm{s}} + \dot{m}_{\mathrm{p}}) v_4 - \dot{m}_{\mathrm{s}} v_{\mathrm{s}} \tag{2.34}$$

RBCC 发动机的推力的比冲:

$$I_{\mathrm{sp}} = \frac{F_4}{\dot{m}_{\mathrm{f}} + \dot{m}_{\mathrm{p}}} \tag{2.35}$$

推进效率 η_{p}:

$$\eta_p = \frac{\left[(\dot{m}_{\mathrm{f}} + \dot{m}_{\mathrm{s}} + \dot{m}_{\mathrm{p}}) v_4 - \dot{m}_{\mathrm{s}} v_{\mathrm{s}} \right] v_{\mathrm{s}}}{(\dot{m}_{\mathrm{f}} + \dot{m}_{\mathrm{s}} + \dot{m}_{\mathrm{p}}) \dfrac{v_4^2}{2} - \dot{m}_{\mathrm{s}} \dfrac{v_{\mathrm{s}}^2}{2}} \tag{2.36}$$

2.1.3　DAB 模式参数化分析

采用 DAB 模式时,影响发动机性能的主要因素有火箭总压 P_{p}^*、火箭总温 T_{p}^*、火箭流量 $\dot{m}_{\mathrm{p}}$、飞行高度 H_{f}、飞行马赫数 Ma_{f}、混合段直径 D_{m}、补燃当量比 φ_3。通过飞行高度可以得到当地的静压和静温度,并通过飞行马赫数和总静压关系式得到二次流的进口滞止参数。对各参数开展参数化研究,假设各参数基准值如表 2.1 所示。

表 2.1　DAB 模式各参数基准值[3]

参　数	P_{p}^*/MPa	T_{p}^*/K	$\dot{m}_{\mathrm{p}}$/(kg/s)	H_{f}/km	Ma_{f}	D_{m}/m	φ_3
基准值	3	3 500	1	8	1.5	0.16	0.5

图 2.4 给出了发动机比冲和比冲增益随着火箭总压的变化趋势,其中虚线标注了纯火箭的比冲值,实线标注了 RBCC 发动机的比冲,点划线为比冲增益。可以发现随着火箭总压的增加,火箭发动机的比冲和 RBCC 发动机的比冲均提升,但是比冲增益减小。图 2.5 给出了发动机推力和引射系数随火箭总压的变化,其中虚线为发动机推力,实线为引射系数。随着火箭总压的增加,火箭燃气引射能力和发动机推力均提高。

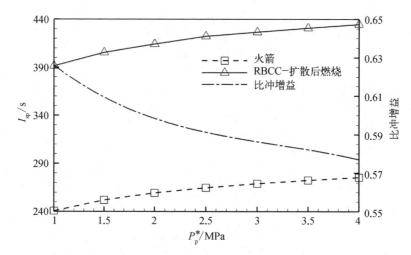

图 2.4　发动机比冲和比冲增益随火箭总压的变化趋势(DAB)[3]

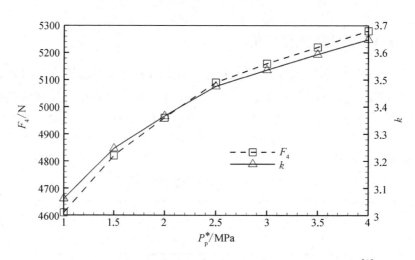

图 2.5　发动机推力和引射系数随火箭总压的变化情况(DAB)[3]

　　图 2.6 给出了发动机比冲和比冲增益随火箭总温的变化趋势。随着火箭总温的增加,RBCC 发动机和引射火箭比冲均增大,但比冲增益明显减小。值得注意的是,火箭总温为 2 000 K 时,RBCC 发动机相对火箭发动机的比冲增益高达 90%。火箭总温从 2 000 K 升高到 4 000 K,二者的比冲差异小于 50 s。图 2.7 给出了发动机推力和引射系数随火箭总温的变化。随着火箭总温的增加,RBCC 发动机的

推力增加,但是引射系数降低。引射系数从 4.6 降低至 3.3,推力增幅仅为 6%。图 2.8 给出了混合段出口截面的总温随火箭总温的变化情况。当火箭总温为 2 000 K 时,混合段出口截面的总温仅为 900 K。由此可见,虽然增大火箭总温可以改善 RBCC 发动机比冲和推力性能,但是对于发动机整体而言,较高的火箭燃气出口温度意味着较高的防热难度,较低的火箭出口总温更有利于发动机系统集成。

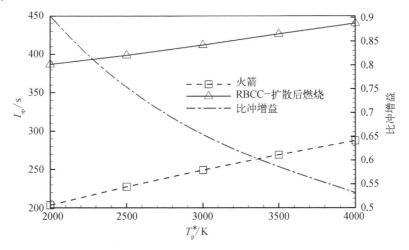

图 2.6　发动机比冲和比冲增益随火箭总温的变化趋势(DAB 模式)[3]

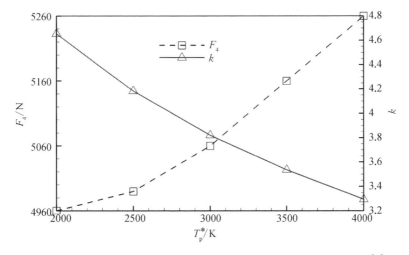

图 2.7　发动机推力和引射系数随火箭总温的变化情况(DAB 模式)[3]

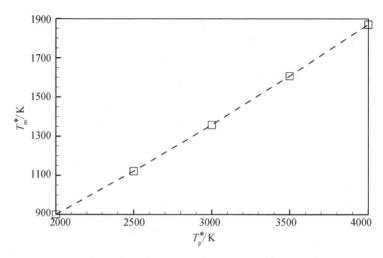

图 2.8 混合段出口截面的总温随火箭总温的变化情况(DAB 模式)[3]

图 2.9 给出了发动机比冲和比冲增益随火箭流量的变化趋势。当火箭流量大于等于 4 kg/s 时,混合通道为第二类气动壅塞。随着火箭流量的增加,RBCC 发动机比冲先快速降低。火箭流量为 1.5 kg/s 时,比冲的下降趋势明显减弱。当火箭流量大于 4 kg/s 时,比冲下降趋势又增大。图 2.10 显示了 RBCC 发动机推力、引射系数与火箭流量的变化关系。RBCC 发动机推力随着火箭发动机的流量增加呈近似线性的增长。但是引射系数的变化趋势较为复杂。火箭流量小于 1.5 kg/s 时,引射系数下降。火箭流量增加至 4 kg/s 时,引射系数上升。随着火箭流量的进一步增加,空气流量快速下降。这说明当混合通道处于第三类气动壅塞状态时,混合通道内的流动存在两种不同的状态。图 2.11 给出了混合段出口截面的总压和总温随火箭流量的变化情况。随着火箭流量的增加,混合通道的总温和总压同步上升。在火箭流量处于 1.5~4 kg/s 时,混合段出口截面的总温增加幅度较小;当火箭流量大于 4 kg/s 时,混合段出口截面总压增大幅度较大。

图 2.12 给出了发动机比冲和比冲增益随飞行高度的变化趋势。随着飞行高度的增加,环境压力下降,火箭发动机的比冲增加。但是 RBCC 发动机的比冲和比冲增益下降。这说明 RBCC 发动机在低飞行高度下具有较好的性能。图 2.13 展示了 RBCC 发动机推力和引射系数与飞行高度之间的变化关系。随着高度的增加发动机推力和引射系数下降。由此可以发现 RBCC 发动机性能

的降低与引射系数密切相关。当高度从 4 km 上升至 12 km 时,引射系数从 6.5 降低至 2,RBCC 发动机比冲从 475 s 降低至 400 s。

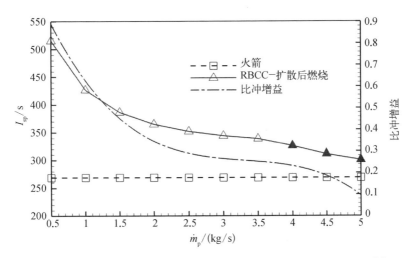

图 2.9　发动机比冲和比冲增益随火箭流量的变化趋势(DAB 模式)[3]

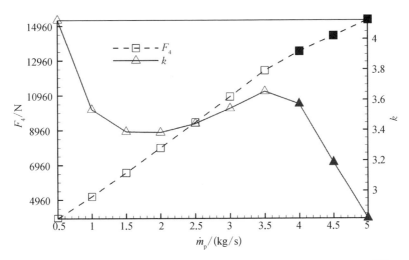

图 2.10　发动机推力和引射系数随火箭流量的变化关系(DAB 模式)[3]

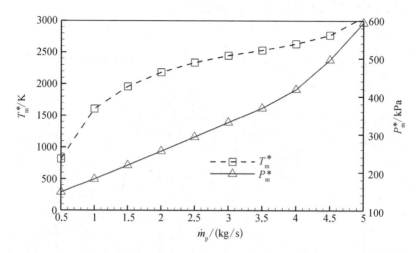

图 2.11　混合段出口截面的总压和总温随火箭流量的变化情况(DAB 模式)[3]

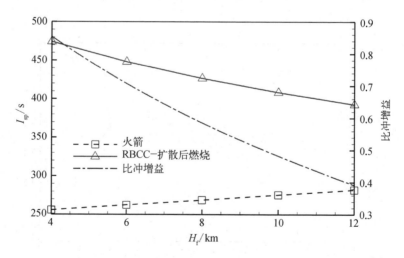

图 2.12　发动机比冲和比冲增益随飞行高度的变化趋势(DAB 模式)[3]

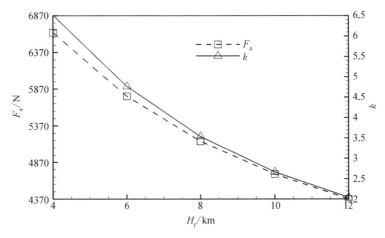

图 2.13　发动机推力和引射系数与飞行高度之间的关系(DAB 模式)[3]

图 2.14 给出了发动机比冲和比冲增益随飞行马赫数的变化趋势。随着飞行马赫数的增加,RBCC 发动机比冲和比冲增益增大。这说明飞行马赫数越高,RBCC 发动机的性能越优越。飞行马赫数从 1 增加至 2.5,RBCC 发动机比冲从 320 s 增加至 870 s。图 2.15 给出了发动机推力和引射系数随飞行马赫数的变化。由图可知,随着飞行马赫数的增加,发动机推力和引射系数增大。由此可见,RBCC 发动机的增益性能主要与引射系数和来流空气总压有关。由图 2.16 可知,RBCC 发动机比冲和比冲增益随等直混合段直径的增加逐渐提高。

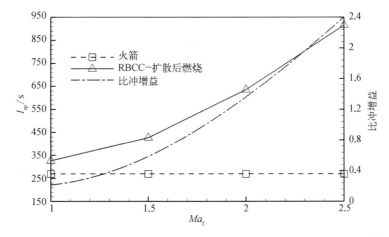

图 2.14　发动机比冲和比冲增益随飞行马赫数的变化趋势(DAB 模式)[3]

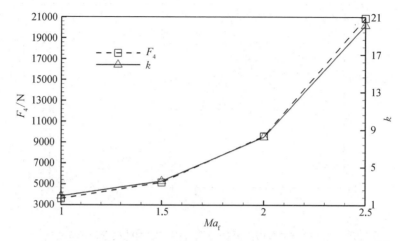

图 2.15 发动机推力和引射系数随飞行马赫数的变化情况(DAB 模式)[3]

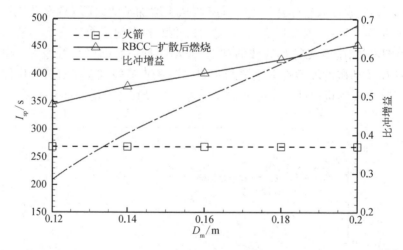

图 2.16 发动机比冲和比冲增益随等直混合段直径的变化趋势(DAB 模式)[3]

图 2.17 表明发动机推力和引射系数随等直段直径的增大而提高。因此，对于 RBCC 发动机而言,增大混合通道面积可以提高发动机性能。图 2.18 和图 2.19 展示的结果表明,随着补燃当量比的提高,RBCC 发动机的比冲、发动机

推力和比冲增益均逐渐增加。补燃当量比由 0.6 增加至 0.9,即补燃当量比增加近 50%时,RBCC 发动机的比冲由 400 s 增加至 440 s,比冲增加了 10%。说明二次流补燃燃烧产生的推力是 RBCC 发动机推力的重要组成部分。

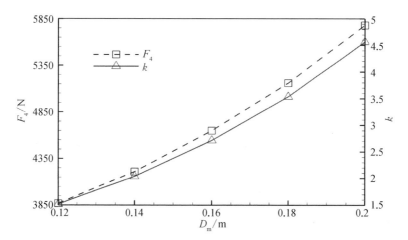

图 2.17　发动机推力和引射系数随等直段直径的变化情况(**DAB**)[3]

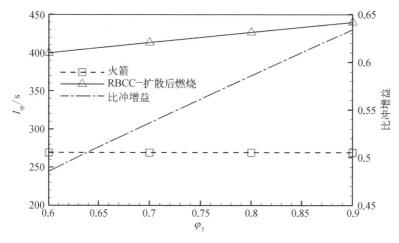

图 2.18　发动机推力和引射系数随飞行马赫数的变化情况(**DAB**)[3]

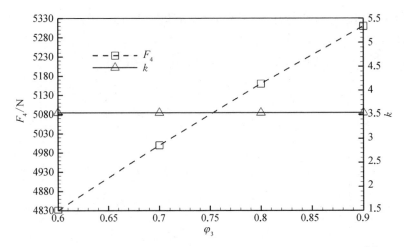

图 2.19　发动机推力和引射系数随飞行马赫数的变化情况(DAB)[3]

2.1.4　管径与火箭流量特性分析

　　工作在引射模态时,RBCC 发动机在低飞行高度下相比于纯火箭的优势更显著。假设火箭总压 3 MPa、总温 3 500 K、补燃当量比为 1、飞行高度 2 km、飞行马赫数 0.6、来流总压 101.42 kPa、来流静压 79.5 kPa、火箭发动机的比冲(I_{spr})为 240 s。

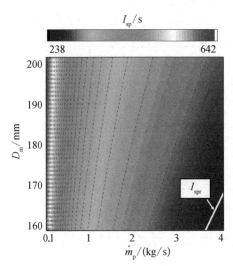

图 2.20　I_{sp} 随 $\dot{m}_p$ 和 D_m 变化云图[3]

图 2.20 给出了不同等直混合段直径和火箭流量下 RBCC 发动机比冲(I_{sp})云图。拥有更大混合室直径的 RBCC 发动机比冲更高。RBCC 发动机的比冲随着火箭流量的增加而快速下降。当管径很小、火箭流量很大时,RBCC 发动机的比冲甚至会低于纯火箭发动机的比冲。图 2.21 给出了引射空气流量随等直混合段直径和火箭流量变化的云图。随着火箭流量的增加,引射空气流量先减小后增加随后快速降低。通过标注混合通道内的气动壅塞方式可以发现在高火箭流量情况下,引射流量出现快速下降的边界为第二类气动壅塞和第三类气动壅

塞的边界。在较低火箭流量时,混合通道内是第三类气动壅塞。当火箭流量继续增加以后,混合通道内形成第二类气动壅塞,引射的空气流量快速下降。在第三类气动壅塞中,又可以将区域细化为两块,分别是随着火箭流量的增加,空气流量下降的区域和空气流量上升的区域。定义随着火箭流量的增加,空气流量上升的区域为区域 B。

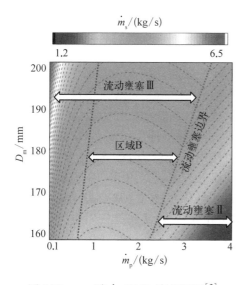

图 2.21 η_{mix} 随 $\dot{m}_{\mathrm{p}}$ 和 D_{m} 变化云图[3]   图 2.22 F 随 $\dot{m}_{\mathrm{p}}$ 和 D_{m} 变化云图[3]

图 2.22 给出了发动机推力随等直混合段直径和火箭流量变化的云图。发动机推力随着等直混合段直径的增加而增大。在区域 B 内推力随管径的增加变化幅度较小。在第二类壅塞区域,相同的火箭流量下,管径增加导致的推力增加更显著。为了研究不同阶段的火箭流量对推力的贡献值,定义比冲增加率 I'_{sp},其计算表达式如下所示:

$$I'_{\mathrm{sp}} = \frac{\mathrm{d}F}{\mathrm{d}\dot{m}_{\mathrm{pf}}} \tag{2.37}$$

图 2.23 给出了不同混合段直径和火箭流量下的比冲增加率云图。该云图可划分为 4 个区域。首先在区域 B 中,I'_{sp} 均大于 I_{spr}。区域 B 的左右边界恰好满足 $I'_{\mathrm{sp}} = I_{\mathrm{spr}}$。在第三类壅塞区域中,除去区域 B 后剩余的部分定义为区域 A,在该区域中 $I'_{\mathrm{sp}} < I_{\mathrm{spr}}$。在第二类壅塞状态里 I'_{sp} 均小于 I_{spr}。定义在第二类壅塞

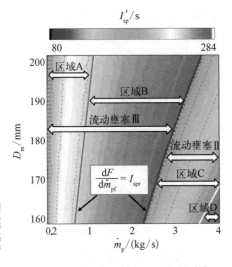

图 2.23 I'_{sp} 随 $\dot{m}_p$ 和 D_m 变化云图[3]

状态中 $I_{sp} > I_{spr}$ 的部分为区域 C, $I_{sp} < I_{spr}$ 的部分为区域 D。当 RBCC 发动机处于区域 D 时,其性能低于火箭发动机。

因此根据上述 RBCC 发动机比冲特性,可以将其 I'_{sp} 和 I_{sp} 的性能特点汇总成图 2.24。在给定混合段直径下,随着火箭流量的增加,发动机比冲单调下降。这说明火箭燃气流量的增加不利于发动机的比冲性能,RBCC 发动机在满足推力需求的情况下应使得火箭尽量工作在小流量状态。当发动机处于较低飞行马赫数时,由于空气冲压作用不足,必须依靠引射作用工作。当 $\dot{m}_p > \dot{m}_{pC}$ 时,RBCC 发动机处于区域 D,RBCC 发动机的比冲低于火箭比冲。当 $\dot{m}_p < \dot{m}_{pA}$ 时,RBCC 发动机处于区域 A,RBCC 发动机的比冲增加率小于火箭比冲。这说明火箭燃气流量相对较少,火箭燃气对空气增压作用较弱,但是此时发动机比冲性能较好。当 $\dot{m}_{pA} < \dot{m}_p < \dot{m}_{pB}$ 时,RBCC 发动机处于区域 B。RBCC 发动机的比冲增加率大于火箭比冲增加率,在该阶段实现了引射性能与增压性能的双提升。尽管此时发动机的比冲性能有所降低,但是发动机的最大推力明显增加,发动机总体推力性能较好。当 $\dot{m}_{pB} < \dot{m}_p < \dot{m}_{pC}$ 时,RBCC 发动机处于区域 C。RBCC 发动机的比冲增加率小于火箭比冲增加率,这说明在区域 B 基础上进一步增加的火箭燃气与空气在内流道中产生了较大的内耗,使得 RBCC 发动机比冲性能有所下降。因此采用 DAB 模式时,在不同的等直混合段直径下,其火箭燃气的流量存在一个较为合适的区间。RBCC 发动机适合工作于等直混合段直径处于区域 A 且火箭燃气流量处于区域 B 的状态,即混合段内处于第三类气动壅塞的状态。其中在较低飞行马赫数时,等直混合段直径与火箭燃气流量处于区域 B,能够满足 RBCC 发动机在低马赫数时的比冲需求和推力需求。当火箭流量处于第二类和第三类气动壅塞边界时,其发动机推力达到最大值。若继续增加火箭燃气流量,发动机的比冲开始剧烈下降。$\dot{m}_{pB}$ 为当前管径下的临界火箭流量,若 $\dot{m}_p > \dot{m}_{pB}$ 则 RBCC 发动机不适用 DAB 模式。通过图 2.21 可以拟合出火箭总压 3 MPa、总温 3 500 K、飞行高度 2 km、飞行马赫数 0.6 时,$\dot{m}_{pB}$ 的计算方法如下:

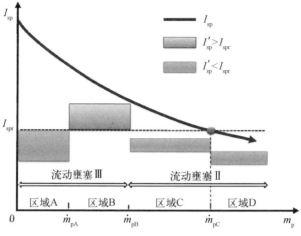

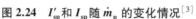

图 2.24　I'_sp 和 I_sp 随 $\dot{m}_\text{p}$ 的变化情况[3]

$$\dot{m}_\text{pB} = 0.032\,5D_\text{m}^{-3} \tag{2.38}$$

图 2.25 给出了混合段出口总压随等直混合段直径和火箭流量的变化云图。从结果上看,火箭流量越大、等直混合段直径越小,则混合段出口总压越高。定义混合段出口总压增加率为 $\text{d}P_2^*/\text{d}\dot{m}_\text{p}$。图 2.26 给出了混合段出口总压增加率随等直混合段直径和火箭流量的变化云图。在区域 B 中总压增加率随火箭流量的增加缓慢上升,气动壅塞边界上出现明显的突增。这说明在区域 B 中火箭流量对二次流空气的增压作用较为稳定,对发动机内部流动的影响相对较小。此时引射增加的空气流量与火箭燃气增加的流量在混合通道中实现了较好的混合,实现了增压效果和空气引射流量的双提升。图 2.27 给出了发动机推进效率随等直混合段直径和火箭流量变化的云图。从结果上看,尽管在区域 A 推进效率很高,但是发动机混合段出口总压不高,在低

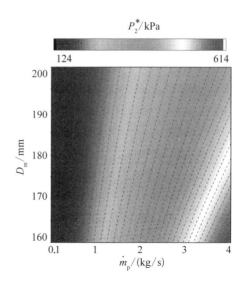

图 2.25　P_2^* 随 $\dot{m}_\text{p}$ 和 D_m 变化云图[3]

飞行马赫数下发动机很可能仍无法正常工作。在第二类气动壅塞状态下,增加的火箭流量比冲增加率小于火箭发动机的比冲增加率。因此若采用 DAB 模式应将 RBCC 发动机的设计点安排在第三类气动壅塞中的区域 B。

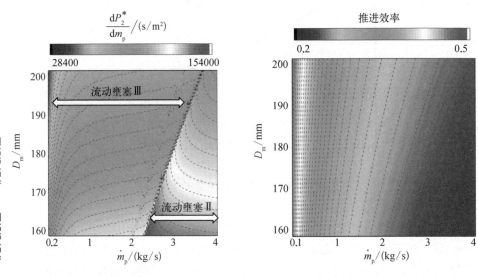

图 2.26　$\mathrm{d}P_2^*/\mathrm{d}\dot{m}_\mathrm{p}$ 随 $\dot{m}_\mathrm{p}$ 和 D_m 变化云图[3]　　图 2.27　推进效率随 $\dot{m}_\mathrm{p}$ 和 D_m 变化云图[3]

综上所述,采用 DAB 模式时,发动机混合通道处于第三类气动壅塞状态可以获得较好性能。RBCC 发动机引射模态下燃烧模式的选择不仅需要考虑发动机的管径,也需要关注其所需的火箭燃气流量。随着飞行马赫数的增加,空气流量和总压增加,RBCC 发动机对火箭燃气的依赖逐渐降低,管径与火箭流量的关系逐渐向区域 A 转移,发动机比冲增加,燃烧模式逐渐趋近于冲压模式。区域 A 和区域 B 在混合通道内均处于第三类气动壅塞。因此采用 DAB 模式时,RBCC 发动机在引射模态下应该使混合通道处于第三类气动壅塞状态,过高的火箭流量会影响 RBCC 发动机的比冲性能。混合通道内处于第二类气动壅塞时,采用 DAB 模式的优势逐渐降低。因此,DAB 模式更适合小火箭流量、大管径、大引射系数的 RBCC 发动机。

2.2　即时掺混燃烧(SMC)模式热力学分析

引射模态的另一种典型燃烧模式是 SMC 模式。在采用 SMC 模式的 RBCC

发动机中,二次流空气与火箭燃气中富余的煤油在反应混合层中燃烧,进而导致燃烧室压力增加。因此在 SMC 模式下,发动机的燃烧效率与反应混合层密切相关。如果反应混合层发展较快、发动机长度较长,能够将火箭燃气中富余的煤油全部燃烧,则发动机的性能较为理想。但是由于发动机通常采用扩张通道,且火箭燃气本身为超声速气流,一/二次流的混合效果较差,燃烧效率较低。为揭示 SMC 模式的性能特点,本节对 SMC 模式进行理论分析。

2.2.1　SMC 模式热力学循环分析

图 2.28 给出了整个循环过程的热力学 P - V 图,图中分别显示了一/二次流的做功能力,图中的阴影区域为相比于纯火箭工况额外增加的做功部分,其中 P_r 为火箭室压。为了区分一次流和二次流,含有上标的为二次流的参数,不含上标的为一次流的参数。由图可知,在 SMC 模式下推力增益主要来源于二次流的燃烧放热。飞行速度越快,发动机冲压效果越好,二次流从初始状态 0′ 压缩后得到的压力就越高。参与补燃的空气流量越多,发动机的推力增益越大。

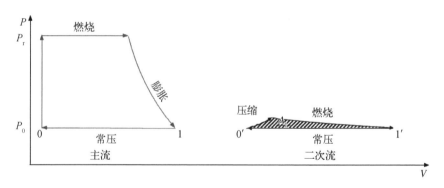

图 2.28　SMC 模式热力学 P - V 图[3]

2.2.2　SMC 模式分析模型

为了简化问题,在分析中对流动作如下假设:

(1)二次流与火箭燃气在发动机中没有混合均匀,两股气流各自经过喷管膨胀做功;

(2)忽略二次流与火箭燃气之间的反应混合层带来的混合损失;

(3)忽略壁面摩擦损失;

(4) 假设喷管中没有化学反应。

如图 2.29 所示,SMC 模式主要通过反应混合层对空气进行补燃,核心区的煤油没有参与燃烧。火箭在 SMC 模式下为富燃工况。火箭出口马赫数 $Ma_p = 3$。火箭燃气的流量、总压、总温和当量比分别用 $\dot{m}_p$、P_p^*、T_p^* 和 φ_p 表示。发动机其他设计参数可以参考表 2.1。对于液氧煤油火箭发动机而言,假设燃烧效率为 100%,没有燃烧的煤油质量流量为 $\dot{m}_{pf} = (\varphi_p - 1)\dot{m}_p/(3.4 + \varphi_p)$。剩余燃料的燃烧比 ψ_φ 决定了燃烧室内最终的加热量。ψ_φ 由火箭燃气与空气之间的混合效率和发动机的长度决定。在混合燃烧过程中最终参与补燃的燃油流量为 $\dot{m}_f = m_{pf} \times \psi_\varphi$。由于发动机长度有限,火箭燃气与空气在发动机中没有混合均匀就通过喷管各自膨胀流出发动机。流出发动机时二次流部分的流量为 $\dot{m}_{s4} = \dot{m}_s + \dot{m}_f$;火箭燃气部分的流量为 $\dot{m}_{p4} = \dot{m}_p - \dot{m}_f$。

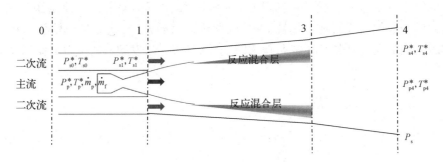

图 2.29 RBCC 发动机 SMC 模式示意图[3]

补燃过程燃烧室中的能量方程如下所示:

$$(\dot{m}_s)h_2^* + \dot{m}_f h_{PR} = (\dot{m}_s + \dot{m}_f)h_3^* \tag{2.39}$$

由于 $\dot{m}_s \gg \dot{m}_f$,可以简化为

$$\dot{m}_f h_{PR} = \dot{m}_s c_{p1} T_2^* \left(\frac{T_{s3}^*}{T_{s1}^*} - 1 \right) \tag{2.40}$$

燃烧室中的增温比 τ 可以定义为

$$\tau = \frac{T_{s3}^*}{T_{s1}^*} \tag{2.41}$$

代入式(2.40),可以得

$$\tau = \frac{\dot{m}_f h_{PR}}{\dot{m}_s c_{p2} T_2^*} + 1 \qquad (2.42)$$

经过燃烧以后，燃烧室出口参数如下[7]：

$$Ma_{s3} = \frac{Ma_2}{\sqrt{\tau\left(1 + \dfrac{\gamma_3 - 1}{2}Ma_2^2\right) - \dfrac{\gamma_3 - 1}{2}Ma_2^2}} \qquad (2.43)$$

$$P_{s3}^* = P_{s1}^* \Big/ \left[1 + \frac{\gamma_3 - 1}{2}Ma_{s1}^2(1 - 1/\tau)\right]^{\gamma_3/(\gamma_3-1)} \qquad (2.44)$$

喷管中燃气等熵膨胀到环境压力 P_s，火箭燃气与二次流在喷管中各自膨胀至环境压力。喷管出口截面的参数计算如下：

$$Ma_{s4} = \sqrt{\left[\left(\frac{P_{s3}^*}{P_s}\right)^{\frac{\gamma_{s4}-1}{\gamma_{s4}}} - 1\right] \Big/ \left(\frac{\gamma_{s4} - 1}{2}\right)} \qquad (2.45)$$

$$v_{s4} = \sqrt{\frac{\gamma_{s4}R_{s4}T_{s4}^*}{1 + \dfrac{\gamma_{s4} - 1}{2}Ma_{s4}^2}} \cdot Ma_{s4} \qquad (2.46)$$

$$Ma_{p4} = \sqrt{\left[\left(\frac{P_p^*}{P_s}\right)^{\frac{\gamma_{p4}-1}{\gamma_{p4}}} - 1\right] \Big/ \left(\frac{\gamma_{p4} - 1}{2}\right)} \qquad (2.47)$$

$$v_{p4} = \sqrt{\frac{\gamma_{p4}R_{p4}T_{p4}^*}{1 + \dfrac{\gamma_{p4} - 1}{2}Ma_{p4}^2}} \cdot Ma_{p4} \qquad (2.48)$$

RBCC 发动机推力[8]：

$$F_4 = \dot{m}_{s4}v_{s4} + \dot{m}_{p4}v_{p4} - \dot{m}_s v_s \qquad (2.49)$$

RBCC 发动机比冲：

$$I_{sp} = \frac{F_4}{\dot{m}_p} \qquad (2.50)$$

2.2.3 SMC 模式参数化研究

图 2.30 给出了发动机比冲和比冲增益随火箭总压的变化。随着火箭总压的增加,RBCC 发动机比冲和火箭比冲增加,并且增加幅度几乎一致,比冲增益的变化很小。图 2.31 给出了发动机推力和引射系数随火箭总压的变化。根据结果可以发现,随着火箭总压的增加,发动机推力增大,引射系数增大。引射系

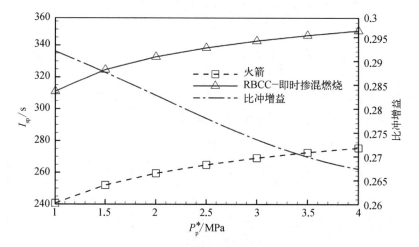

图 2.30 发动机比冲和比冲增益随火箭总压的变化(SMC 模式)[3]

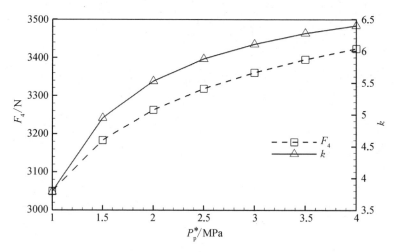

图 2.31 发动机推力和引射系数随火箭总压的变化(SMC 模式)[3]

数的增大是由火箭流量不变、火箭总压增大、火箭燃气的出口面积减小和空气通流面积增大等一系列原因导致的。空气引射系数从 3.7 增加至 6.4,发动机推力仅增加约 400 N,比冲增加 40 s。由此可见引射系数的增加对 RBCC 发动机在SMC 模式下的性能影响不大。

图 2.32 给出了发动机比冲性能和比冲增益随火箭总温的变化情况。与火箭总压的影响类似,随着火箭总温的增加,RBCC 发动机的比冲和火箭的比冲都增加,但是比冲增益下降。图 2.33 显示了发动机推力和引射系数与火箭总温的关系。随着火箭总温的增加,RBCC 发动机推力增加,引射系数下降。引射系数下降是由火箭燃气出口面积增大导致的。RBCC 发动机的推力性能与火箭发动机的总温有很大关系。火箭总温从 2 000 K 增加至 4 000 K,RBCC 发动机的比冲从 280 s 增加 35.7% 至 380 s。由此可见在 SMC 模式下,较高的火箭总温对发动机性能有利。

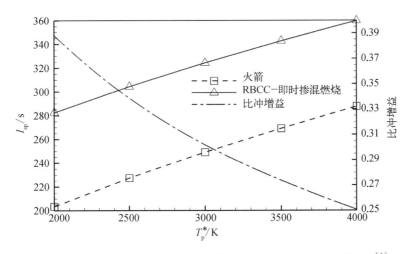

图 2.32　发动机比冲性能和比冲增益随火箭总温的变化(SMC 模式)[3]

图 2.34 给出了发动机比冲性能和比冲增益随火箭流量的变化。图 2.35 给出了发动机推力和引射系数随火箭流量的变化。随着火箭流量的增加,RBCC 发动机比冲下降,比冲增益减小,引射系数下降,发动机推力增加。火箭流量越大、空气流量越小,RBCC 发动机越接近火箭发动机的性能。在火箭流量小于 3 kg/s 时,参与反应的空气流量较大而补燃的燃油流量不足。在火箭流量为 3 kg/s 时,RBCC 发动机比冲曲线出现拐点。当火箭流量大于 3 kg/s 时,RBCC 发动机

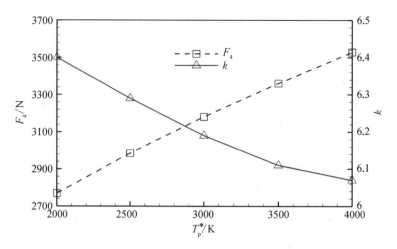

图 2.33 发动机推力和引射系数随火箭总温的变化(SMC 模式)[3]

的比冲下降趋势更大。这是因为火箭流量的增加导致参与燃烧的煤油越来越多,但空气流量越来越少。随着火箭流量的进一步增加,空气流量在管道流通面积中的占比减少,引射系数快速下降。在火箭流量达到 5 kg/s 时,空气流量只有 1.42 kg/s。由此可见,尽管在 SMC 模式下引射空气流量对发动机的推力增益影响较小。但是从发展趋势上看,当引射空气流量小于一定数值,RBCC 发动机的性能优势将逐渐消失,其性能越来越接近火箭发动机。

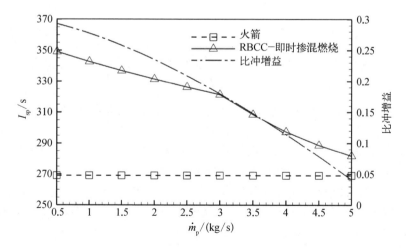

图 2.34 发动机比冲性能和比冲增益随火箭流量的变化(SMC 模式)[3]

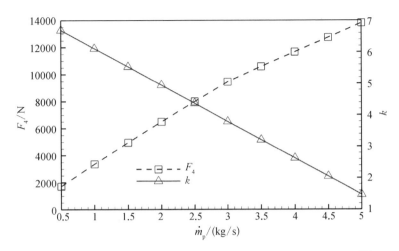

图 2.35　发动机推力和引射系数随火箭流量的变化（SMC 模式）[3]

　　图 2.36 给出了发动机比冲性能和比冲增益随飞行高度的变化。随着飞行高度的增加，RBCC 发动机的比冲增加，但是比冲增益下降。图 2.37 显示了发动机推力和引射系数随飞行高度的变化关系。随着飞行高度的增加，发动机推力增加，但是引射系数下降。此时发动机的比冲提升主要得益于较低的环境压力增大了发动机燃气的膨胀做功能力。从图中曲线趋势可以发现，在较低飞行高度时，RBCC 发动机的性能优势相对更加明显。

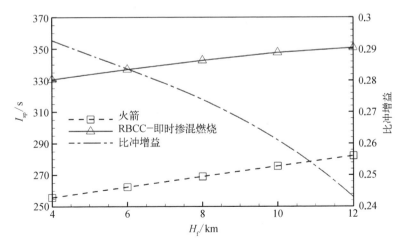

图 2.36　发动机比冲性能和比冲增益随飞行高度的变化（SMC 模式）[3]

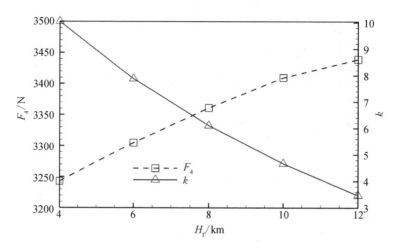

图 2.37　发动机推力和引射系数随飞行高度的变化（SMC 模式）[3]

图 2.38 给出了发动机比冲性能和比冲增益随飞行马赫数的变化。随着飞行马赫数的增加，发动机比冲和比冲增益增加。图 2.39 显示了发动机推力和引射系数随飞行马赫数的变化情况。随着飞行马赫数的增加，来流空气的总压增大，因此通过反应混合层补燃后，发动机可获得更大推力。若飞行马赫数很低，二次流来流总压较低，对空气补燃的做功能力较小。在飞行马赫数 1.07 时，SMC模式获得的推力增益为 0。飞行马赫数过低导致发动机无法获得推力增益。

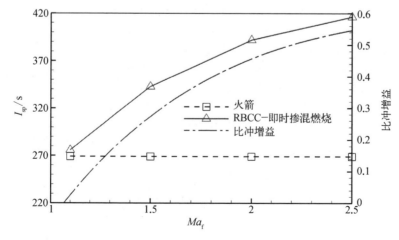

图 2.38　发动机比冲性能和比冲增益随飞行马赫数的变化（SMC 模式）[3]

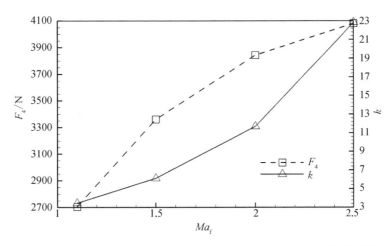

图 2.39　发动机推力和引射系数随飞行马赫数的变化(SMC 模式)[3]

　　图 2.40 给出了发动机比冲性能和比冲增益随混合段进口直径的变化情况。随着混合段直径的增大,发动机比冲和比冲增益小幅提升。混合段进口直径从 0.12 m 增加至 0.2 m,RBCC 发动机的比冲仅从 330 s 增加至 340 s。图 2.41 给出了发动机推力和引射系数随混合段进口直径的变化情况。随着混合段直径的增加,引射系数从 2 增加到 7.8,但是推力仅增加 150 N。增大空气流量能够使更多的空气参与燃烧反应,从而提高发动机比冲。但是从计算结果看 SMC 模

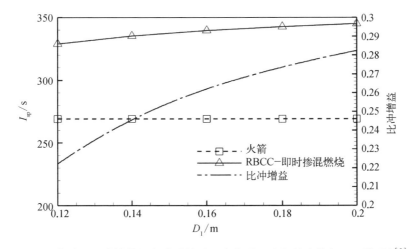

图 2.40　发动机比冲性能和比冲增益随混合段进口直径的变化(SMC 模式)[3]

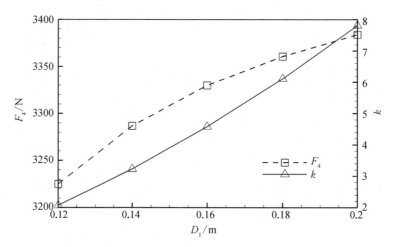

图 2.41　发动机推力和引射系数随混合段进口直径的变化（SMC 模式）[3]

式下通过这种方式获得的推力增益非常有限。这说明在 SMC 模式下空气流量对 RBCC 发动机推力的影响较小。

　　图 2.42 和图 2.43 分别给出了发动机比冲性能和比冲增益随火箭当量比和燃烧比的变化。根据结果可以发现，随着火箭当量比和燃烧比的增加，RBCC 发动机的比冲和比冲增益增大。在 SMC 模式下 RBCC 发动机推力增益与实际参与补燃的煤油流量有关。实际参与燃烧的煤油流量越大，RBCC 发动机的性能

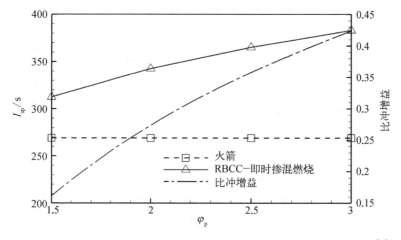

图 2.42　发动机比冲性能和比冲增益随火箭当量比的变化（SMC 模式）[3]

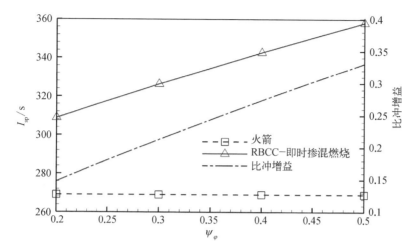

图 2.43　发动机比冲性能和比冲增益随燃烧比的变化（SMC 模式）[3]

优势越明显。从计算结果上看，随着当量比的增加，发动机的比冲增加。如果火箭燃气与空气之间的反应混合层发展较慢，则会有更多的燃油被直接排出发动机。随着当量比的进一步提高，比冲将在达到峰值后快速下降。因此，SMC 模式需要重点研究如何强化混合，提高火箭富余燃油在离开火箭喷管以后的燃烧比，尽可能让所有燃油在发动机内部燃烧，提高发动机整体燃烧效率。

2.3　冲压燃烧模态热力学分析

　　RBCC 发动机是在宽范围冲压发动机的基础上，在内流道中设置火箭发动机，以实现宽速域飞行。随着飞行马赫数的提升，RBCC 发动机逐渐由引射模态过渡到冲压模态，即亚燃冲压模态和超燃冲压模态。一般而言，RBCC 发动机冲压模态的工作马赫数下限约为 3[9,10]。此时为了保证总体性能，火箭一般处于关闭状态。因此，RBCC 发动机冲压模态的工作特征与双模态冲压发动机有较多相似之处。为了便于分析，本节忽略内置火箭的作用，重点分析双模态冲压发动机的热力学过程。

　　尽管几何调节进排气系统可以改善 RBCC 发动机在不同工作模态下的性能[11-13]，但是发动机内型面几何调节对结构热防护、调节机构密封、型面控制及系统可靠性等方面的要求十分苛刻，工程实施难度很大。此外，即使能够设计出配套的作动机构使发动机内流道能够根据需要迅速调节,作动机构也会占据发动机的有效空间,降低发动机的载油系数,影响整体推重比。基于固定几何内型面的 RBCC 发动机尽管会牺牲一部分推力性能,但是结构简单。在不同工况下,通过调节火箭流量及补燃喷注方案也可使发动机实现宽速域飞行。

2.3.1 RBCC 发动机冲压模态性能特点

参考白菡尘[14]的定义方法,将燃烧室出口截面流量平均马赫数大于 1 的情况称为超声速加热模态,将流量平均马赫数小于 1 的情况称为亚声速加热模态,两种模态之间的临界状态出现在燃烧室出口流量平均马赫数等于 1 的时候,此时燃烧室出现热力学壅塞。如前所述,忽略内置火箭对 RBCC 发动机在冲压模态时的作用,其工作过程可参考双模态冲压发动机加以分析。双模态冲压发动机的主要设计难点在于隔离段和燃烧室[4]。隔离段位于进气道与燃烧室之间,起到隔离燃烧室反压对进气道的干扰作用。若给定燃料当量比,随着飞行速度增大,空气入口的焓值增大、相对加热量降低、燃烧产生的增压比降低,激波串长度减小,燃烧室入口马赫数增加[14]。若飞行条件不变,随着当量比的变化,燃烧室内压力改变,隔离段内由于燃烧室反压诱导产生的激波串会随着反压的变化而移动并调整强度,改变燃烧室入口马赫数[15,16]。当下游反压足够高时,激波串会使气流由超声速压缩至亚声速,形成“气动喉道”。此时在发动机下游也将存在临界截面实现气流从亚声速向超声速的转变。这个临界截面可以是喷管内的几何喉道也可以是燃烧室中的“热力壅塞喉道”。当下游反压较小时,在隔离段和燃烧室中不会出现“气动喉道”,燃烧过程处于超声速加热模态。

根据上述分析,隔离段与燃烧室之间存在着密切的气动耦合效应。因此在宽速域冲压燃烧过程的分析中,应该将隔离段入口作为研究模型的入口边界,讨论不同燃烧室压力作用下,气流在隔离段内的损失情况以及燃烧室与隔离段的相互作用。另外当发动机处于超声速加热模态时,由于气流速度很快,从壁面喷注的燃料很难在燃烧室展向截面均匀分布。靠近壁面附近局部当量比较高,靠近核心区时局部当量比较小,气流中心位置处局部当量比甚至可能为 0。下面针对燃烧室内截面参数的不均匀性、发动机关键截面尺寸以及隔离段与燃烧室相互耦合作用等问题开展热力学分析,研究这些影响因素对发动机性能的影响。

2.3.2　RBCC 发动机冲压模态燃烧计算模型

冲压发动机的总效率可以由下式[4]计算获得:

$$\eta_0 = \frac{Fu_0}{\dot{m}_f H_u} \tag{2.51}$$

其中, F 为发动机推力; u_0 为飞行速度; $\dot{m}_f$ 为燃油流量; H_u 为燃油的热值。

发动机工作过程中流道内的马赫数分布决定着发动机的总效率[14]。燃烧过程的总压损失主要由三部分组成,分别是壁面摩擦、燃烧加热和质量添加。这些损失均与当地的马赫数密切相关。表 2.2 给出了 3 种因素对典型冲压发动机的燃烧室总压损失的影响[17]。从中可以发现,加热项是冲压发动机燃烧室总压损失的主导因素。尤其是在较低马赫数下,随着加热比的增加,因加热导致的总压损失所占的比重增大。因此,在以下的分析中暂时忽略因摩擦及添质产生的损失。

表 2.2　典型超燃冲压发动机燃烧室总压损失情况[14]

Ma_f	摩擦力项	加热项	添质项
5	11.46%	76.85%	11.70%
6	13.77%	72.16%	14.06%
7	16.26%	67.13%	16.60%

2.3.2.1　计算模型

亚声速加热模态相对简单,由于气流进口速度较低,燃烧也较为均匀,发动机的燃烧过程可以直接应用一维理论进行估算[6]。在超声速加热模态中,空气速度较快,燃料分布受喷注深度及雾化、混合等客观因素的影响,燃烧室出口截面气流参数不均匀。在壁面凹腔及喷注的作用下,近壁面附近的燃料当量比较高,越接近中心核心区当地的燃料当量比越小。在计算模型中将隔离段与燃烧室作为一个统一的整体进行分析,如图 2.44 所示。其中隔离段入口为截面 1,隔离段出口/燃烧室进口为截面 2,燃烧室出口为截面 3。燃烧室下游连接喷管,喷管的出口为截面 4,如图 2.45 所示。其中图 2.45(a)为亚声速加热模型对应的喷管,该喷管具有几何喉道,在 3_n 截面为通流面积最小截面。图 2.45(b)

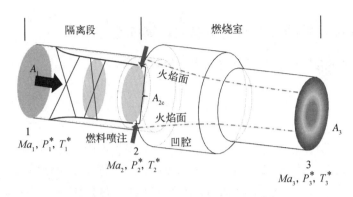

图 2.44　冲压模态燃烧室计算模型[3]

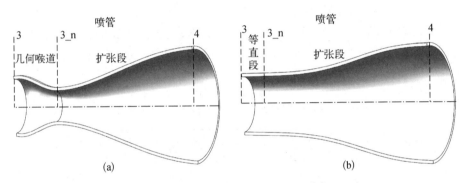

图 2.45　冲压模态喷管计算模型[3]

为超声速加热模型对应的喷管,喷管不再有几何喉道,3_n 截面面积与 3 截面相同。图 2.46 为不同反压下隔离段内的气流流动情况示意图,隔离段的进口面积为 A_1,出口面积为 A_2。由于气流在隔离段内会受到下游反压的作用,隔离段的增压比 π_2 用来表征隔离段内进出口的压力之比,计算关系式如下:

$$\pi_2 = \frac{P_2}{P_1} \tag{2.52}$$

在不同隔离段增压比下,隔离段内的流动状态是不同的,超声速气流可以在隔离段中加速,也可以减速至亚声速。隔离段出口截面气流的实际通流面积定义为 A_{2c},其中 $A_{2c} \leqslant A_2$。隔离段出口气流马赫数为 1 时对应的临界压比为 π_{2sup},入口马赫数 Ma_1 对应的正激波压比为 π_{2c}。根据增压比 π_2 的不同,可以将隔离段的流动情况分为以下 4 种状态。

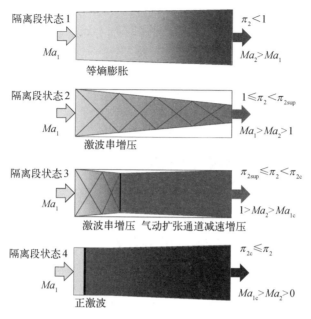

隔离段状态1
Ma_1
等熵膨胀
$\pi_2 < 1$
$Ma_2 > Ma_1$

隔离段状态2
Ma_1
激波串增压
$1 \leqslant \pi_2 < \pi_{2sup}$
$Ma_1 > Ma_2 > 1$

隔离段状态3
Ma_1
激波串增压　气动扩张通道减速增压
$\pi_{2sup} \leqslant \pi_2 < \pi_{2c}$
$1 > Ma_2 > Ma_{1c}$

隔离段状态4
Ma_1
正激波
$\pi_{2c} \leqslant \pi_2$
$Ma_{1c} > Ma_2 > 0$

图 2.46   冲压模态不同反压下隔离段状态示意图[3]

（1）若反压 $\pi_2 < 1$ 且管道扩张 $A_{2c} > A_1$。气流在管内出现膨胀加速,此时隔离段出口马赫数比进口马赫数大,$Ma_2 > Ma_1$。

（2）若反压 $1 \leqslant \pi_2 < \pi_{2sup}$ 时,隔离段出口马赫数 Ma_2 为超声速,但隔离段出口马赫数小于进口马赫数,且 $A_{2c} < A_1$,$Ma_1 > Ma_2 > 1$。

（3）若反压 $\pi_{2sup} \leqslant \pi_2 < \pi_{2c}$ 时,隔离段出口马赫数 Ma_2 为亚声速,$1 > Ma_2 > Ma_{1c}$,其中 Ma_{1c} 为隔离段入口马赫数 Ma_1 对应的正激波波后马赫数。

（4）若反压 $\pi_{2c} \leqslant \pi_2$ 时,隔离段出口马赫数 Ma_2 进一步降低,$Ma_{1c} > Ma_2 > 0$,并且隔离段需要扩张 $A_{2c} > A_1$。

隔离段可以采用芯流模型进行建模[18],分析隔离段出口马赫数 Ma_2 和实际的通流面积 A_{2c},并且还可以得到隔离段出口截面的气流总压。将这些参数作为下游燃烧室计算时的输入量。

在各种不同的燃烧室构型中,凹腔火焰稳定器的应用最为广泛[19]。在凹腔燃烧室中,燃料喷注位于侧壁。当燃烧室入口气流为亚声速时,气流速度较低,燃烧雾化掺混较好,喷注深度高,整个截面可以假设为均匀加热,计算方程采用一维计算模型。当燃烧室入口气流为超声速时,气流速度较快,燃料很难混合均匀。在分析中假设在燃烧室内部截面上,局部当量比沿着半径方向呈线性分布。由于超声速加热模型中,燃料的不均匀分布导致了燃烧室内的不均匀加热,并进一步导致燃烧室出口截面马赫数、总压、总温等参数的不均匀分布。

假设半径相同位置处流动参数相同,燃烧室出口截面各流动参数可以用半径的函数来表示。燃烧室出口面积为 A_3,喷管出口面积为 A_4。受燃烧室出口参数的影响,喷管出口截面参数同样也沿半径变化。在计算燃烧和膨胀过程中,可以将截面沿着半径划分为不同区域分开计算,最后在出口截面进行积分求和获得发动机出口动量,随后通过估算发动机进口冲量得到发动机总体性能[20-22]。

2.3.2.2 隔离段芯流模型

当隔离段出口压力大于隔离段进口压力时,在隔离段内会形成激波串。采用隔离段芯流模型用于分析隔离段激波串。如图 2.47 所示,在隔离段中气流分为芯流区和分离区两个流动区域。由于在分离区中气流的速度很低,通常可以忽略在分离区内的气流质量流量,假设所有气流都在核心区[18]。在隔离段入口"1"截面上气流的静压为 P_1、速度为 u_1。在隔离段出口"2"截面上气流的静压为 P_2、速度为 u_2。气流在激波串的作用下压力升高,隔离段的增压比 π_2 用来表征隔离段内进出口的压力之比。

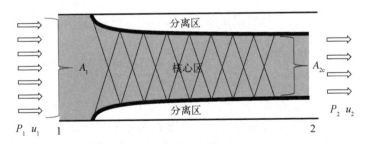

图 2.47　冲压模态隔离段芯流模型示意图[18]

隔离段出口的气动参数可以基于下列守恒方程进行求解,具体关系式如下。

质量守恒方程:

$$\dot{m}_1 = \dot{m}_2 = \rho_1 A_1 u_1 = \frac{p_1 A_1 u_1}{RT_1} \tag{2.53}$$

动量守恒方程:

$$p_2 A_2 + \dot{m}_2 u_2 = p_1 A_1 + \dot{m}_1 u_1 \tag{2.54}$$

能量守恒方程：

$$T_2 = T_1 \frac{1 + \dfrac{\gamma_1 - 1}{2} Ma_1^2}{1 + \dfrac{\gamma_2 - 1}{2} Ma_2^2} \tag{2.55}$$

基于上述 3 个基本方程，可以计算获得隔离段出口马赫数 Ma_2：

$$Ma_2 = \frac{u_2}{\sqrt{\gamma_2 R T_2}} = \sqrt{\frac{C^2}{1 - \dfrac{\gamma_2 - 1}{2} C^2}} \tag{2.56}$$

其中，$C = \dfrac{Ma_1 \sqrt{\gamma_1 R T_1} + (1 - \pi_2) \dfrac{R T_1}{Ma_1 \sqrt{\gamma_1 R T_1}}}{\sqrt{(\gamma_2 R T_1)\left(1 + \dfrac{\gamma_1 - 1}{2} Ma_1^2\right)}}$，$\gamma_1$ 和 γ_2 分别是隔离段进出口

截面的气流比热比，R 为气体常数[23]。γ 和 C_p 为温度的函数，通过查表[24]拟合出温度 $300 \sim 3\,000$ K 的多项式。

C_p 的计算关系式：

$$\begin{cases} C_p = \left(3.653\,59 - \dfrac{1.337\,36t}{10^3} + \dfrac{3.294\,21t^2}{10^6} - \dfrac{1.911\,42t^3}{10^9} + \dfrac{0.275\,462t^4}{10^{12}} \right) \times R_s, \\ \qquad\qquad\qquad\qquad\qquad\qquad\qquad\qquad 300\ \mathrm{K} < t < 1\,000\ \mathrm{K} \\ C_p = \left(3.044\,73 + \dfrac{1.338\,05t}{10^3} - \dfrac{0.488\,256t^2}{10^6} + \dfrac{0.085\,547\,5t^3}{10^9} - \dfrac{0.005\,701\,32t^4}{10^{12}} \right) \times R_s, \\ \qquad\qquad\qquad\qquad\qquad\qquad\qquad\qquad 1\,000\ \mathrm{K} \leqslant t < 3\,000\ \mathrm{K} \end{cases} \tag{2.57}$$

γ 的计算关系式：

$$\gamma = 1.369 + \frac{2.917t}{10^4} - \frac{8.192t^2}{10^7} + \frac{7.251t^3}{10^{10}} - \frac{2.043t^4}{10^{13}} - \frac{8.18t^5}{10^{17}} + \frac{7.381t^6}{10^{20}}$$

$$- \frac{1.931t^7}{10^{23}} + \frac{1.783t^8}{10^{27}}, \quad 1\,000\ \mathrm{K} \leqslant t < 3\,000\ \mathrm{K} \tag{2.58}$$

根据流量守恒方程[23]，A_{2c} 可以通过下式计算：

$$A_{2c} = \frac{A_1}{\gamma_2 Ma_2^2} \left[\frac{1}{\pi_2} (1 + \gamma_1 Ma_1^2) - 1 \right] \tag{2.59}$$

隔离段出口的总压 P_2^* 和隔离段内的总压恢复系数 σ_2 的计算关系式如下所示：

$$P_2^* = P_1^* \left[\pi_2 \frac{\left(1 + \frac{\gamma_2 - 1}{2} Ma_2^2 \right)^{\frac{\gamma_2}{\gamma_2 - 1}}}{\left(1 + \frac{\gamma_1 - 1}{2} Ma_1^2 \right)^{\frac{\gamma_1}{\gamma_1 - 1}}} \right] \tag{2.60}$$

$$\sigma_2 = \frac{P_2^*}{P_1^*} \tag{2.61}$$

当隔离段出口压力小于或等于隔离段入口压力时，气流在隔离段内是继续加速的过程，不会产生激波，假设此过程不存在总压损失，$P_2^* = P_1^*$。此时可以根据等熵关系式对隔离段出口各气动参数进行求解。

$$Ma_2 = \sqrt{\frac{2}{\gamma_2 - 1} \left[\left(\frac{P_2^*}{P_2} \right)^{\frac{\gamma_2 - 1}{\gamma_2}} - 1 \right]} \tag{2.62}$$

$$A_{2c} = \frac{qMa(Ma_1) A_1}{qMa(Ma_2)} \tag{2.63}$$

其中，$qMa(Ma_i) = Ma_i \left[\frac{2}{\gamma_i + 1} \left(1 + \frac{\gamma_i - 1}{2} Ma_i^2 \right) \right]^{-\frac{\gamma_i + 1}{2(\gamma_i - 1)}}$。

综上，通过以上关系式，可以对给定隔离段进口马赫数在不同增压比下进行求解，得到隔离段出口马赫数、总压及实际的通流面积。当 $A_{2c} < A_1$ 时，隔离段可以为等直管道或收缩管道；当 $A_{2c} > A_1$ 时，隔离段为扩张管道。

2.3.2.3　燃油截面非均匀分布模型

燃油截面非均匀分布模型如图 2.48 所示。其中 φ_m 表征截面的平均当量比，φ_h 表征近壁面的局部当量比。$\varphi(R)$ 是当量比沿半径方向分布的函数，假设燃油沿着半径呈线性分布，表达式为 $\varphi(R) = aR + b$。由于在近壁面处当

量 φ_h 大于 φ_m, 因此在燃烧室中心区域局部当量比为 0, 且局部当量比为 0 的中心区域的半径为 R'_3。 通常情况下 φ_m 可以由发动机供油系统直接给定。φ_h 一般情况都较高, 取值可以在 $0.8\sim1$。在本节的研究过程中, 近壁面的局部当量比 φ_h 取值为 1。在给定的 R_3 条件下, 存在 3 个未知量分别为 a、b 和 R'_3。 截面燃油非均匀分布情况可以通过下列方程组求解:

$$\begin{cases} \varphi(R_3) = \varphi_b \\ \displaystyle\int_0^{R_3} \varphi_m \mathrm{d}\pi R^2 = \int_{R'_3}^{R_3} \varphi(R)\mathrm{d}\pi R^2 \\ \varphi(R'_3) = 0 \end{cases} \quad (2.64)$$

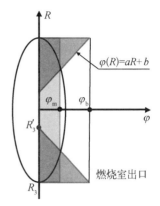

图 2.48　燃油截面非均匀分布模型示意图[3]

计算中获得的燃油局部当量比 $\varphi(R)$ 是半径的函数, 燃烧室出口截面各参数也是半径的函数。可以将燃烧过程根据半径划分为不同的区域, 假设不同区域中均满足等压燃烧, 相互之间不存在混合[20-22]。不同半径位置可以分别应用一维分析模型[6]。燃烧室出口截面不同半径位置的马赫数 $Ma_{3(R)}$、总压 $P^*_{3(R)}$、总温 $T^*_{3(R)}$ 分别如下表示:

$$Ma_{3(R)} = \frac{Ma_2}{\sqrt{\tau(R)\left(1 + \dfrac{\gamma_{3(R)} - 1}{2}Ma_2^2\right) - \dfrac{\gamma_{3(R)} - 1}{2}Ma_2^2}} \quad (2.65)$$

$$P^*_{3(R)} = P^*_2 \Big/ \left\{ 1 + \frac{\gamma_{3(R)} - 1}{2}Ma_2^2\left[1 - \frac{1}{\tau(R)}\right] \right\}^{\gamma_{3(R)}/(\gamma_{3(R)} - 1)} \quad (2.66)$$

$$T^*_{3(R)} = T^*_2 \tau(R) \quad (2.67)$$

其中, $\gamma_{3(R)}$ 为燃烧室出口截面不同半径位置的比热比; $\tau(R)$ 为不同截面位置处的总温比。由于燃料为煤油, 可以通过下式求解[6]:

$$\tau(R) = \frac{\varphi(R)h_{PR}}{16.19C_{p2}T^*_2} + 1 \quad (2.68)$$

h_{PR} 为煤油的热值 4.32×10^7 J/kg。燃烧室出口半径可以通过以下计算式获得:

$$A_{3(R)} = \frac{K_2 P_2^* q(Ma_2) \sqrt{\tau(R)} A_{2(R)}}{K_3 P_{3(R)}^* q(Ma_{3(R)})} \quad\quad (2.69)$$

$$R_3 = \sqrt{\frac{\sum A_{3(R)}}{\pi}} \quad\quad (2.70)$$

其中，$K = \sqrt{\dfrac{\gamma_i}{R}\left(\dfrac{2}{\gamma_i + 1}\right)^{\frac{\gamma_i+1}{\gamma_i-1}}}$；$q(Ma_i) = Ma_i\left[\dfrac{2}{\gamma_i + 1}\left(1 + \dfrac{\gamma_i - 1}{2}Ma_i^2\right)\right]^{-\frac{\gamma_i+1}{2(\gamma_i-1)}}$。

2.3.2.4　截面非均匀膨胀过程

根据 Norton[20] 和 Bernstein 等[21] 非均匀喷管流动理论，可以针对不同半径位置处的燃气分别进行膨胀过程的计算。假设不同状态的燃气均等熵膨胀至环境压力 p_s。由于在喷管内不考虑燃烧反应，因此喷管中燃气的总温不变，即 $T_{4(R)}^* = T_{3(R)}^*$。喷管出口截面的马赫数和速度根据流量守恒，分别可由下式计算：

$$Ma_{4(R)} = \sqrt{\left[\left(\frac{P_{3(R)}^*}{P_s}\right)^{\frac{\gamma_{4(R)}-1}{\gamma_{4(R)}}} - 1\right] \Big/ \left(\frac{\gamma_{4(R)} - 1}{2}\right)} \quad\quad (2.71)$$

$$v_{4(R)} = \sqrt{\frac{\gamma_{4(R)} R_4(R) T_{4(R)}^*}{1 + \frac{\gamma_{4(R)} - 1}{2} Ma_{4(R)}^2}} \cdot Ma_{4(R)} \quad\quad (2.72)$$

其中，$\gamma_{4(R)}$ 为喷管出口截面不同半径位置的比热比。喷管出口半径可以通过以下计算式获得：

$$A_{4(R)} = \frac{K_3 q(Ma_{3(R)}) A_{3(R)}}{K_4 q(Ma_{4(R)})} \qu\quad (2.73)$$

$$R_4 = \sqrt{\frac{\sum A_{4(R)}}{\pi}} \qu\quad (2.74)$$

发动机内推力 F_4 为发动机 4 截面与 1 截面的动量差：

$$F_4 = \dot{m}_{1(R)}(1 + f_{(R)}) v_{4(R)} - [\dot{m}_1 v_1 - (p_1 - p_s) A_1] \qu\quad (2.75)$$

其中，f 为油气比；p_s 为环境压力。

2.3.3　RBCC 发动机冲压模态燃烧特性研究

2.3.3.1　超声速加热模态截面参数非均匀特性分析

为了研究超声速加热模态下，因燃油在截面上分布不均匀导致的加热特性，本文以隔离段进口半径 $R_1 = 80$ mm 的模型为例开展一维模型[6]和二维模型的对比，分析由于燃料分布的不均匀性对发动机性能产生的影响。在计算中假设不同当量比条件下燃烧效率均为 100%，隔离段进出口面积一样，气流在隔离段内没有增压。假设飞行高度为 25 km、飞行马赫数 Ma_f 为 5.5、飞行速度为 1 730 m/s、空气流量 $\dot{m}_1$ 为 17.2 kg/s，隔离段进口参数总压 P_1^* 和总温 T_1^* 分别为 1.5 MPa 和 1 600 K。隔离段进口马赫数 Ma_1 可以根据流量方程计算获得[25]。进口半径 $R_1 = 80$ mm、$Ma_1 = 2$。图 2.49 给出了一维模型计算获得的燃烧室出口及喷管出口的主要参数。根据结果可以发现，随着当量比的增加，燃烧室出口总压 P_3^*、燃烧室出口马赫数 Ma_3 和喷管出口马赫数 Ma_4 均减小，燃烧室出口总温 T_3^* 和喷管出口速度 v_4 均增加。在当量比为 0.2 时，$P_3^* = 766.5$ kPa、$T_3^* = 2\,200$ K、$Ma_3 = 1.58$、$Ma_4 = 4.51$、$v_4 = 1\,895$ m/s。

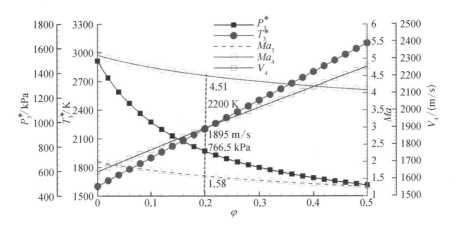

图 2.49　燃烧室出口截面及喷管出口截面关键气动参数[6]（一维模型计算结果）

二维模型重点分析了沿半径方向参数的不均匀性。图 2.50 给出了平均当量比 φ_m 为 0.2 时，二维模型计算获得的燃烧室出口及喷管出口的主要气动参数沿半径的分布情况，图中 x 轴是截面的无量纲半径。燃烧室近壁面附近总温很高，马赫数很低。中心核心区燃油的当量比为 0，总温没有增加。由于壁面附近气流总温较高,在喷管截面壁面附近的气流速度较大,加之壁面附近的空气流量较大,轴对称喷管的近壁区产生的推力占比很高[26-28]。在此规律下,就需要重新审视喷管的设计方法。南京航空航天大学徐惊雷课题组已经针对这种燃烧室出口参数的不均匀性进行了喷管的优化设计工作[29]。燃烧室出口马赫数Ma_3云图和T_3^*云图如图2.51所示。从云图中可以更加直观地观察到,燃烧过程中燃油的非均匀分布对气动参数带来的影响,由于壁面的局部当量比较高,

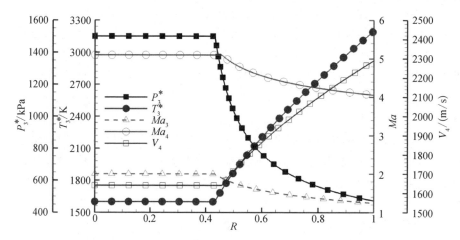

图2.50　燃烧室出口截面及喷管出口截面关键气动参数
($\varphi_\mathrm{m}=0.2$)[3](二维模型计算结果)

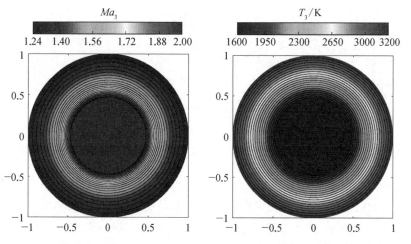

图2.51　燃烧室出口截面马赫数和总温云图($\varphi_\mathrm{m}=0.2$)[3](二维模型计算结果)

因此在不同当量比下近壁面的总温都很高。

通过上述分析,可以发现二维模型在气动参数的分布上与一维模型存在显著的不同。在二维模型中,气流核心区总温、总压没有变化。在壁面附近总温的增加量与总压的损失都明显增大。为了分析这种截面参数非均匀性对发动机总体性能的影响,图 2.52 给出了不同当量比情况下,两种计算模型在发动机推力、燃烧室出口半径、喷管出口半径的对比情况。从图中可以发现,在发动机推力、燃烧室出口半径及喷管出口半径上,两个模型的计算结果没有明显的差异。该结果说明若燃烧室的燃烧效率为 100%,燃烧室中在截面加热的非均匀性对推力影响很小。即忽略摩擦、添质及燃料混合损失,当燃烧效率和当量比相同时,不同的喷注方案对推力的影响很小,在燃烧室出口处总温的非均匀分布不会对推力大小产生直接影响。在真实情况下,近壁面局部当量比高,核心区局部当量比低,可以降低对燃料喷注的设计要求和为了增加燃料喷注深度而带来的流动损失。此外,在圆截面构型的发动机中,空气流量也集中在近壁区,核心区的空气流量占比相对较小。发动机推力与截面燃油分布无关,有利于圆截面构型发动机的燃烧组织。

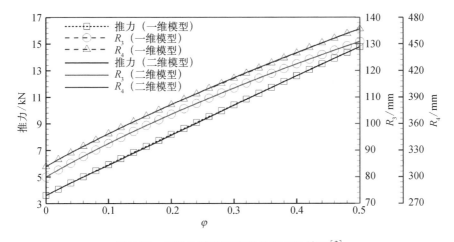

图 2.52　两种计算模型主要性能对比情况[3]

2.3.3.2　燃烧室进口马赫数对性能影响分析

燃烧室进口马赫数是表征双模态冲压发动机工作性能的重要参数。该参数取决于隔离段内的气流状态,并且直接影响燃烧室内的燃烧组织。对于双模态冲压燃烧室最优进口马赫数,目前还没有定论。当飞行马赫数较高时,空气来流总温 T_1^* 往往很高,为了提高燃烧室加热比 τ,应该使燃烧室入口马赫数 Ma_2 增大,降低燃烧室静温 T_2 从而减小燃烧室中气流的定压比热容 c_{p2} [30],提高燃烧室的增温比。但是过大的燃烧室入口马赫数 Ma_2 会导致燃料掺混困难,燃烧效率降低等问题。此外,隔离段中激波串的压缩过程存在总压损失,同时隔离段与燃烧室高度耦合,使研究的问题愈加复杂。下面分别从燃烧室进口马赫数与隔离段增压比、几何型面、增温比和总压恢复系数等发动机重要影响因素之间的关系进行分析,理清燃烧室来流条件对发动机性能的影响规律。

(1) 隔离段增压比的影响。

假设发动机工作的高度和速度与2.3.3.1小节一致。图2.53给出了 $\varphi_m = 0.2$ 时 F_4 和 Ma_2 随 π_2 的变化。由图可知,存在一个最佳压比 $\pi_{2opt} = 1.4$ 使 F_4 达到极大值。燃烧室入口马赫数越大,隔离段的压比越小。根据隔离段的压比 π_2,可以将不同压比分成四个状态。

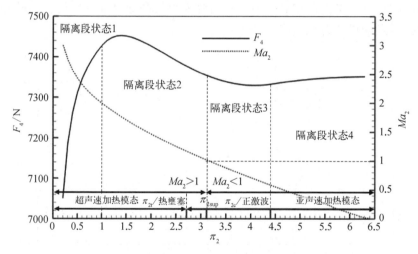

图2.53 F_4 和 Ma_2 随 π_2 的变化情况($\varphi_m = 0.2$)[3]

当隔离段处于状态1时,随着 π_2 的降低,F_4 快速下降。这个现象说明燃烧室入口马赫数增大,气流在燃烧过程中的加热损失会加大。

当隔离段处于状态2时,发动机达到最佳压比 π_{2opt}。此时 π_{2opt} 介于 π_{2sup} 和1之间,隔离段出口马赫数为超声速。当发动机出现热壅塞时,其对应的增压比为 π_{2t},并且 π_{2t} 小于 π_{2sup}。$\pi_2 < \pi_{2t}$ 时,发动机处于超声速加热模态;$\pi_2 >$

π_{2t} 时,发动机处于亚声速加热模态; $\pi_2 = \pi_{2t}$ 时在发动机燃烧室出口截面出现热壅塞。

当 $\pi_2 > \pi_{2\text{sup}}$ 且 $\pi_2 < \pi_{2c}$ 时,隔离段出口马赫数为亚声速,隔离段处于状态 3。随着 π_2 的增大, A_{2c} 由最小值不断增大至 A_1,推力也出现了较为明显的减小,当 $\pi_2 = \pi_{2c}$ 时隔离段通道为等直通道,气流在隔离段内产生正激波,隔离段出口马赫数即为正激波波后马赫数。

当 $\pi_2 > \pi_{2c}$ 时,隔离段处于状态 4。随着 π_2 的增大,但是隔离段出口面积出现了陡然上升,推力有较小增幅。

图 2.54 显示了 $\varphi_m = 0.2$ 时 R_2 和 R_{2c} 随 π_2 的变化情况。在隔离段状态 2 和隔离段状态 3 时,隔离段可以为收缩构型。在隔离段状态 1 和隔离段状态 4 时,隔离段需要进行扩张。

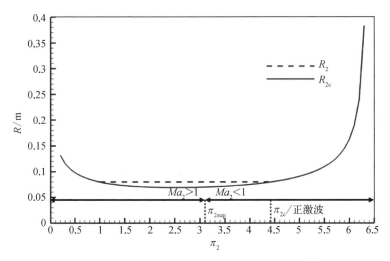

图 2.54　R_2 和 R_{2c} 随 π_2 的变化情况($\varphi_m = 0.2$)[3]

隔离段出口马赫数 Ma_2 随着 π_2 的变化而改变。隔离段增压比 $\pi_2 = 1$ 时,气流参数在隔离段中没有发生变化。当 $\pi_2 < 1$ 时,气流在隔离段中加速。当 $\pi_2 > 1$ 时,气流在隔离段中减速。$\pi_2 = 3.1$ 是超声速加速模态和亚声速加热模态的分界点。当 $\pi_2 > 3.1$ 时,气流在隔离段中减速至亚声速。$\pi_2 \approx 4.4$ 时,隔离段内出现正激波。发动机推力 F_4 在隔离段状态 2 时达到最大值,这说明在此时隔离段的总压损失与燃烧过程中的瑞利损失之和最小。隔离段的增压比过大会导致隔离段的总压损失增大,燃烧过程的瑞利损失减小。隔离段的增压比小会导致隔离段内的总压损失减小,但是燃烧过程的瑞利损失增大[31]。由于隔离段对进入燃烧室的气流有一定的压缩作用,因此在推力分析中需要考虑隔离段中的损失。

不同的 π_2 与 φ_m 会改变燃烧室出口参数情况。π_2 与 φ_m 较高时,燃烧室出口马赫数为亚声速;π_2 与 φ_m 较小时,燃烧室出口为超声速。图 2.55 给出了发动机关键参数随 π_2 和 φ_m 的变化情况。

图 2.55(a)给出了 Ma_{3_n} 在不同 π_2 和 φ_m 情况下的云图。其中用红色线标注出了 $Ma_{3\_n} = 1$ 的等值线,在燃烧室出口处刚好达到临界条件,发动机燃烧室处于热力壅塞状态。在 $Ma_{3\_n} = 1$ 等值线的左侧 $Ma_{3\_n} > 1$,该区域为超声速加热模态。在 $Ma_{3\_n} = 1$ 等值线的右侧 $Ma_{3\_n} < 1$,该区域为亚声速加热模态。随着当量比的增加,热力壅塞边界向低增压比方向移动。说明燃烧过程中,燃油当量比越高越容易出现热壅塞。

图 2.55(b)给出了不同 π_2 和 φ_m 下的 R_{3_n} 云图。其中用红色线标注出了热力壅塞边界,用黑色粗线标注了 $\pi_2 = \pi_{2sup}$,用橘黄色线标注了 $\pi_2 = \pi_{2c}$。从图中可以发现,在不同的 φ_m 下 π_{2t} 始终小于 π_{2sup}。当量比为 0 时,π_{2t} 与 π_{2sup} 重合,两者的差距随着当量比的增大而扩大。π_{2sup} 和 π_{2c} 与进口马赫数有关与 φ_m 无关。当燃烧室喉部面积 R_{3_n} 较小时,发动机只能在较低当量比下燃烧。随着 R_{3_n} 的增大,发动机燃烧过程中可以补燃的燃油流量越多。若 R_{3_n} 很小,发动机在超声速加热模态下的 φ_m 范围很小。$R_{3\_n} > 0.13$ m 时,φ_m 为 0.8,发动机仍处于超声速加热模态。$R_{3\_n} = 0.08$ m 时,φ_m 大于 0.2,发动机已处于亚声速加热模态。

图 2.55(c)给出了不同 π_2 和 φ_m 情况下的 R_3 云图。当发动机处于超声速加热模态时,R_{3_n} 与 R_3 重合。当发动机处于亚声速加热模态时,$R_{3\_n} < R_3$,发动机下游需要有几何喉道。发动机处于亚声速加热模态时,随着 π_2 和 φ_m 的增大,R_{3_n} 与 R_3 的差距逐渐变大。发动机下游的实际扼流截面由 R_{3_n} 决定。

图 2.55(d)给出了不同 π_2 和 φ_m 情况下的 F_4 云图。其中用红色线标注出了热力壅塞边界,黑色实线标注了不同的 R_{3_n}。从图中可以发现,若发动机 R_{3_n} 和隔离段进口几何参数不变,那么随着 φ_m 的增加,π_2 增加、F_4 增大。发动机在超声速加热模态下推力的最大值出现在热力壅塞边界上。从总体趋势上看,推力随着当量比的增加而增大。发动机的推力主要与当量比相关,且随着 R_{3_n} 的增大,F_4 与 R_{3_n} 的线性关系就越明显。

针对隔离段增压比的选取,实际上是选取燃烧室进口马赫数。在给定的 Ma_1 下,隔离段内的增压比 π_2 与燃烧室入口马赫数 Ma_2 一一对应。在燃烧室内

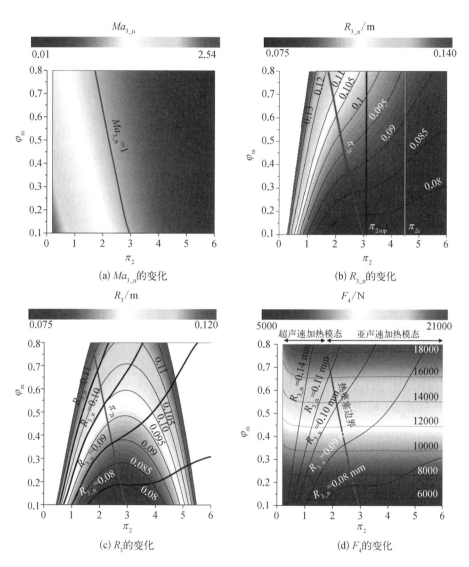

(a) Ma_{3_n} 的变化

(b) R_{3_n} 的变化

(c) R_3 的变化

(d) F_4 的变化

图 2.55　发动机关键参数随 π_2 和 φ_m 的变化情况[3]

部的加热过程中,不同马赫数对应的比热容比以及气流在加热过程中的总压损失也都与马赫数有关。因此对于双模态发动机,采用燃烧室进口马赫数 Ma_2 来表征燃烧室的设计状态更为直接。发动机的总体性能取决于发动机内部的马赫数分布,燃烧室入口马赫数 Ma_2 既能体现气流在隔离段内的压缩程度,又能反映气流在燃烧室中的流动状况,在下面的分析中,将以燃烧室入口马赫数 Ma_2 作为自变量进行讨论。

(2) 燃烧室进口马赫数对发动机几何型面的影响。

在相同当量比条件下,发动机下游的实际扼流截面由 R_{3_n} 决定。随着 R_{3_n} 的减小,燃烧室内压力增大,隔离段的压比 π_2 增大。因此燃烧室入口马赫数降低,燃烧室中的流动和燃烧状态改变,喷管出口的气流参数和几何参数也会随之发生变化。Ma_2 与发动机的几何型面密切相关,并对发动机的性能产生较大影响。

图 2.56 给出了当量比 0.2 条件下,燃烧室关键参数 R_3、R_{3_n}、Ma_3、Ma_{3_n} 随 Ma_2 的变化。其中黑色线段表示马赫数的变化,蓝色线段表示半径参数的变化。在隔离段状态 2 和隔离段状态 3 时,隔离段可以为等直通道。在隔离段状态 1 和隔离段状态 4 时,隔离段需要设计成扩张通道。燃烧室出口截面的几何和气流参数在热壅塞边界上出现了较为明显的变化。$Ma_2 = 1.12$ 时,燃烧室出口出现了热壅塞,此时 $Ma_3 = Ma_{3\_n} = 1$,$R_3 = R_{3\_n}$ 并且 R_3 达到最小值。在 $Ma_2 > 1.12$ 时,燃烧室内为超声速加热模态,曲线 R_3 和 R_{3_n} 重合,曲线 Ma_3 和 Ma_{3_n} 重合,Ma_3 和 R_3 随着 Ma_2 的增大不断增加。当 $Ma_2 < 1.12$ 时,气流在燃烧室内被加热至亚声速,在燃烧室下游需要收缩段完成气流从亚声速向超声速的转变,曲线 R_3 和 R_{3_n} 以及 Ma_3 和 Ma_{3_n} 不再重合。随着 Ma_2 的减小,曲线 R_3 和 R_{3_n} 以及 Ma_3 和 Ma_{3_n} 的差异越来越大。$Ma_2 < 1.12$ 时,Ma_{3_n} 始终等于 1,Ma_3 小于 1,R_{3_n} 不断减小,R_3 出现了明显的增大。

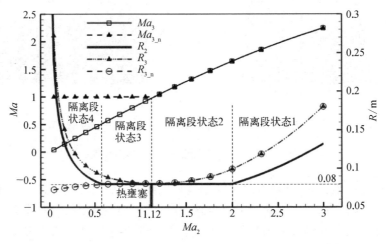

图 2.56　燃烧室关键参数随 Ma_2 的变化情况($\varphi_m = 0.2$)[3]

图 2.57 给出了当量比 0.3 条件下，R_3、R_{3_n}、Ma_3、Ma_{3_n} 随 Ma_2 的变化情况。总体的变化趋势与当量比 0.2 条件下一致，随着当量比的增加，出现热壅塞时所对应的 Ma_2 由 1.12 增加至 1.20。当量比对超声速加热模态的影响较大，在亚声速加热模态中对几何气动参数的影响不大。在超声速加热模态时，随着当量比的增加，Ma_3 和 Ma_{3_n} 减小，R_3 和 R_{3_n} 增大。

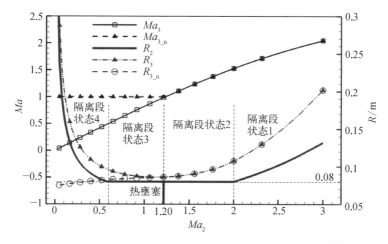

图 2.57　燃烧室关键参数随 Ma_2 的变化情况（$\varphi_m = 0.3$）[3]

图 2.58 给出了当量比 0.2 和 0.3 条件下，R_4 和 Ma_4 随 Ma_2 的变化情况。从图中可以看到，随着 Ma_2 的增加，Ma_4 减小、R_4 增大。随着 Ma_2 的变化，R_4 的变化非常明显。以 $Ma_2 = 2$ 为参考点，R_4 在 $0.58 < Ma_2 < 3$ 范围内时，喷管出口面积存在 $-12\% \sim +37\%$ 的变化波动。因此合理给定在设计点 Ma_2 的范围可以在一定程度上调节喷管过膨胀、欠膨胀的工作状态，使喷管在较宽的马赫数飞行范围内性能最优。在不同的当量比下，R_4 和 Ma_4 总的变化趋势一致。随着当量比 φ_m 的增加，R_4 的最大值更大，Ma_4 的最小值更小，并且变化趋势也更显著。因此在设计状态处于高当量比下时，针对 Ma_2 的设计更需要认真对待。

（3）燃烧室进口马赫数对增温比的影响。

发动机处于亚声速加热模态时，气流速度很低，气流的定压比热容 c_p 变化很小，因此燃烧室中的增温比 τ 变化不大。但是当发动机处于超声速加热模态下，随着燃烧室入口马赫数的增加，气流静温变化很大，定压比热容 c_p 也会发生较大变化，因此增温比 τ 会随着燃烧室入口马赫数 Ma_2 的变化出现较大幅度的

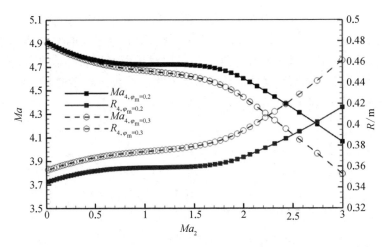

图 2.58　喷管关键几何气动参数随 Ma_2 的变化情况（$\varphi_m = 0.2$、0.3）[3]

改变。下面针对隔离段模态处于状态 1、2、3 时进行增温比特性分析。

增温比随着当量比 φ_m 的增加而增加。以 $Ma_2 = 2$ 时的增温比为基准，对不同当量比 φ_m 情况下的 τ 进行无量纲化，具体计算方法如下所示：

$$\Psi_{\tau(Ma_2 = 2)} = \frac{\tau}{\tau_{(Ma = 2)}} \qquad (2.76)$$

图 2.59 给出了当量比为 0、0.1、0.2 和 0.3 时的无量纲推力 $\Psi_{\tau(Ma_2 = 2)}$ 随燃烧室进口马赫数 Ma_2 的变化。从热能利用率的角度出发，超声速燃烧能够使气流获得更多的加热量。随着当量比 φ_m 的增加，这一趋势更加显著。这说明对于双模态冲压发动机而言，采用超声速加热模态更有利于发动机出口总温的提高，从而提高发动机热效率。随着当量比 φ_m 的增加，当发动机处于亚声速加热模态时的加热性能下降，而超声速加热模态的加热性能上升。这说明随着加热量的增加，在燃烧中的气流的定压比热容 c_p 对发动机性能的影响逐渐增大。为了使发动机获得更大的增温比，就需要使燃烧室进口的气流静温尽量低。

（4）燃烧室进口马赫数对总压恢复性能的影响。

在双模态冲压发动机中，主要存在两种总压损失，分别是在隔离段内的压缩损失，该过程中总压恢复系数用 σ_{i,φ_m} 表示，以及燃烧过程中的瑞利损失，该过程中的总压恢复系数用 σ_{c,φ_m} 表示。在发动机内流中的综合总压恢复系数为 $\sigma_{0,\varphi_m} = \sigma_{i,\varphi_m} \times \sigma_{c,\varphi_m}$。

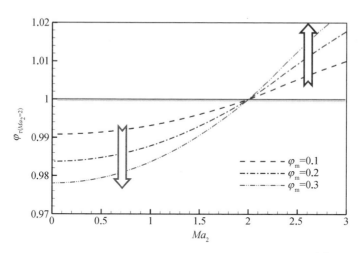

图 2.59　$\psi_{\tau(Ma_2=2)}$ 随 Ma_2 的变化情况（$\varphi_m = 0.1、0.2、0.3$）[3]

在不同当量比情况下,总压恢复性能随 Ma_2 的变化情况如图 2.60 所示。在激波串的作用下,气流会在隔离段内减速增压,随着燃烧室进口马赫数的减小,总压恢复系数 σ_{i,φ_m} 降低。随着燃烧室入口马赫数的增加,σ_{i,φ_m} 先增加后保持不变。总压恢复系数 σ_{i,φ_m} 与发动机当量比无关。在燃烧室中,燃烧室入口马赫数越大,放热过程中导致的瑞利损失就越大。因此,随着燃烧室入口马赫数的增加 σ_{c,φ_m} 减小。从总体效果来看,在发动机处于较大当量比时,σ_{0,φ_m} 随着

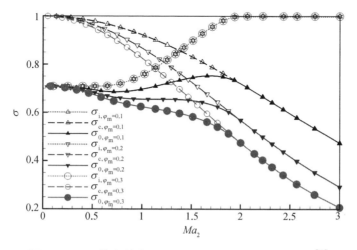

图 2.60　总压恢复性能随 Ma_2 的变化（$\varphi_m = 0.1、0.2、0.3$）[3]

入口马赫数的增加逐渐下降。

在本模型中,发动机燃烧过程涉及的总压损失主要来源于隔离段中的压力损失和燃烧室中的瑞利损失。其中在隔离段中的压缩损失主要由隔离段进出口马赫数决定。隔离段进口马赫数越大、出口马赫数越小,则隔离段中的压缩损失越大。在燃烧室中,当量比越大、燃烧室进口马赫数越大,燃烧导致的瑞利损失越大。

2.3.4 RBCC 发动机推力特性分析

2.3.3.2 小节讨论了燃烧室进口马赫数对燃烧过程的重要作用。本节从发动机推力性能的角度出发,进一步分析燃烧室进口马赫数、摩擦损失、尺度效应、管径尺寸和入口总压对发动机性能的影响。

2.3.4.1 燃烧室进口马赫数对推力性能的影响

发动机的推力由发动机出口参数的总压和总温共同决定。发动机中总压恢复系数越大,增温比越高,发动机推力越大。但是在上文的分析中,可以发现随着燃烧室进口马赫数的增加,燃烧室增温比增加,发动机总压恢复系数下降。由此可见,发动机推力不会随燃烧室进口马赫数单调变化,发动机推力在不同的燃烧室进口马赫数下必然存在一个极大值。

随着当量比 φ_m 的增加,推力 F_4 增加,以 $Ma_2 = 2$ 时的推力 F_4 作为基准,对不同当量比 φ_m 情况下的 F_4 进行无量纲化,具体计算方法如下式所示:

$$\Psi_{F_4(Ma_2=2)} = \frac{F_4}{F_{4(Ma_2=2)}} \tag{2.77}$$

图 2.61 给出了当量比 φ_m 为 0.1、0.2 和 0.3 时的无量纲推力 $\Psi_{F_4(Ma_2=2)}$ 随燃烧室进口马赫数 Ma_2 的变化情况。在给定当量比时,随着 Ma_2 的增加, $\Psi_{F_4(Ma_2=2)}$ 先缓慢减小,然后快速增大,随后陡然下降。在 Ma_2 较低时,气流在燃烧室中的损失不大,主要损失来源于隔离段中的压缩损失。随着 Ma_2 的增加,推力逐渐增大,此时隔离段处于隔离段状态 2 或隔离段状态 3,并且在隔离段状态 3 中出现了 $\Psi_{F_4(Ma_2=2)}$ 的极大值。随着 Ma_2 的进一步增大,损失主要来源于燃烧过程中的瑞利损失。由此可见当燃烧室入口马赫过高对发动机推力性能影响很大。随着当量比 φ_m 的增加,亚声速加热模态的推力性能出现上升,而超声速加热模态的推力性能出现下降。随着当量比 φ_m 的增加,亚声速加热模态的性能增加,超声速加热模态的性能下降。在不同的当量比 φ_m 下,最佳的燃烧

室入口马赫数随着当量比的增加逐渐减小,即在更高的发动机当量比下,较小的燃烧室入口马赫数将获得推力极大值。

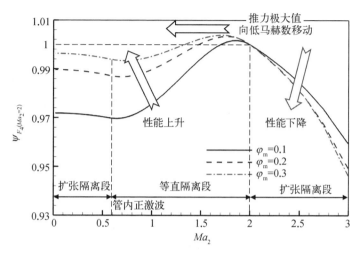

图 2.61　发动机推力性能 Ma_2 的变化情况($\varphi_m = 0.1$、0.2、0.3)[3]

因此在双模态冲压发动机中,隔离段处于隔离段状态 3 时燃烧室进口马赫数达到最佳值时。随着当量比的不同,最佳燃烧室入口马赫数不同。当隔离段处于隔离段状态 3 时,不同的燃烧室进口马赫数对推力产生的影响在 5%以内,随着当量比的增大,不同燃烧室进口马赫数对推力的影响减小。

2.3.4.2　摩擦力对推力性能的影响

真实发动机中摩擦力的作用主要体现在降低气流总压上。受摩擦损失的影响,发动机总压恢复随着 Ma_2 近似呈线性下降[14]。因此假设由于摩擦力导致的总压恢复系数为 σ_f,为了对比不同过程中摩擦力对性能的影响,在当量比 0.3 的情况下,设计了 4 组算例。其中,算例 Case 0_f 中不考虑摩擦损失,因此 σ_f 为 1。算例 Case 1_f、Case 2_f、Case 3_f 中由摩擦导致的总压恢复系数分别是 0.9、0.8、0.7。ω_{F_4} 用于表征不同算例中的总压恢复系数对推力的影响。以 Case 0_f 时的推力作为基准,求解得到对比算例中由于不同的摩擦损失导致的推力的变化率,计算方程如下所示:

$$\omega_{F_{4\_\text{Case }1_f}} = \frac{F_{4_{\text{Case }0_f}} - F_{4_{\text{Case }1_f}}}{F_{4_{\text{Case }0_f}}} \tag{2.78}$$

$$\omega_{F_{4\_\text{Case }2_f}} = \frac{F_{4_{\text{Case }0_f}} - F_{4_{\text{Case }2_f}}}{F_{4_{\text{Case }0_f}}} \tag{2.79}$$

$$\omega_{F_{4\_\text{Case }1_f}} = \frac{F_{4_{\text{Case }0_f}} - F_{4_{\text{Case }3_f}}}{F_{4_{\text{Case }0_f}}} \tag{2.80}$$

图 2.62 给出了不同摩擦损失下的发动机推力性能。尽管摩擦力导致了总压损失,但是对推力的影响并不大。在 Ma_2 小于 1.5 时,不同摩擦力对推力的影响几乎相同。随着 Ma_2 的增加,摩擦力对推力的影响增大。当 $\sigma_f = 0.9$ 时,$\omega_{F_{4\_\text{Case }1_f}}$ 为 0.010~0.016;当 $\sigma_f = 0.8$ 时,$\omega_{F_{4\_\text{Case }2_f}}$ 为 0.022~0.035;当 $\sigma_f = 0.7$ 时,$\omega_{F_{4\_\text{Case }3_f}}$ 为 0.036~0.058。从整体上看摩擦损失对推力的影响不大,每损失 10% 的总压,推力下降 1%~2%。

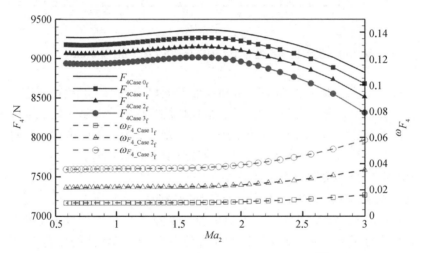

图 2.62 不同摩擦损失下的发动机推力性能[3]

2.3.4.3 燃烧室尺度效应对推力性能的影响

双模态冲压发动机需要同时兼顾高马赫数工况和低马赫数工况。在高马赫数时,需要对空气进行较大压缩,在低马赫数时对空气的压缩不宜过大,否则会导致发动机不起动。拓展发动机的低马赫数工作范围需要增大发动机内流道的进口面积,但是其在高马赫数下的性能会由于进气道对空气的压缩不足而降低。

假定隔离段为等直段,不考虑喷管几何喉道,燃烧室的面积扩张比用 α_{3_2} 来表示,其表达式为 $\alpha_{3\_2} = A_3/A_2$。燃烧室尺度效应算例参数如表 2.3 所示。以 $R_1 = 0.08$ m、$Ma_1 = 2.0$ 为基准,随着 R_1 的增加,隔离段入口马赫数增加,分别研究 Ma_1 在 ±0.4 范围内发动机结构尺度的变化对发动机性能的影响。在真实的发动机中,隔离段进口尺寸增大导致隔离段进口马赫数和总压升高,反之亦然。根据上节中的结论可知,气流总压改变 10% 对推力的影响为 1%～2%。这里由于马赫数变化较小,同时为了简化问题,假设隔离段进口的总压不变。

表 2.3　燃烧室尺度效应算例参数表[3]

Case	Ma_1	R_1/m	面积变化
Case 1$_s$	1.6	0.068	−27.75%
Case 2$_s$	1.8	0.073	−16.73%
Case 3$_s$	2.0	0.080	—
Case 4$_s$	2.2	0.088	+21%
Case 5$_s$	2.4	0.097	+47%

图 2.63 给出了当量比 $\varphi_m = 0.3$ 时,发动机尺度效应对推力的影响。从图中的彩色实线可以发现,随着 R_1 的增大,发动机推力下降。从彩色虚线可以发现,随着 R_1 的增大,在相同的燃烧室入口马赫数 Ma_2 时,燃烧室的面积扩张比 α_{3_2} 降低。R_1 越大则燃烧室的面积扩张比 α_{3_2} 的最大值越大。

对发动机尺度效应的研究表明,若发动机燃烧室面积比固定,随着 R_1 的增加,发动机结构尺度整体等比例变大,发动机推力下降。从推力变化的幅度来看,隔离段进口马赫数 Ma_1 由 2.0 降低至 1.6,隔离段面积减小 27.75%,推力变化增加 16.1%。隔离段进口马赫数 Ma_1 由 2.0 增加至 2.4,隔离段面积增加 47%,推力变化降低 12.9%。

2.3.4.4　当量比对推力性能的影响

为了研究当量比对发动机推力的影响设计了 5 组算例($R_1 = 0.08$ m),如表 2.4 所示。图 2.64 给出了不同当量比下的发动机推力。当量比相同时,不同面积扩张比 α_{3_2} 下燃烧室中的增压情况不同,对应的燃烧室进口马赫数也不同。图 2.64 中同样标注了不同的燃烧室进口马赫数 Ma_2 对应的燃烧室的面积扩张比 α_{3_2}。随着当量比的增加,α_{3_2} 的下边界上升,α_{3_2} 的取值范围几乎不变,

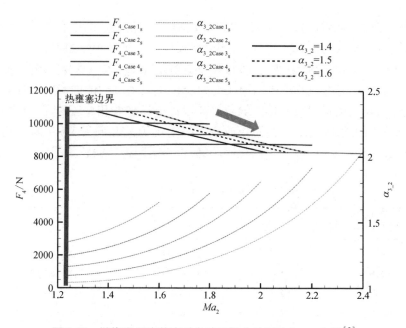

图 2.63　燃烧室尺度效应对发动机推力的影响($\varphi_{\mathrm{m}} = 0.3$)[3]

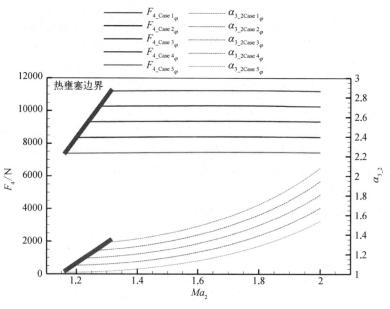

图 2.64　当量比对发动机推力的影响($\varphi_{\mathrm{m}} = 0.3$)[3]

表 2.4　不同算例的当量比[3]

Case	φ_m
Case 1_φ	0.40
Case 2_φ	0.35
Case 3_φ	0.30
Case 4_φ	0.25
Case 5_φ	0.20

发动机推力增大,但是 Ma_2 的范围缩小。在超声速加热模态中,燃烧室进口马赫数 Ma_2 的左边界由燃烧室的热壅塞状态决定,而燃烧室的热壅塞又与当量比有关。当量比越高燃烧室进口马赫数 Ma_2 的最小值越大。燃烧室进口马赫数 Ma_2 的右边界由进气道的压缩性能决定。

结合 2.3.4.3 小节的结论,燃烧室尺度越小、当量比越大,则发动机最大推力越高。燃烧室进口马赫数 Ma_2 的工作区间非常狭小。若需要发动机在较宽马赫数范围下工作,为了保证发动机在低马赫数下的推力需求,只有增大隔离段的管径,减小进气道的压缩性能。从总体上来看,在相同的来流条件下,发动机的推力主要取决于当量比,发动机的效率取决于发动机内型面设计。

2.3.4.5　隔离段进口总压对推力性能的影响

在之前的讨论中,隔离段进口直径变化时,都假设隔离段的进口总压 P_1^* 不变。在实际的发动机中,前体进气道压缩比的变化势必会影响进气道的总压恢复系数,有必要开展相关评估。为了便于研究,假设进气道捕获流量不变。假设前体压缩效率提高,空气总压增大,隔离段入口马赫数不变,流道截面面积相应减小。表 2.5 给出了不同算例发动机隔离段进口总压。总压变化为±33.3%,当量比 $\varphi_m = 0.3$、$Ma_1 = 2$。

表 2.5　不同算例发动机隔离段进口总压情况

Case	P_1^*/kPa	总压变化	R_1/m
Case 1_{tp}	1 000	−33.3%	0.098
Case 2_{tp}	1 500	0%	0.080
Case 3_{tp}	2 000	33.3%	0.069

图 2.65 给出了不同隔离段进口总压下发动机的推力。随着隔离段总压的增高,发动机推力增大,发动机出口面积减小。随着 Ma_2 的增加,发动机推力逐渐下降。在 $Ma_2 < Ma_1$ 时,P_1^* 由 1 000 kPa 增加至 1 500 kPa,推力增加了 4%,喷管出口面积增大了 15.5%。P_1^* 由 1 500 kPa 增加至 2 000 kPa,推力增加了 1.8%,喷管出口面积增大了 10%。可见隔离段总压的增加在推力和喷管出口面积上的作用效果是不断减小的,并且隔离段总压对推力的影响较小,对喷管出口截面的影响较大。这里进一步说明发动机的推力主要取决于空气流量、当量比和发动机内部的马赫数分布。

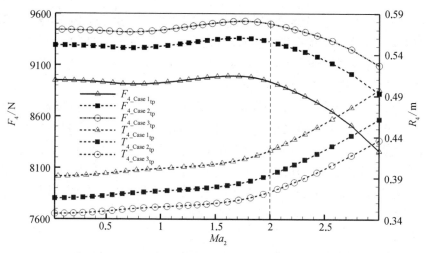

图 2.65　隔离段总压对发动机推力的影响($\varphi_m = 0.3$) [3]

2.3.5　RBCC 发动机冲压模态宽速域特性分析

通过上述的分析基本厘清了影响双模态冲压发动机性能的主要因素。在双模态冲压发动机中,发动机内流道的进口面积和燃烧室进口马赫数决定了发动机的比冲性能。发动机的当量比影响着发动机不同工况下的推力。双模态冲压发动机最主要的工作特点是宽速域飞行,下面从宽速域特性的角度出发,分析双模态冲压发动机的性能特点及规律。

用 Ma_{dp} 表示设计马赫数。表 2.6 给出了设计点 $Ma_{dp} = 5$ 时的双模态冲压发动机飞行弹道上的主要气动参数,其中 H_f 为飞行高度,P_s^* 为来流总压,T_s^* 为来流总温,σ_{inlet} 为进气道总压恢复系数,P_b 为环境压力,T_b 为环境温度。发动

机设计点为 $Ma_{dp} = 5$。在 $Ma_f = 5$ 时，发动机进气道的流量系数为 1。随着发动机马赫数的降低，进气道的流量系数下降，从而导致发动机在较低飞行马赫数下推力不足。A_0 为捕获面积，A_1 为隔离段入口面积，根据流量公式，可以得到 A_s 与 A_1 的关系，计算方法如下：

$$\frac{P_s^* qMa(Ma_f)A_0}{\sqrt{T_s^*}} = \frac{\sigma_{inlet}P_s^* qMa(Ma_1)A_1}{\sqrt{T_s^*}} \tag{2.81}$$

表 2.6　设计点 $Ma_{dp} = 5$ 时某双模态冲压发动机不同状态点气动参数情况[3]

Ma_f	H_f/km	P_s^*/kPa	T_s^*/K	Ma_1	σ_{inlet}	P_b/kPa	T_b/K
2.5	14	241.1	487	1.3	0.75	14.1	216.7
3	16	378.3	606	1.4	0.70	10.3	216.7
3.5	18	573.6	747	1.7	0.65	7.5	216.7
4	20	832.1	910	1.9	0.60	5.5	216.7
5	23	1 809.5	1 300	2.2	0.40	3.4	216.7

若保持发动机捕获面积不变，增大 A_1 使 $Ma_{dp} = 4$。图 2.66 给出了不同设计马赫数下进气道的流动示意图。增大 A_1 会降低进气道的压缩能力使 σ_{inlet} 和 Ma_1 增大。前文的研究表明，进气道总压对发动机的推力影响不大，假设 A_1 增大以后 σ_{inlet} 不变。通过计算可知，设计点从 $Ma_{dp} = 5$ 改到 $Ma_{dp} = 4$ 后 A_1 增加了 1.2 倍。不同设计点情况下的发动机流量系数和隔离段进口马赫数如表 2.7 所示。从表中可以发现，在发动机捕获面积不变的情况下，增加隔离段进口面积使发动机在较低马赫数下的流量系数明显增加。

表 2.7　不同设计点下的发动机流量系数和隔离段进口马赫数[3]

Ma_f	Ma_1		流 量 系 数	
	$Ma_{dp} = 4$	$Ma_{dp} = 5$	$Ma_{dp} = 4$	$Ma_{dp} = 5$
2.5	1.3	1.3	0.447	37.1%
3	1.4	1.4	0.643	53.3%
3.5	1.7	1.7	0.797	0.661
4	1.9	1.9	1	0.83
5	2.395	2.2	1	1

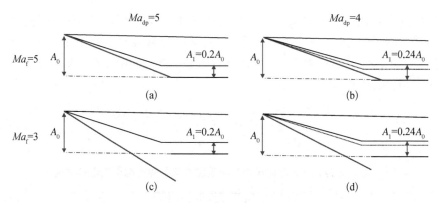

图 2.66　不同设计马赫数时进气道流动示意图[3]

图 2.67 给出了不同设计马赫数下各状态点的推力。由于不同的燃烧室进口马赫数,在对应的飞行马赫数和当量比情况下推力不同。图中将该飞行状态下不同的燃烧室进口马赫数下计算得到的推力进行了标注。从整体上来看,在低当量比、高飞行马赫数时(例如 $Ma_f = 4$),发动机可以处于超声速加热模态。但是随着当量比的增大,发动机的燃烧过程只能为亚声速加热模态。在高当量

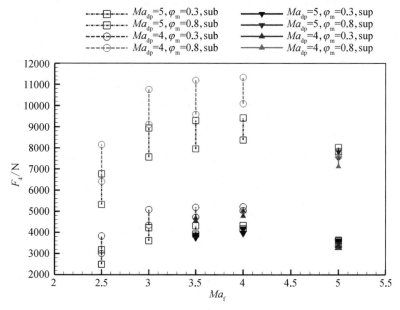

图 2.67　不同设计马赫数下不同状态点的推力($\varphi_m = 0.3, 0.8$)[3]

比情况下,发动机推力明显增加。并且在 $Ma_f \leqslant 4$ 时,$Ma_{dp} = 4$ 时的发动机推力较大。$Ma_f = 5$ 且 $Ma_{dp} = 5$ 时发动机也可以获得较大推力。这是因为 $Ma_{dp} = 4$ 时,空气流量增大,发动机中可加入更多的燃料。当 $Ma_f = 5$ 时,两种设计方法的空气捕获流量相同。

图 2.68 给出了 $Ma_{dp} = 5$ 时不同状态点上喷管最小截面半径。从图中可以发现,R_{3_n} 随着当量比的增加而增大。在相同当量比的情况下,R_{3_n} 随着飞行马赫数的增加而减小。对于双模态冲压发动机而言,在较低飞行马赫数时需要大当量比工作,在较高飞行马赫数时,可以在低当量比下工作。若固定发动机几何尺寸,很难找到 R_{3_n} 能够同时满足低马赫数高当量比和高马赫数低当量比条件下的工作性能。在 $R_{3\_n} = 0.123$ m 时,发动机在 $Ma_f = 2.5$ 时可以在当量比 0.8 的下限工作。但是在 $Ma_f = 5$ 时,发动机没法在当量比 0.3 下工作。由此可以发现,固定的几何结构制约了双模态冲压发动机飞行马赫数的进一步拓宽。

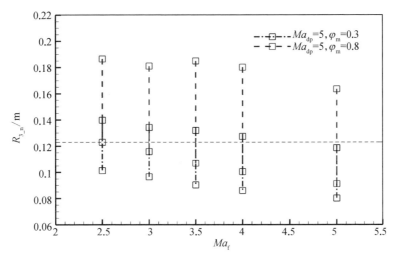

图 2.68　不同状态点喷管最小截面半径 ($Ma_{dp} = 5$)[3]

图 2.69 给出了 $Ma_{dp} = 4$ 时不同状态点上喷管最小截面半径。相比于 $Ma_{dp} = 5$ 的情况,在 R_{3_n} 选取上的矛盾得到了缓解。在 $R_{3\_n} = 0.135$ m 时,发动机能够在 $Ma_f = 2.5$、当量比 0.8 和 $Ma_f = 5$、当量比 0.3 下工作。由此可见将双模态冲压发动机设计点降低,有利于在不同飞行马赫数下实现几何型面上的匹配。此外,尽管在 $R_{3\_n} = 0.135$ m、$Ma_f = 2.5$ 时发动机处于该当量比对应的推力最小值。但是由图 2.67 可知,由于发动机设计点的降低,发动机推力相比 $Ma_{dp} = 5$ 的情况

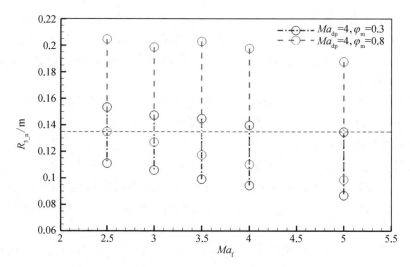

图 2.69 不同状态点喷管最小截面半径($Ma_{dp}=4$)[3]

明显增大。因此从全局上看,增大 A_1 有利于拓宽双模态冲压发动机的飞行速域。

图 2.70 和图 2.71 分别给出了两种设计状态下,不同状态点喷管出口截面半径。随着飞行马赫数的增加,在相同的当量比情况下,发动机出口截面半径增大。随着当量比的增大,发动机出口截面半径增大。在 $Ma_{dp}=5$ 时设计矛盾

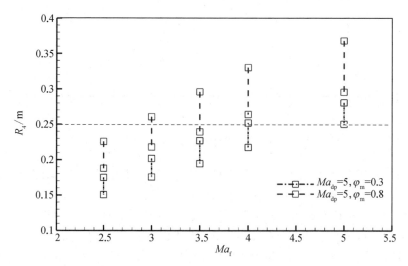

图 2.70 不同状态点喷管出口截面半径情况($Ma_{dp}=5$)[3]

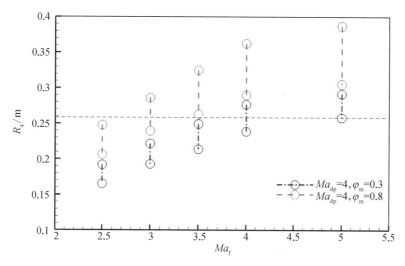

图 2.71　不同状态点喷管出口截面半径情况($Ma_{dp} = 4$) [3]

较大。当量比 0.3、$Ma_f = 5$ 时喷管出口截面半径的最小值比当量比 0.8、$Ma_f = 2.5$ 时喷管出口截面半径的最大值还大 0.025 m。$Ma_{dp} = 4$ 时设计的矛盾得到了缓解,在相同情况下喷管出口截面半径差值仅为 0.008 m。

图 2.72 给出了 $Ma_{dp} = 5$、$Ma_f = 5$、$\varphi_m = 0.3$ 时发动机推力性能随喷管最小截面半径 R_{3_n} 的变化。随着 R_{3_n} 的增加,发动机内部经历了由亚声速加热模态向超声速加热模态的变化。发动机推力先减小后增大再减小。在亚声速加热模态中尽管发动机推力出现波动,但是波动幅度仅为 1%。此外,随着 R_{3_n} 的增加燃烧室内的压力下降,R_4 呈现单调增大的趋势。

图 2.73 给出了 $Ma_{dp} = 5$、$Ma_f = 2.5$、$\varphi_m = 0.8$ 情况下,发动机推力性能随喷管最小截面半径 R_{3_n} 的变化。此时发动机内部均为亚声速加热模态。随着 R_{3_n} 的增加,R_4 呈现单调增大的趋势,发动机推力可下降约 25%。对比图 2.72 和图 2.73 可以发现,在低飞行马赫数时 R_{3_n} 需要选取较小值,在高飞行马赫数时为了使发动机处于超声速加热模态,R_{3_n} 需要选取较大值。

双模态冲压发动机的宽速域设计需要统筹考虑发动机的速域范围和不同飞行马赫数下的推力需求。在较低飞行马赫数时,发动机的推力需求较高,且发动机处于亚声速加热模态。在较高飞行马赫数下推力需求较低,且发动机处于超声速加热模态。发动机内型面最为关键的两个截面分别是隔离段入口截面 A_1 和喷管最小截面 A_{3_n}。在发动机捕获面积一定时,A_1 决定了发动机进气道

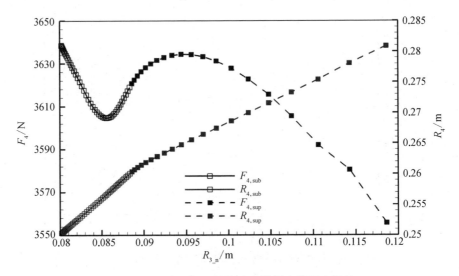

图 2.72　发动机推力性能随喷管最小截面半径的
变化 ($Ma_{dp}=5$, $Ma_{f}=5$, $\varphi_{m}=0.3$) [3]

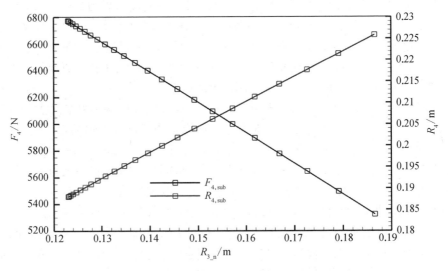

图 2.73　发动机推力性能随喷管最小截面半径的
变化 ($Ma_{dp}=5$, $Ma_{f}=2.5$, $\varphi_{m}=0.8$) [3]

的压缩程度,A_1 越大进气道对气流的压缩作用越小。在较高飞行马赫数下隔离段进口马赫数较高,会减弱发动机在较高飞行马赫数下的工作性能。A_1 越小则进气道对气流的压缩作用越大,但是会降低发动机在较低飞行马赫数下的进气流量,从而影响发动机在低马赫数下的推力。因此双模态冲压发动机宽速域的主要矛盾就在于隔离段进口的面积 A_1。随着 RBCC 发动机飞行马赫数的进一步降低,该矛盾将愈加突出。隔离段进口尺寸确定以后,在给定的发动机当量比情况下,A_{3_n} 决定了燃烧室内的燃烧压力和燃烧室进口马赫数。A_{3_n} 越小,燃烧室内的压力越大。

2.4　RBCC 发动机燃烧模式选择

　　RBCC 发动机速域跨度很大,发动机进排气系统面临严峻的矛盾。从发动机整体性能来看,在较低飞行马赫数下,发动机需要较大推力,燃烧室当量比较高且一般处于亚声速加热模态。在较高飞行马赫数下发动机推力需求较小,燃烧室当量比较低,一般处于超声速加热模态。发动机设计点偏高时发动机在低飞行马赫数情况下的最大推力受到了限制,容易导致飞行任务无法完成。发动机设计点偏低时影响发动机在高飞行马赫数时的比冲性能。

　　图 2.74 和图 2.75 分别给出了 DAB 模式和 SMC 模式的示意图,其中 P_w 为壁面沿程压力。对于 DAB 模式而言,其推力增益来源于补燃燃烧室。引射的空气流量越大、补燃燃料越多,DAB 模式下的比冲增益越显著。对于 SMC 模式而言,其推力增益来源于反应混合层。SMC 模式中参与燃烧反应的空气和补燃燃料集中在混合层附近。由于反应混合层发展较慢且燃烧前空气没有得到增压,SMC 模式燃烧效率较低。SMC 模式的优势在于燃烧室结构简单。

　　引射模态的两种燃烧模式在具体的性能上既有相同点又有不同点。① 随着飞行马赫数的增加,RBCC 发动机的推力和比冲增益提高,相比于火箭发动机的优势愈加明显。② 火箭总压的增加会提高 RBCC 发动机的比冲,但是比冲增益出现下降。对于采用 DAB 模式的发动机,增大火箭总温对发动机比冲性能的提升很小,较低的火箭总温对总体性能有利。在采用 SMC 模式的发动机中,较高的火箭总温可以提升发动机推力。③ 在较低飞行高度时,RBCC 发动机采用 DAB 模式比冲较高。④ 发动机内流道截面积增大对于 DAB 模式至关重要,可显著提升 RBCC 发动机比冲。对于 SMC 模式,增大内流道截面面积对发动机

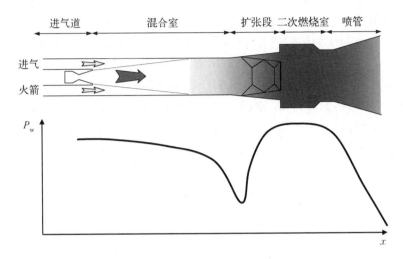

图 2.74　DAB 模式示意图[3]

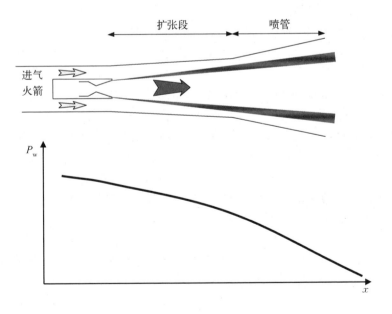

图 2.75　SMC 模式示意图[3]

性能没有显著影响。SMC 模式更关注实际参与燃烧的二次流空气流量。⑤ 对于 DAB 模式而言,增大火箭发动机流量使内流道的气动壅塞状态从第三类壅塞转为第二类壅塞状态,会导致引射流量和发动机性能下降。在火箭流量较大的情况下,DAB 模式的性能低于火箭发动机的性能,SMC 模式的性能趋近于火箭发动机的性能。RBCC 发动机引射模态飞行速域很宽,随着飞行马赫数的逐渐增加,引射模态的性能优势逐渐显著。因此引射模态的设计以及 RBCC 发动机的总体设计都应该充分考虑发动机在完整飞行弹道上的平均比冲,结合具体任务需求合理选择发动机设计点和引射模态燃烧模式。

2.5　本章小结

本章利用热力学分析研究了 RBCC 发动机引射模态和冲压模态的工作过程,揭示了不同模态下影响 RBCC 发动机性能的主要因素,得出以下结论。

（1）在 RBCC 发动机宽速域工作的背景下,较小的发动机进口面积,较大的火箭流量势必是引射模态需要面对的现实约束。燃烧模式的选择需要同时考虑发动机内流道进口面积和引射模态下的火箭流量。从发动机总体性能来看,DAB 模式的性能优于 SMC 模式。若发动机采用 DAB 模式,在混合通道中火箭燃气与空气处于第三类气动壅塞时 RBCC 发动机可获得最佳性能。否则说明在当前的发动机内流道进口面积下所需的火箭流量较大,降低了 DAB 模式的性能优势。考虑到采用 DAB 模式还需要较长的混合通道及其他问题,此时 SMC 模式更合适。

（2）拓宽 RBCC 发动机在冲压模态下的速域范围需要下调发动机的设计点。通过计算分析可以发现,将发动机设计点降低,更容易实现发动机型面在高低速之间的兼顾。发动机设计点越低,其在低飞行马赫数下的空气流量越大,实际参与燃烧的燃料流量越大,发动机推力增大。另外降低发动机设计点可以有效减少低马赫数时的溢流阻力,提高发动机引射系数,同时还有助于降低喷管的过膨胀程度。

（3）RBCC 发动机不同工作模式共用一个内流道,必须统筹考虑发动机不同模态的性能,针对特定的飞行任务做好性能折中。由于引射模态在 RBCC 发动机中的主要作用是爬升加速,巡航阶段发动机主要工作在冲压模态,因此发动机内流道的进口面积一般由冲压模态决定。在确定发动机内流道进口面积的情况下,引射模态需要进一步根据发动机的性能需求选择合适的燃烧模式。

参考文献

[1] 廖达雄.气体引射器原理与设计[M].北京：国防工业出版社,2018.

[2] Pastrone D. An analysis of the ejector-ram-rocket engine[C]. 40th AIAA/ASME/SAE/ ASEE Joint Propulsion Conference and Exhibit,Fort Lauderdale, 2004.

[3] 顾瑞.轴对称 RBCC 引射模态混合及燃烧组织特性研究[D].长沙：国防科技大学, 2021.

[4] Curran E T, Murthy S N B. Scramjet propulsion[M]. Reston：American Institution of Aeronautics and Astronautics, 2001.

[5] Bernstein A, Heiser W H, Hevenor C. Compound-compressible nozzle flow[J]. Journal of Applied Mechanics, 1967,34(3)：548 - 554.

[6] Yang Q C, Shi W, Chang J T, et al. Maximum thrust for the rocket-ejector mode of the hydrogen fueled rocket-based combined cycle engine[J]. International Journal of Hydrogen Energy, 2015, 40：3771 - 3776.

[7] Rice T, Smith T D. Modes 1 and 4 testing of an axisymmetric GTX RBCC engine[C]. Proceedings of the JANNAF 26th Airbreathing Propulsion Subcommittee Meeting, Destin, 2002.

[8] 王永胜,王占学,张蒙正,等.引射式主火箭冲压组合推进系统的数值仿真[J].推进技术,2009,30(3)：257 - 262.

[9] 刘红霞,梁春华,孙明霞.美国高超声速涡轮基组合循环发动机的进展及分析[J].航空发动机,2017,4：96 - 102.

[10] 何国强,秦飞.火箭基组合循环发动机[M].北京：国防工业出版社,2019：16 - 49.

[11] 叶进颖.RBCC 变结构燃烧室工作特性研究[D].西安：西北工业大学,2018.

[12] 郭荣荣.宽范围 RBCC 进气道设计与调节规律研究[D].南京：南京航空航天大学,2016.

[13] 郭程伟.宽范围轴对称变几何进气道设计方法与调节规律研究[D].南京：南京航空航天大学,2014.

[14] 白菡尘,陈军.双模态冲压发动机等效热力过程与性能关系原理[M].北京：国防工业出版社,2018.

[15] 薛瑞.RBCC 隔离段气动特性及与燃烧室相互作用研究[D].西安：西北工业大学,2016.

[16] 黄蓉,李祝飞,聂宝平,等.带抽吸二元进气道/隔离段激波串振荡特性[J].推进技术,2020,41(4)：767 - 777.

[17]　朱也夫,马卡伦.冲压和火箭-冲压发动机原理[D].刘兴洲,等译.北京:国防工业出版社,1975.

[18]　李大鹏.煤油双模态冲压发动机燃烧室工作过程研究[D].长沙:国防科学技术大学,2006.

[19]　汪洪波.超声速燃烧凹腔剪切层非定常特性研究[D].长沙:国防科学技术大学,2007.

[20]　Norton D J. Generalized one-dimensional, compound compressible nozzle flow[J]. Journal of Spacecraft and Rockets, 1970, 7(3): 338-341.

[21]　Bernstein A, Heiser W H, Hevenor C. Compound-compressible nozzle flow[J]. Journal of Applied Mechanics, 1967, 34(3): 548-554.

[22]　Bernstein A, Heiser W, Hevenor C. Compound-compressible nozzle flow[C]. 2nd Propulsion Joint Specialist Conference, Colorado Springs, 1966.

[23]　Bulman M, Siebenhaar A. The strutjet engine: Exploding the myths surrounding high speed airbreathing propulsion[C]. 31st Joint Propulsion Conference and Exhibit, San Diego, 1995.

[24]　杜文豪,邓新宇,马英,等.RBCC 单级入轨运载器总体方案设计[J].战术导弹技术, 2019,6: 60-66.

[25]　Cheng K, Qin J, Sun H, et al. Performance comparison on wall cooling and heat supply for power generation between fuel- and liquid metal-cooled scramjet[J]. Aerospace Science and Technology, 2019, 93: 1270-1298.

[26]　Zhu Y H, Peng W, Xu R N, et al. Review on active thermal protection and its heat transfer for airbreathing hypersonic vehicles[J]. Chinese Journal of Aeronautics, 2018, 31: 1929-1953.

[27]　Zhang S L, Li X, Zuo J Y, et al. Research progress on active thermal protection for hypersonic vehicles[J]. Progress in Aerospace Sciences, 2020, 119: 0376-0421.

[28]　Zhang P, Xu J L, Quan Z B, et al. Effects of nonuniform Mach-number entrance on scramjet nozzle flowfield and performance[J]. Acta Astronautica, 2016, 129: 201-210.

[29]　Quan Z B, Mo J W, Xu J L, et al. Design and cold flow test of a scramjet nozzle with nonuniform inflow[J]. Acta Astronautica, 2015, 108: 92-105.

[30]　鲍文,秦江,唐井峰,等.吸气式高超声速推进热力循环分析[M].北京:科学出版社, 2013.

[31]　Gu R, Sun M B, Li P B, et al. Modeling of the non-uniform combustion in a scramjet engine[J].International Journal of Hydrogen Energy, 2021, 46: 26607-26615.

第 3 章　RBCC 发动机引射模态混合过程

在 RBCC 发动机混合通道中,高焓的超声速火箭羽流(一次流)与低动压空气(二次流)在火箭喷管出口下游形成受限空间可压缩亚/超混合层和超/超混合层[1]。这是引射模态的重要流动特征,其掺混特性决定了混合通道的长度、流动损失、引射系数等发动机参数。RBCC 发动机中的混合层相对于传统混合层存在以下特点:① 对流马赫数(Ma_c)较大,可压缩性较高;② 一次流总温较高,一/二次流温差大;③ 宽速域条件下空气来流静压变化范围大,引起火箭膨胀状况不断变化。

本章结合理论分析、实验观测和数值仿真阐述 RBCC 发动机引射模态混合层的发展规律,总结混合增强方法。3.1 节针对 RBCC 发动机混合层开展了理论分析,从理论上研究温差、出口马赫数等因素的影响;3.2 节根据实验数据和数值仿真,研究火箭膨胀情况和对流马赫数对混合层掺混过程的影响;3.3 节着重分析 RBCC 发动机特有的高总温一次流对混合过程的影响;3.4 节针对 RBCC 发动机混合层发展规律和发动机内流道型面特点,总结工程上行之有效的混合增强手段。

3.1　RBCC 发动机混合层理论分析

RBCC 发动机流道中的混合层具有独特的流动特性。本节基于 RBCC 发动机引射模态的工作条件,通过理论分析阐述各主要流动参数对混合层厚度增长率的影响规律和作用方式。

在混合层完全发展段,混合层厚度随下游距离呈线性增长[2]。高速层和低速层的速度分别为 u_p 和 u_s(速度差 $\Delta u = u_p - u_s$),则混合层速度厚度 δ_b 可定义为 $\delta_b = y_{up-0.1\Delta u} - y_{us+0.1\Delta u}$,其中 $y_{up-0.1\Delta u}$ 为速度为 $u_p - 0.1\Delta u$ 时 y 方向的位置,

$y_{us+0.1\Delta u}$ 为速度为 $u_s + 0.1\Delta u$ 时 y 方向的位置[3]。混合层厚度增长率定义为 $\mathrm{d}\delta_b/\mathrm{d}x$ [4]。不可压缩可视化混合层厚度增长率可以由半经验的公式计算,如下所示:

$$\left(\frac{\mathrm{d}\delta}{\mathrm{d}x}\right)_i = C_\delta \frac{(1 - \Psi_u)(1 + \sqrt{\Psi_\rho})}{1 + \Psi_u\sqrt{\Psi_\rho}} \tag{3.1}$$

其中,Ψ_u 和 Ψ_ρ 分别为一/二次流的速度比和密度比;根据实验结果 C_δ 常数在计算中取 0.17[5]。

由于可压缩混合层厚度增长率小于不可压缩可视化混合层厚度增长率。在相同的一/二次流速度比和密度比下,可压缩混合层厚度增长率可以用不可压缩可视化混合层厚度增长率归一化处理,即

$$\delta_{nor} = \frac{\left(\dfrac{\mathrm{d}\delta_b}{\mathrm{d}x}\right)}{\left(\dfrac{\mathrm{d}\delta}{\mathrm{d}x}\right)_i} \tag{3.2}$$

δ_{nor} 与 Ma_c 之间的关系如下所示:

$$\delta_{nor} = 0.8e^{-3Ma_c^2} + 0.2 \tag{3.3}$$

随着 Ma_c 的增加,混合层可压缩作用越来越重要,δ_{nor} 快速下降。在较高 Ma_c 时 δ_{nor} 接近 0.2,混合层厚度增长率受到抑制,其增长率仅为不可压缩混合层厚度增长率的 $1/5$。

混合层对流马赫数的计算公式如下所示:

$$Ma_c = \frac{u_p - u_s}{a_p + a_s} \tag{3.4}$$

其中,u_p 和 u_s 分别为一/二次流的速度;a_p 和 a_s 分别为一/二次流的声速。RBCC 发动机引射模态飞行马赫 $Ma_f = 2$ 时,一/二次流主要参数如表 3.1 所示。在以下的分析过程中,流动参数将以此为参考,并且假定混合时一/二次流之间压力匹配。火箭燃气简化为热空气,忽略不同组分带来的影响。比热比(γ)主要受静温的影响。根据火箭静温 $T_p = 1\,276$ K、空气静温 $T_2 = 377$ K 可以推算出 $\gamma_p = 1.320\,3$、$\gamma_s = 1.396\,8$。两者的差异约为 5.5%,为了进一步简化公式,在下面的分析中,将比热容比假定相等并都等于 1.4。Ψ_ρ 和 Ψ_u 可用如下公式计算:

$$\Psi_\rho = \frac{\rho_s}{\rho_p} = \frac{T_p}{T_s} = \frac{T_p^*\left(1 + \dfrac{\gamma_s - 1}{2}Ma_s^2\right)}{T_s^*\left(1 + \dfrac{\gamma_p - 1}{2}Ma_p^2\right)} = \frac{T_p^*(1 + 0.2Ma_s^2)}{T_s^*(1 + 0.2Ma_p^2)} \tag{3.5}$$

$$\Psi_u = \frac{u_s}{u_p} = \frac{Ma_s\sqrt{\gamma_s T_s}}{Ma_p\sqrt{\gamma_p T_p}} = \frac{Ma_s}{Ma_p}\sqrt{\frac{1}{\Psi_\rho}} \tag{3.6}$$

表 3.1　RBCC 发动机 $Ma_f = 2$ 时混合通道进口一/二次流参数[6]

	Ma	P^*/kPa	T^*/K	T/K	P/kPa	u/(m/s)	ρ/(kg/m^3)
一次流	2.6	3 260	3 000	1 276	150	1 807	0.41
二次流	0.5	178	395	377	150	195	1.38

　　理论分析构型如图 3.1 所示,图中标注出了混合层厚度。假设一/二次流在混合过程中压力匹配。根据式(3.1)和式(3.3)可以计算出 $Ma_f = 2$ 状态下混合层各参数,其中,$\left(\dfrac{\mathrm{d}\delta}{\mathrm{d}x}\right)_{i,\,ref} = 0.363$;$Ma_{c,\,ref} = 1.51$;$\delta_{nor,\,ref} = 0.200\,86$;$\left(\dfrac{\mathrm{d}\delta_b}{\mathrm{d}x}\right)_{i,\,ref} = 0.073$。

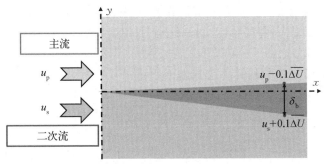

图 3.1　理论分析构型示意图[6]

　　为了更为直观比较不同参数对混合层的影响,根据式(3.1)~式(3.6),针对 Ma_p、Ma_s、T_p^* 和 T_s^* 四个参数进行参数化研究。每组算例只改变一个变量,求得对应的 $\left(\dfrac{\mathrm{d}\delta}{\mathrm{d}x}\right)_i$、$Ma_c$、$\delta_{nor}$ 和 $\dfrac{\mathrm{d}\delta_b}{\mathrm{d}x}$,并且用 $Ma_f = 2$ 参考状态下的计算结果进行无

量纲化。一/二次流的马赫数和总温对混合层的影响如图 3.2 所示。

图 3.2（a）给出了 Ma_p 对混合层的影响情况。随着 Ma_p 从 1.5 增加至 2.1，$\dfrac{\mathrm{d}\delta_b}{\mathrm{d}x}\Big/\dfrac{\mathrm{d}\delta_b}{\mathrm{d}x_{\text{ref}}}$ 和 $\delta_{\text{nor}}/\delta_{\text{nor}}$ 显著下降，但是当 Ma_p 大于 2.1 时下降速率逐渐减缓。$\left(\dfrac{\mathrm{d}\delta}{\mathrm{d}x}\right)_i\Big/\left(\dfrac{\mathrm{d}\delta}{\mathrm{d}x}\right)_{i,\text{ref}}$ 随 Ma_p 的变化很小，但是 $Ma_c/Ma_{c,\text{ref}}$ 随 Ma_p 近似线性增加。这说明 Ma_p 的变化主要影响了对流马赫数，对 $\left(\dfrac{\mathrm{d}\delta}{\mathrm{d}x}\right)_i$ 的影响相对较小。在发动机

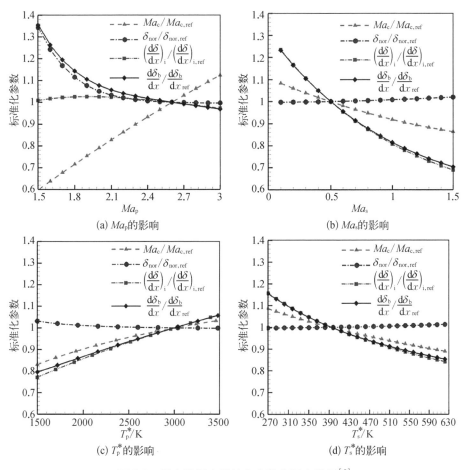

图 3.2 混合层厚度增长率参数化研究结果[6]

一次流流量不变的情况下,减小火箭发动机出口面积可以降低 Ma_p,从而提高混合层厚度增长率。

图 3.2(b)给出了 Ma_s 对混合层的影响情况,$Ma_c/Ma_{c,\,ref}$ 和 $\delta_{nor}/\delta_{nor,\,ref}$ 呈现约 ±10% 的变化。这说明随着 Ma_s 从 0.1 增大到 1.5,对流马赫数变化较小,混合层的可压缩性变化不大,$\left(\dfrac{d\delta}{dx}\right)_i \Big/ \left(\dfrac{d\delta}{dx}\right)_{i,\,ref}$ 曲线和 $\dfrac{d\delta_b}{dx} \Big/ \dfrac{d\delta_b}{dx_{ref}}$ 曲线差异较小。但是随着 Ma_s 的增加,ψ_u 和 ψ_ρ 的变化很大。Ma_s 从 0.1 增加至 1.5,$\dfrac{d\delta_b}{dx} \Big/ \dfrac{d\delta_b}{dx_{ref}}$ 从 1.23 降低至 0.70,下降趋势几乎是线性的。这说明一次流为超声速且二次流为亚声速时混合效果较好,即亚/超混合层的混合效果强于超/超混合层。

T_p^* 对混合层的影响情况如图 3.2(c)所示。T_p^* 的变化对 $Ma_c/Ma_{c,\,ref}$ 的影响较为明显,但是对 $\delta_{nor}/\delta_{nor,\,ref}$ 的影响并不大。这说明在 T_p^* 的取值空间中,混合层对流马赫数较高,T_p^* 对流场可压缩性的影响较小。$\left(\dfrac{d\delta}{dx}\right)_i \Big/ \left(\dfrac{d\delta}{dx}\right)_{i,\,ref}$ 曲线和 $\dfrac{d\delta_b}{dx} \Big/ \dfrac{d\delta_b}{dx_{ref}}$ 曲线差异也较小。$\left(\dfrac{d\delta}{dx}\right)_i$ 随着 T_p^* 的增加而增大。T_s^* 对混合层的影响如图 3.2(d)所示。由图可知,T_s^* 对 $Ma_c/Ma_{c,\,ref}$ 和 $\delta_{nor}/\delta_{nor,\,ref}$ 的影响都很小,说明 T_s^* 对流场的可压缩性影响较小。各参数曲线变化趋势在整体上和图 3.2(b)一致。

综合来看,在 RBCC 发动机中 Ma_p 和 T_p^* 对混合层的影响较为突出。下面将进一步阐述这两个因素对混合层的影响情况。图 3.3 展示了可压缩混合层厚度 $\left(\dfrac{d\delta}{dx}\right)_{com}$ 随 Ma_p 和 T_p^* 的变化。随着温度梯度的增加,混合层厚度增加,对流马赫数增加强化了混合层压缩效应。

总体而言,随着来流总温的升高,可压缩混合层厚度增长率不断增大。随着马赫数的增加,混合层厚度先迅速增加、后迅速减小、最后缓慢减小。混合层厚度先迅速增加是由于此时对流马赫数较小,压缩效应比较小;迅速减小则是压缩效应的结果;最后的缓慢减小是因为此时压缩效应几乎不变,而对应的不可压混合层增长率在缓慢减小。由于可压缩性的影响,可压缩混合层的厚度随温度和马赫数的变化产生一条增长率峰线(虚线所示)。

图 3.4 展示了可压缩混合层增长率峰线(图 3.3)对应的马赫数和总温。可以看出,在一次流总温 $T_p^*<600\,K$ 且为超声速时,能获得最大混合层厚度增长率。当 $T_p^*>600\,K$ 时,最大混合层厚度出现在亚声速区。这意味着高温差混合

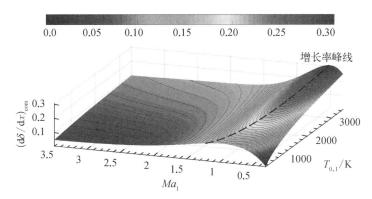

图 3.3　混合层厚度增长率随一次流总温 T_p^* 和马赫数 Ma_p 的变化[7]

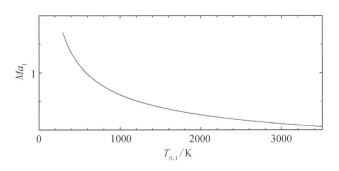

图 3.4　随温度变化时可压缩混合层增长率
峰线对应的一次流马赫数[7]

层的峰值出现在亚声速区,燃烧模态的亚/超混合层将不可避免地受到对流马赫数的压缩效应影响。

　　尽管随着温度的升高,增长率峰线对应的马赫数在不断减小,但是增长率的绝对值随温度显著增加(图 3.5)。在总温超过 1500 K 时,混合层增长率仍随温度近似线性增加。单独从增加混合效率的角度来说,应尽量保证 RBCC 喷管后的流动参数尽可能接近增长率峰线,即尽可能提高一次流总温的同时减少其马赫数。

　　由图 3.6 可知,可压缩混合层增长率存在一个缓变区。缓变区中混合层厚度等值线几乎与 x 轴平行,这说明可压缩混合层的厚度几乎不随温度的增加($T_p = 500 \sim 3\,500$ K)而变化,只随着马赫数($Ma_p = 0.8 \sim 1.4$)的增加而迅速减小。即在相同的马赫数下,随着一次流总温增加,温度梯度增加对混合层的增强作用与对流马赫数增加对混合层的压缩效应相互抵消。

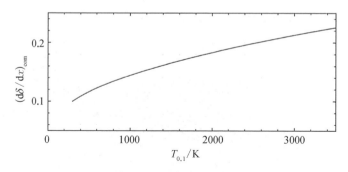

图 3.5　随总温变化峰线对应的可压缩混合层增长率[7]

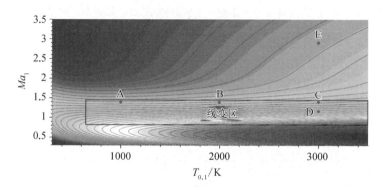

图 3.6　不同一次流总温 T_p^* 和马赫数 Ma_p 下的
混合层厚度增长率缓变区[7]

3.2　RBCC 发动机关键参数对的混合层掺混特性的影响

3.2.1　火箭一次流膨胀情况对掺混过程的影响

RBCC 发动机中的混合层主要包括亚/超混合层和超/超混合层,本小节结合实验和数值仿真结果,分析不同火箭一次流膨胀情况(过膨胀、欠膨胀、恰好完全膨胀)下这两种混合层的流动特性和变化规律。

3.2.1.1　亚/超混合层中火箭一次流膨胀情况的影响

本节的实验结果均在国防科技大学超声速静风洞中完成,主要包括轴对称和二维混合层的流动特性研究。如图 3.7 所示,风洞主体部分主要由整流段、稳定段、实验段、反压调节段、入光段和真空罐组成。来流空气从整流段流入,采用蜂窝装置进行流场整流,经过稳定段以后流道内湍流度低于 1%。实验段下游是反压调节段,其内部安装电动导轨控制两扇移门,通过电动移门的开度来改变实验段下游的反压。实验段中有喷管,为了避免在实验中产生激波,喷管采用特征线法设计,材质选取形变量较小的碳钢,表面发黑处理。

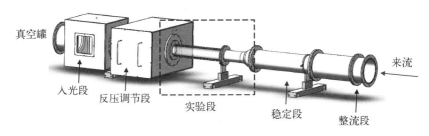

图 3.7　风洞结构示意图[6]

　　轴对称可压缩混合层实验件如图 3.8 所示,轴对称混合室的内径为 100 mm,其中二次流来自实验段上游的空气。在实验通道中安装的流量计可以准确测量二次流流量。一次流空气从实验段侧面引入,在进入混合室前会经过超声速喷管。一次流的开闭由一次流调节阀控制,在实验过程中一次流调节阀的开度均为 100%,保证一次流的总压为环境压力,流量由一次流喷管喉部控制。在轴对称混合层的实验中,一/二次流之间的总压和密度都有明显的差异,投放示踪粒子无法保证一/二次流中粒子密度的一致性,因此在实验过程中只在一次流中喷入示踪粒子。在实验观察窗上游 20 mm 的位置设置了 3 个静压测量点,用于采集二次流的静压,结合流量计测量的二次流流量反推实验过程中二次流空气的总压和马赫数。

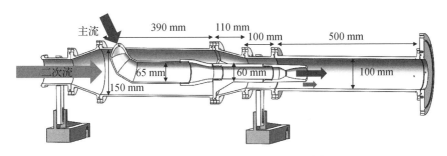

图 3.8　轴对称可压缩混合层实验件[6]

在混合层实验中设置了 4 个喷管,如图 3.9 所示,用来研究一次流不同参数下的轴对称混合层的流动特点。图 3.9 给出了 4 个喷管具体的尺寸参数,其中喷管 nozzle_1 到 nozzle_4 的出口马赫数分别为 1.9、2.3、2.8 和 2.8。喷管 nozzle_1 和喷管 nozzle_2 喉部面积相同。nozzle_2 和 nozzle_3 喷管出口面积相同。因此通过喷管 nozzle_1 和喷管 nozzle_2 可以对比一次流流量一定时,不同一次流马赫数下涡结构移动的速度;喷管 nozzle_2 和喷管 nozzle_3 的实验结果可以分析不同对流马赫数下的混合层;通过喷管 nozzle_3 和喷管 nozzle_4 的实验结果可以获得火箭出口面积对混合层的影响情况。具体实验工况如表 3.2 所示。

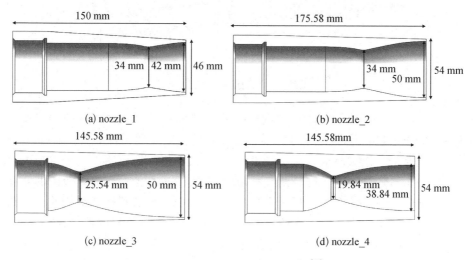

(a) nozzle_1   (b) nozzle_2

(c) nozzle_3   (d) nozzle_4

图 3.9 轴对称混合层实验喷管[6]

表 3.2 轴对称混合层实验工况[6]

序号	喷管类型	一次流流量/ (kg/s)	一次流马赫数	二次流流量/ (kg/s)	二次流静压/ Pa	二次流马赫数	对流马赫数
Test 1	nozzle_1	0.21	1.9	0.036	12 505	0.137	0.882
Test 2	nozzle_1	0.21	1.9	0.043	16 478	0.126	0.887
Test 3	nozzle_1	0.21	1.9	0.079	27 675	0.138	0.881
Test 4	nozzle_1	0.21	1.9	0.089	31 173	0.137	0.882
Test 5	nozzle_1	0.21	1.9	0.099	36 014	0.133	0.884
Test 6	nozzle_2	0.21	2.3	0.025	17 550	0.071	1.115

续　表

序号	喷管类型	一次流流量/ (kg/s)	一次流 马赫数	二次流流量/ (kg/s)	二次流静压/ Pa	二次流 马赫数	对流 马赫数
Test 7	nozzle_2	0.21	2.3	0.057	21 794	0.127	1.087
Test 8	nozzle_3	0.12	2.8	0.011	7 024	0.069	1.366
Test 9	nozzle_3	0.12	2.8	0.022	8 963	0.116	1.342
Test 10	nozzle_3	0.12	2.8	0.043	15 559	0.134	1.333
Test 11	nozzle_3	0.12	2.8	0.072	31 199	0.111	1.345
Test 12	nozzle_4	0.07	2.8	0.021	8 541	0.119	1.341
Test 13	nozzle_4	0.07	2.8	0.050	16 105	0.051	1.375
Test 14	nozzle_4	0.07	2.8	0.079	47 299	0.081	1.360

图 3.10 给出了由轴对称可压缩亚/超混合层实验得到的两张时间互相关
NPLS 实验图片,两幅图片中的跨帧时间为 20 μs。由于示踪粒子随一次流喷
入,实验图像中的明亮变化反映的是一次流流体密度的差异。图片中亮度越
大的地方,说明此处一次流流体的密度较高。从图中可以较为清晰地看到一
次流喷管处于欠膨胀状态下的波系结构,如拦截激波、马赫盘、滑移线、反射
激波,以及四者交会的分叉点。涡结构 A 至涡结构 F 在 20 μs 内分别向下游
移动了 9.27 mm、9.02 mm、9.51 mm、8.9 mm、9.02 mm 和 9.76 mm,涡结构自身
的形状特点没有发生明显的改变,这证明了超声速混合层“快运动慢变化”的
特点。通过计算涡结构移动的平均距离可以得到涡结构平均的移动速度为
462.4 m/s。

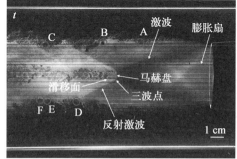

(a) t_0 时刻 NPLS 图像

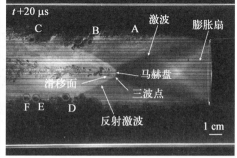

(b) t_0+20 μs 时刻 NPLS 图像

图 3.10　轴对称可压缩混合层流场结构时间互相关图像(欠膨胀)[6]

在轴对称混合层实验中，只有一次流中存在示踪粒子，通过单张 NPLS 图片很难分辨出混合层的厚度。如图 3.11(a)所示，对 200 张 NPLS 图片求平均值能够得到较为清晰的一次流时均流场。时均图像能够获得一次流轮廓，但是不能得到关于混合层更细节的信息。

由于混合层中有不同尺度的涡结构，流动存在随时间的脉动。将互相关的两张图像相减可以得到在跨帧时间内流场结构的变化率 $\dfrac{\partial \rho_p}{\partial t}$。$\dfrac{\partial \rho_p}{\partial t}$ 可以更加清楚地显示在跨帧时间内流场的变化，其中梯度较大的地方密度变化剧烈。图 3.11(b)给出了 Test 1 在 t 时刻轴对称可压缩混合层流场的 $\dfrac{\partial \rho_p}{\partial t}$ 图像。从图

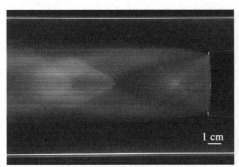
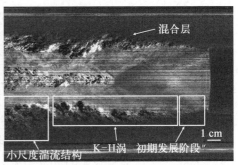

(a) 200 张平均图像   (b) 单张流场 $\dfrac{\partial \rho_p}{\partial t}$ 图像

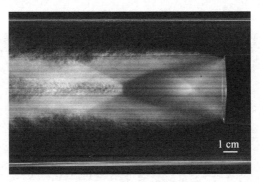

(c) 100 张 $\dfrac{\partial \rho_p}{\partial t}$ 平均图像

图 3.11　轴对称可压缩混合层流场分析（欠膨胀火箭）[6]

中可以发现,大部分二次流的流通区域内由于没有示踪粒子 $\frac{\partial \rho_p}{\partial t}$ 的数值为 0。

通过计算 $\frac{\partial \rho_p}{\partial t}$ 可以将隐藏在二次流背景中的混合层识别出来。在混合层的作用

下,一次流不断进入二次流流通区域。在 $\frac{\partial \rho_p}{\partial t}$ 图片中黑色区域意味着此处在 t

时刻灰度值小,在 $t+20$ μs 时刻灰度值较大。灰度值的差异表示此处涡结构发

生了移动。灰度值的边缘越清晰说明此处涡结构发生的变化越明显。$\frac{\partial \rho_p}{\partial t}$ 图像

清晰地揭示了一/二次流之间的混合层脉动边界,也可以识别出混合层发展的

初始阶段、K-H 涡结构及小尺度涡结构。

对 100 张 $\frac{\partial \rho_p}{\partial t}$ 图像求平均可以获得流场的 $\frac{\partial \rho_p}{\partial t}$ 平均图像,结果如图 3.11(c)所

示。该图是对流场脉动的平均。图像在湍流度较小的区域更加清晰,在湍流度

较大的区域(例如混合层和滑移线附近)较为模糊。总体上看,图 3.11(c)不仅

可以揭示一次流射流还可以揭示混合层的边界。因此可以用 $\frac{\partial \rho_p}{\partial t}$ 平均图展示不

同工况下轴对称混合层的掺混情况。

图 3.12 给出了 Test 2~Test 5 的 $\frac{\partial \rho_p}{\partial t}$ 平均图像。随着二次流流量和压力的

增加,一次流喷管工作状态逐渐从欠膨胀状态过渡到过膨胀状态。从喷管出口

形成的射流边界来看,Test 1~Test 3 处于欠膨胀状态,Test 4 处于恰好膨胀状

态,Test 5 处于过膨胀状态。随着喷管过膨胀程度的增加,混合层边界越来越

厚,马赫盘位置向上游移动。

图 3.13 给出了实验工况为 Test 4 时的两张时间互相关的 NPLS 照片,两幅

照片中的跨帧时间为 20 μs。相比于 Test 1 时的结果,在喷管出口截面没有了膨

胀波。涡结构 A 至涡结构 F 在 20 μs 内分别向下游移动了 6.83 mm、7.32 mm、

6.83 mm、8.21 mm、8.29 mm 和 8.23 mm,通过计算不同涡的平均位移可以得到了

涡结构平均移动速度为 380.9 m/s。混合层中涡移动的速度受喷管的膨胀程度

的影响,喷管欠膨胀时涡移动的速度较快。随着喷管过膨胀程度的增加,涡结

构的移动速度逐渐下降。当混合层一/二次流在喷管出口截面压力不匹配时,

一次流在混合过程中的马赫数不再是喷管设计马赫数,由喷管膨胀状态决定。

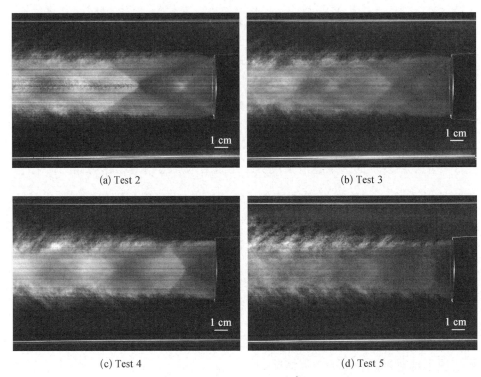

(a) Test 2　　　　　　　　　　　　　　　　　(b) Test 3

(c) Test 4　　　　　　　　　　　　　　　　　(d) Test 5

图 3.12　轴对称可压缩混合层流场$\dfrac{\partial \rho_{\text{p}}}{\partial t}$平均图像[6]

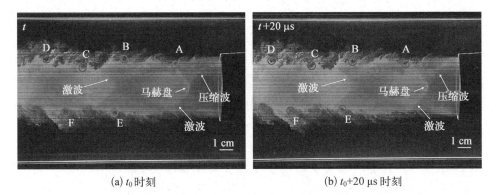

(a) t_0 时刻　　　　　　　　　　　　　　　　(b) t_0+20 μs 时刻

图 3.13　轴对称可压缩混合层流场结构时间互相关图像(Test 4)[6]

当喷管欠膨胀时,混合过程中的一次流马赫数增大;当喷管过膨胀时,混合过程中的一次流马赫数减小;当喷管恰好膨胀时,混合过程中的一次流马赫数为喷管设计马赫数。

通过对 $\dfrac{\partial \rho_p}{\partial t}$ 图像进行 Canny 边缘检测,可以获得 t_0 时刻下一/二次流在混合过程中在 Δt 范围内密度剧烈变化的边界。将 100 组不同时刻的 $\dfrac{\partial \rho_p}{\partial t}$ 图像进行边缘检测并叠加,结果如图 3.14 所示。在混合过程中,只有混合层中才会出现密度场的剧烈脉动,因此图 3.14 标示出的区域边界即为混合层边界。图 3.14 标示出的混合层边界,其中上下侧为一次流和二次流的混合层边界层,中间的马赫盘诱导产生了一次流混合层。从得到混合边界可以看到,实验得到的上下侧的混合层边界并不完全对称,其中上侧的混合层厚度较厚。

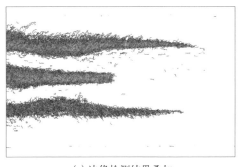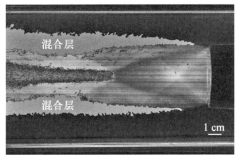

(a) 边缘检测结果叠加 　　　　　　　　　(b) 混合层示意图

图 3.14　轴对称可压缩混合层流场 $\dfrac{\partial \rho_p}{\partial t}$ 图像边缘检测结果(Test 1,100 组)[6]

对于轴对称可压缩混合层,一/二次流之间的接触面为圆形截面,因此不能再通过混合层厚度来研究混合层的发展趋势,应该通过混合截面积来定义混合层的变化情况。通过实验结果可得到中心对称截面处的轴对称混合层内外边界。图 3.15 给出了轴对称混合层混合截面积计算方法示意图。图中灰色的区域为通过图 3.14 获得的混合层区域。以喷管轴线为 x 轴、喷管出口处为原点建立轴坐标系。测量每个 x 位置处的混合层边界,其中内侧混合层上边界半径位置为 $R_{x\_\mathrm{in\_up}}$,内侧混合层下边界半径位置为 $R_{x\_\mathrm{in\_down}}$,外侧混合层上边界半径位置为 $R_{x\_\mathrm{out\_up}}$,外侧混合层下边界半径位置为 $R_{x\_\mathrm{out\_down}}$。在计算混合层截面时,有两种评估方式,一种是按实验获得的混合层平均厚度边界进行计算,一种是通过比较获得混合层最大厚度边界进行计算,计算公式如下。

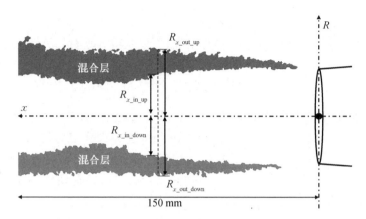

图3.15　轴对称可压缩混合层混合截面积计算方法示意图[6]

基于平均厚度边界的混合层截面面积:

$$R_{x\_in\_avg} = \frac{(R_{x\_in\_up} + R_{x\_in\_down})}{2} \tag{3.7}$$

$$R_{x\_out\_avg} = \frac{(R_{x\_out\_up} + R_{x\_out\_down})}{2} \tag{3.8}$$

$$A_{mixed} = \pi(R_{x\_out\_avg}^2 - R_{x\_in\_avg}^2) \tag{3.9}$$

基于最大厚度边界的混合层截面面积:

$$R_{x\_in\_max} = Max(R_{x\_in\_up} + R_{x\_in\_down}) \tag{3.10}$$

$$R_{x\_out\_max} = Max(R_{x\_out\_up} + R_{x\_out\_down}) \tag{3.11}$$

$$A_{mixed} = \pi(R_{x\_out\_max}^2 - R_{x\_in\_max}^2) \tag{3.12}$$

得到混合层截面面积以后,将混合层截面积沿着 x 方向积分,可以得到混合层体积。通过混合层体积可以评估在一定范围内由多少的流通区域是混合层。混合层体积用 V_{mixed} 表示:

$$V_{mixed} = \int A_{mixed} dx \tag{3.13}$$

图 3.16 给出了用平均厚度边界和最大厚度边界计算得到的混合层截面积变化。从结果上看,基于两种厚度在变化趋势上是一致的。欠膨胀时混合层截面积和混合层厚度增长率最小,喷管过膨胀时混合层截面积和混合层厚度增长率最大。基于平均厚度边界,在 $0<x<150$ mm 的范围内,Test 1、Test 4 和 Test 5 的混合层体积分别为 159 442 mm³、195 873 mm³ 和 201 307 mm³。基于最大厚度边界,在 $0<x<150$ mm 范围内 Test 1、Test 4 和 Test 5 的混合层体积分别为 191 050 mm³、237 872 mm³ 和 256 995 mm³。基于平均厚度边界与最大厚度边界计算的混合层体积相差 23%。

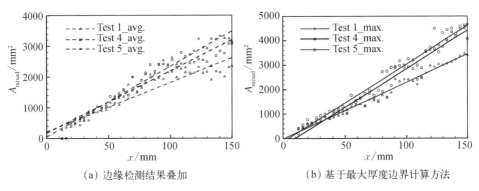

(a) 边缘检测结果叠加　　　　　(b) 基于最大厚度边界计算方法

图 3.16　混合层截面积变化趋势[6]

喷管欠膨胀程度越大,混合层体积越大。涡结构移动速度越快,混合层发展越慢。从流动损失的角度出发,当一次流的流量不变,混合过程中应该使一次流处于恰好膨胀状态,这样一次流在流动过程中就没有了过膨胀损失,既保证了混合效果,又降低了损失。

采用与实验相同的设置展开数值仿真,计算域如图 3.17 所示。由于轴对称混合层在周向上没有大的扰动,混合层沿周向的流动特性是相似的,混合层的主要特征出现在径向。沿着周向设置 10° 的扇形区域作为轴对称混合层的计算域,如图 3.17 所示。计算域的半径为 R,长度为 $L_{sp}+L$,其中 L_{sp} 为一/二次流分隔板沿轴向的距离,H_{sp} 为隔板的厚度,R_p 为一次流的入口半径,L 为混合层发展的轴向距离。考虑到混合层发展较慢,在有限的长度内,混合层不会影响到一次流核心区,小于半径位置 R_a 处不作为计算域。二次流的入口半径高度为 $R-R_p-H_{sp}$,一次流区入口、二次流入口及计算域外围设置为压力远场边界条件,计算域出口截面设置为压力出口边界条件,在扇形计算域的两侧设置为对称边界条件。

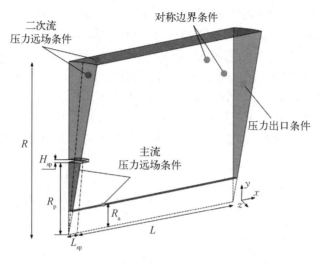

图 3.17 轴对称混合层计算域[6]

$\Psi_p = P_p / P_s$ 定义为一/二次流之间的压力差,用来表示一/二次流在混合过程中的压力匹配程度。Ψ_p 等于 1 时,一/二次流压力在分隔板尾迹区后缘匹配;Ψ_p 小于 1 时,一次流处于过膨胀状态;Ψ_p 大于 1 时,一次流处于欠膨胀状态。在基准构型中 $R_p = 60\ \text{mm}$、$H_{sp} = 1\ \text{mm}$、$R = 141\ \text{mm}$、$L_{sp} = 10\ \text{mm}$、$L = 200\ \text{mm}$。一/二次流主要参数如表 3.1 所示,为了研究混合层在不同 R_p、H_{sp}、Ma_s 和 Ψ_p 下的变化设置了 11 组算例,如表 3.3 所示。在这 11 组算例中,R_a、L_{sp}、L 及二次流的入口半径高度保持不变。

表 3.3 轴对称可压缩混合层算例参数情况[6]

算 例	变量	$R_p/$ mm	$H_{sp}/$ mm	Ma_s	Ma_c	$P_s/$ kPa	Ψ_p	$u_s/$ (m/s)	Ψ_u	$\rho_s/$ (kg/m³)	Ψ_ρ
Case 0	—	30	1	0.5	1.51	150	1	195	0.108	1.38	3.366
Case 1	R_p	25	1	0.5	1.51	150	1	195	0.108	1.38	3.366
Case 2	R_p	35	1	0.5	1.51	150	1	195	0.108	1.38	3.366
Case 3	R_p	40	1	0.5	1.51	150	1	195	0.108	1.38	3.366
Case 4	H_{sp}	30	3	0.5	1.51	150	1	195	0.108	1.38	3.366
Case 5	H_{sp}	30	5	0.5	1.51	150	1	195	0.108	1.38	3.366
Case 6	Ma_s	30	1	0.4	1.52	150	1	157	0.087	1.36	3.317

算　例	变量	R_p/ mm	H_{sp}/ mm	Ma_s	Ma_c	P_s/ kPa	Ψ_p	u_s/ (m/s)	Ψ_u	ρ_s/ (kg/m³)	Ψ_ρ
Case 7	Ma_s	30	1	0.6	1.46	150	1	231	0.128	1.42	3.46
Case 8	Ψ_P	30	1	0.5	1.51	140	1.07	174	0.096	1.33	3.23
Case 9	Ψ_P	30	1	0.5	1.47	160	0.94	194	0.108	1.45	3.34
Case 10	Ψ_P	30	1	0.5	1.46	170	0.88	195	0.108	1.53	3.52

　　目前通常在一/二次流压力匹配的条件下研究混合层流动特性。但是在真实的 RBCC 发动机中,随着发动机工况以及飞行状态的改变,混合室一/二次流的压力往往是不同的。一/二次流之间压力的不匹配程度对流场结构会产生很大的影响,甚至会影响二次流的引射流量。不同 Ψ_p 下各参数的变化如图 3.18 所示。其中图 3.18(a)给出了混合层边界。当 $\Psi_p > 1$ 时,混合层整体向亚声速一侧偏移。当 $\Psi_p < 1$ 时,混合层整体向超声速一侧偏移。

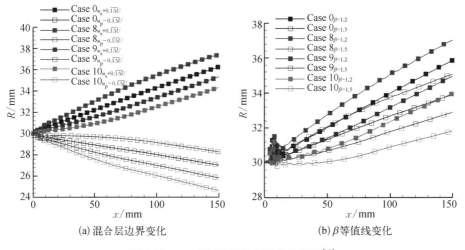

(a) 混合层边界变化　　　　　　(b) β 等值线变化

图 3.18　Ψ_p 对比算例各参数变化情况[6]

　　图 3.18(b)给出了不同 Ψ_p 下的 β 等值线。为了更为直观地比较 Ψ_p 对混合带来的影响,在表 3.4 中给出了混合层厚度增长率和 β 等值线随 Ψ_p 的变化情况。当 Ψ_p 较小时,混合层厚度增长率较大,一次流对二次流的增压作用速率减弱。当 $\Psi_p < 1$ 时,一次流处于过膨胀状态,混合过程中一次流中产生较强的激

波,从而影响整体性能。对 RBCC 发动机而言,尽管提高混合效率十分重要,但是对二次流增压的能力同样重要。综合而言,在设计中 Ψ_p 应该大于 1,保证火箭燃气处于欠膨胀状态。

表 3.4　混合层厚度增长率和 β 等值线斜率夹角随 Ψ_p 的变化情况[6]

Ψ_p	$(\mathrm{d}A_{area}/\mathrm{d}x)/$ $(\mathrm{mm}^2/\mathrm{mm})$	斜率夹角 $\beta=1.2$	斜率夹角 $\beta=1.5$	算　例
0.88	12.54	1.81	1.02	Case 10
0.94	12.12	2.00	1.23	Case 9
1	12.00	2.12	1.38	Case 0
1.07	11.40	2.28	1.47	Case 8

3.2.1.2　超/超混合层中火箭一次流膨胀情况的影响

当来流马赫数不断提升,隔离段出口气流为超声速时,RBCC 发动机中出现超/超混合层。本节展示了超/超混合层在不同火箭一次流膨胀情况下的实验及数值仿真结果。

本节采用的实验系统如图 3.19 所示。矩形可压缩混合层实验件为等截面直混合室。实验中隔板末端 5 mm 长的部分延伸至 400 mm×60 mm 的观察窗内。实验段布置 16 个测压孔,位置如①~⑯所示,其中,在等截面直混合室下壁面沿流向单排布置 14 个测压孔,孔径大小 1 mm,孔间相距 30 mm;在上壁面入口处沿展向并排布置 2 个测压孔,两孔相距 60 mm。测点 1 和测点 15 分别对应测量喷管段出口二次流和一次流静压,用于判断两股流动的压力匹配关系。

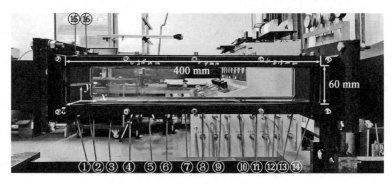

图 3.19　二维可压缩混合层实验件[8]

　　实验系统上下两个单侧型面喷管马赫数经校测后分别为 1.92 和 1.32。实验中通过改变二次流通道入口位置气流的流通度,达到调节一/二次流静压比的目的。表 3.5 给出了不同冷态实验工况下的一/二次流静压匹配关系,其中 Case 1 为 $\Psi_p < 1.0$ 工况,Case 2 为一/二次流静压匹配工况($\Psi_p = 1$),Case 3 为 $\Psi_p > 1.0$ 工况。

表 3.5　一/二次流静压比影响研究实验工况(冷态)[8]

序号	Ma_1	Ma_2	$T_{t,1}$/K	$T_{t,2}$/K	p_1/Pa	p_2/Pa	Ψ_p
Case 1					12 840	20 340	0.63
Case 2	1.92	1.32	300	300	12 880	13 540	0.95
Case 3					12 900	11 500	1.12

　　图 3.20~图 3.22 分别展示了 Case 1、Case 2 和 Case 3 工况下等截面直混合室内流场结构实验纹影图像与数值模拟结果。对比分析可知,三种工况下混合室背景波系流场数值纹影与实验纹影均吻合较好,计算捕捉到的激波/膨胀波结构、激波-边界层干扰、激波/混合层相互作用现象与实验结果基本一致。相比于混合室上游(区域 1),混合室下游(区域 2)流场中激波强度伴随着混合层的发展而逐渐减弱,实验中观察到不同工况下该区域内背景波系结构和混合层

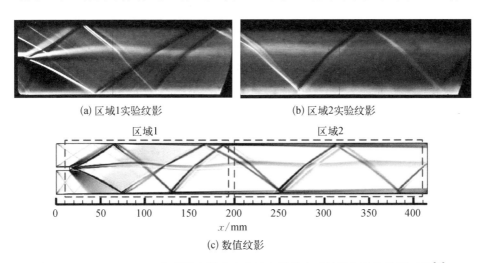

(a) 区域1实验纹影　　　　　　　　　　　(b) 区域2实验纹影

(c) 数值纹影

图 3.20　Case 1 工况下等截面直混合室内流场结构实验纹影与数值纹影对比[8]

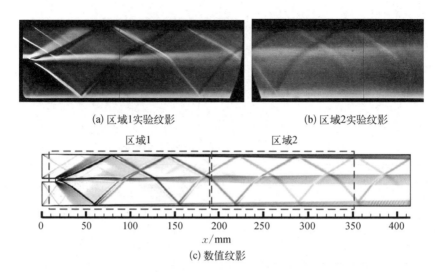

(a) 区域1实验纹影   (b) 区域2实验纹影

区域1   区域2

x/mm

(c) 数值纹影

图 3.21 Case 2 工况下等截面直混合室内流场结构实验纹影与数值纹影对比[8]

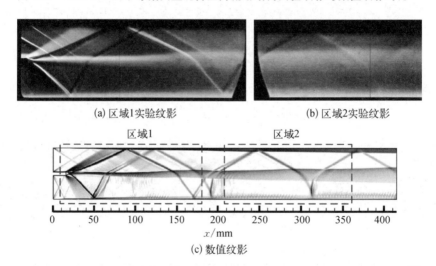

(a) 区域1实验纹影   (b) 区域2实验纹影

区域1   区域2

x/mm

(c) 数值纹影

图 3.22 Case 3 工况下等截面直混合室内流场结构实验纹影与数值纹影对比[8]

轮廓较为模糊。此外,通过比较还可以发现,当一/二次流静压比 $\Psi_p < 1.0$ 时,隔板后缘混合层向一次流通道侧偏转,随后在激波作用下呈现波浪式的发展特征;当一/二次流静压匹配时,流场中混合层沿水平方向发展;当一/二次流静压比 $\Psi_p > 1.0$ 时,隔板后缘混合层向二次流通道侧偏转,而后逐渐偏向混合室中心线发展。随着一/二次流静压比增大,隔板后缘处一次流通道侧初始激波与水平方向的夹角逐渐减小,膨胀波逐渐增强;相反,二次流通道侧初始激波与水平方向的夹角逐渐增大,膨胀波逐渐减弱。

图 3.23 给出了三种工况下等截面直混合室下壁面沿程压力分布。可以看到,数值仿真结果与实验数据符合较好,RANS 方法获得的压力分布曲线基本上能反映实验中混合室下壁面沿程压力的变化规律。通过对比可知,随着一/二次流静压比增大,等截面直混合室下壁面平均压力逐渐降低,压力波动范围逐渐减小。相比之下,当一/二次流静压匹配时,混合室下壁面沿程压力上下波动最为剧烈。

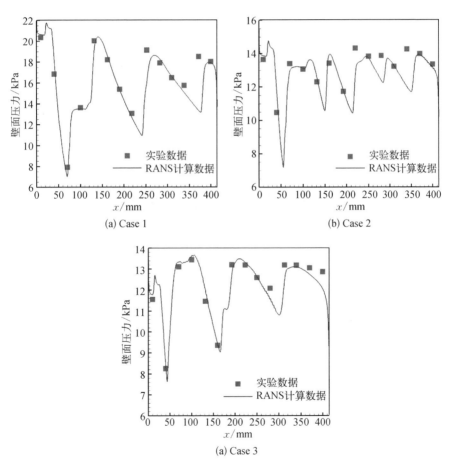

(a) Case 1

(b) Case 2

(a) Case 3

图 3.23 不同冷态工况下等截面直混合室下壁面沿程
压力分布计算结果与实验数据对比[8]

图 3.24 为 Case 1 工况下等截面直混合室内超声速混合层流场流向结构的 NPLS 图像。其中,上层对应一次流流动,下层对应二次流流动,图像对应的实际流场长度为 130 mm。可以看到,一/二次流在隔板后缘相遇并发生强剪切作用,由于 K－H 不稳定性,混合层初始发展区域形成大尺度拟序结构,随着流动向下游发展,在流场中清晰地捕捉到涡瓣和涡核结构,并出现大尺度涡的配对与合并现象。在流场下游 $x = 110$ mm 位置处,混合层进入完全湍流区,大尺度涡结构逐渐破碎成小尺度涡结构。此外,在 5 μs 时间间隔内,混合层 $x = 80$ mm 流向位置处的涡结构向下游运动了 2.04 mm,对流速度为 408 m/s,然而流场中整体涡结构形状并没有发生显著变化,证明了超/超混合

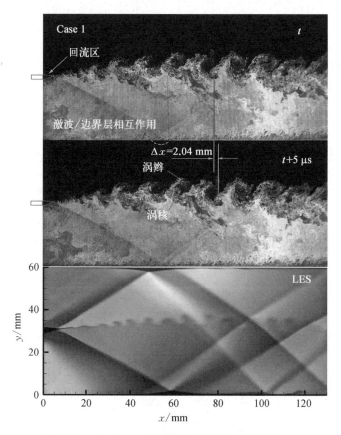

图 3.24　Case 1 工况下等截面直混合室内混合层
流场结构 NPLS 图像和 LES 结果[8]

层流场具有快运动、慢变化的特征。进一步对比 Case 1 工况下超声速混合层流场 NPLS 图像与 LES 结果可以发现,数值模拟与实验观测的流场特征基本吻合,LES 方法可以较为准确地模拟超声速混合层瞬时涡结构的发展和演化过程。

　　为了直观地比较不同一/二次流静压比下超声速混合层流动发展演化特性,图 3.25 给出了三种冷态工况下等截面直混合室内混合层流场流向结构的 NPLS 图像。可以发现,当一/二次流静压不匹配时,混合层整体结构会向低压来流侧偏移,且一/二次流静压差越大,混合层初始偏转角度越大。当一/二次流静压匹配时(Case 2),混合层厚度以 8.1° 的角度增长,相比之下,Ψ_p<1.0(Case 1)和 Ψ_p>1.0(Case 3)工况下混合层增长的角度明显减小,这说明增大一/二次流静压差会显著抑制超声速混合层的增长。

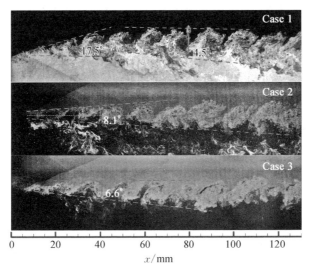

图 3.25　不同冷态工况下等截面直混合室内混合层
流场结构 NPLS 图像对比[8]

　　在冷态实验验证过数值模拟的准确性后,下面给出热态情况(一次流总温较高)的数值仿真结果,分析在热态情况下,不同火箭一次流膨胀情况对掺混过程的影响。表 3.6 给出了不同热态工况下的一/二次流静压匹配关系,其中 Case 1 为一/二次流静压匹配工况,Case 2 为一次流过膨胀工况,Case 3~6 为一次流欠膨胀工况,下标 1、2 分别表示一次流和二次流。选取 Case 1 为基准研究工况,采用数值模拟方法对比分析不同热态工况下一/二次流静压比对 RBCC 发动机等截面直混合室流动掺混特性的影响。

表 3.6　一/二次流静压比影响研究计算工况(热态)[8]

序号	Ma_1	Ma_2	$T_{t,1}$/K	$T_{t,2}$/K	p_1/Pa	p_2/Pa	Ψ_p
Case 1					53 910		1.0
Case 2					26 955		0.5
Case 3	2.95	1.5	2 500	420	80 865	53 910	1.5
Case 4					107 820		2.0
Case 5					134 775		2.5
Case 6					161 730		3.0

图 3.26 描绘了一/二次流静压比 Ψ_p 分别为 0.5、1.0、1.5、2.0、2.5 和 3.0 六种工况下等截面直混合室内流场结构。对比图 3.26(a)和(b)中不同一/二次流静压比下混合室流场马赫数云图和密度梯度云图可以发现,当 $\Psi_p<1.0$ 时,火箭喷管处于过膨胀状态,隔板后缘混合层偏向中心流道,一次流通道入口处激波穿过混合层形成透射激波,入射到壁面引起壁面边界层分离,分离激波与再附激波的形成使得混合室内背景波系结构更加复杂。在激波/混合层相互作用下,混合层呈现波浪起伏状的发展形态。

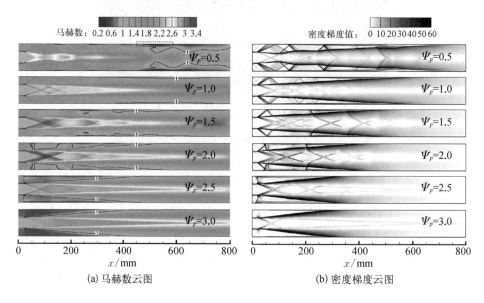

(a) 马赫数云图　　　　　　　　(b) 密度梯度云图

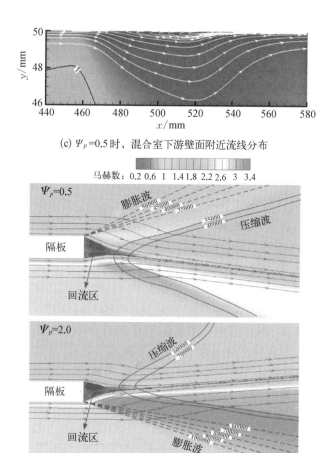

(c) Ψ_p=0.5时，混合室下游壁面附近流线分布

(d) Ψ_p=0.5和2.0时，隔板后缘精细流场结构

图 3.26 不同一/二次流静压比下等截面直混合室内流场结构[8]

随着流动向下游发展，二次流边界层内的逆压梯度增大，混合室下游壁面产生分离区并缓慢前传[图 3.26(c)]。此时 Ψ_p = 0.5 工况下二次流通道 x = 500~800 mm 范围内基本为亚声速流动。当 Ψ_p>1.0 时，火箭喷管处于欠膨胀状态，隔板后缘混合层向壁面偏转，一次流通道扩张，火箭一次流区域长度增加，马赫数升高。当 Ψ_p = 1.5 时，混合室 x>200 mm 区域内壁面边界层分离，Ψ_p 越大，分离激波角度越大，分离区面积逐渐扩大并前传；当 Ψ_p = 2.0 时，混合室二次流通道内形成"亚-超-亚-超"间隔型流场结构；当 Ψ_p = 2.5 时，低超声速空气来流在混合室入口处壅塞，随后被高温高速火箭一次流迅速压缩为亚声速；进一

步增大 Ψ_p 至 3.0 时,火箭喷管欠膨胀程度过大,来流空气被推出混合室进入隔离段,二次流通道 $x<200$ mm 范围内基本为亚声速流动。

此外,对比 $\Psi_p=0.5$ 和 2.0 两种工况下隔板后缘附近精细流场结构,如图 3.26(d)所示。随着火箭喷管由过膨胀状态变为欠膨胀状态,隔板底部回流区旋涡尺寸由“上大下小”向“上小下大”转变。隔板后缘处二次流通道侧膨胀波逐渐减弱并消失,压缩波逐渐增强;相反,一次流通道侧膨胀波形成并逐渐增强,激波强度则逐渐减弱。

图 3.27(a)为不同一/二次流静压比下等截面直混合室内标量混合度 $S^{[9]}$ 沿流向的变化曲线。相比于一/二次流静压匹配工况,当火箭喷管处于过膨胀状态时($\Psi_p=0.5$),S 值在 $x<500$ mm 范围内迅速降低。这是因为混合室上游壁面形成的多道分离激波与混合层发生强相互作用,促进了一/二次流快速掺混。然而,在混合室下游远场,中心火箭一次流区域消失,一/二次流标量掺混均匀性变差。当火箭喷管工作在欠膨胀状态时($\Psi_p>1.0$),不同欠膨胀工况下标量混合度 S 值均小于一/二次流静压匹配工况,且 Ψ_p 越大标量混合度曲线下降速度越快。当 $\Psi_p=1.5$ 时,混合层上下来流标量在混合室出口处恰好掺混完全。随着 Ψ_p 增大,一/二次流标量完全掺混的位置逐渐靠近混合室上游,当 $\Psi_p=3.0$ 时,火箭喷管欠膨胀程度过大,低超声速空气来流被高温高速火箭一次流压缩至亚声速,混合室内形成亚-超混合区域,一/二次流标量在 $x=500$ mm 流向位置处即实现完全掺混。

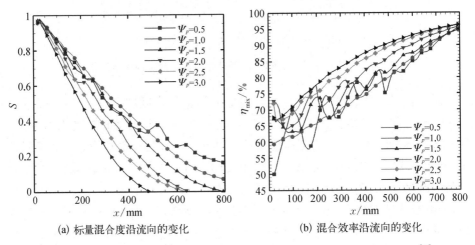

(a) 标量混合度沿流向的变化　　(b) 混合效率沿流向的变化

图 3.27　不同一/二次流静压比下等截面直混合室混合效率沿流向的变化[8]

同样地,对比分析图 3.27(b)中不同一/二次流静压比下等截面直混合室混合效率 η_{mix} 沿流向的变化曲线可以发现,当 $\Psi_p = 1.0$ 时,混合效率呈现线性增长趋势,而当 $\Psi_p = 0.5$ 时,在混合室上游背景激波与混合层相互作用下,混合效率呈现波动上升趋势,混合效率增长率增大。在流场下游 $x > 500$ mm 区域,由于壁面边界层分离,混合室内形成大面积亚声速流动区域,η_{mix} 值有所降低,但混合效率增长率继续增加。在混合室出口截面,过膨胀工况的 η_{mix} 值略高于一/二次流静压匹配工况。相比而言,不同欠膨胀工况下($\Psi_p > 1.0$)混合室截面混合效率均高于一/二次流静压匹配工况,且火箭喷管欠膨胀程度越大,η_{mix} 值越高,但此时混合效率增长率却随着 Ψ_p 增大而逐渐降低。

考虑到混合室出口气流总压大小一定程度上决定了燃烧室内二次燃料燃烧做功的能力,这里采用总压恢复系数 σ 评估混合室某一流向位置截面上的气流总压损失,定义式为

$$\sigma = \frac{\int \rho u p_{t,\,x} \mathrm{d}A}{\left(\int \rho u p_t \mathrm{d}A\right)_{x=20\,\mathrm{mm}}} \tag{3.14}$$

当 $\sigma = 1$ 时,表明该截面上无总压损失。图 3.28(a)给出了不同一/二次流静压比下等截面直混合室总压恢复系数沿流向的变化曲线。可以看到,相比于一/二次流静压匹配工况,当 $\Psi_p = 0.5$ 时,混合室 $x < 300$ mm 范围内总压恢复系数下降速度加快,这表明上游壁面形成的分离激波在诱导一/二次流混合增强的同时,也加速了混合室内气流的总压损失。在下游远场,截面上气流质量平均总压损失速率减慢,σ 值降低幅度相比 $\Psi_p = 1.0$ 工况明显减小,但由于流道内形成大面积亚声速区域,此时混合室出口截面气流总压大幅降低,如图 3.28(b)所示。当 $\Psi_p > 1.0$ 时,不同欠膨胀工况下混合室总压恢复系数均小于一/二次流静压匹配工况。随着一次流欠膨胀程度增加,等截面直混合室内同一流向截面位置处 σ 值呈现先减小后增大的变化趋势。当 $\Psi_p = 2.0$ 时,混合室总压恢复系数沿程整体降低幅度最大,亚/超间隔型流场结构的形成导致混合气流总压损失显著增加。

综上分析可知,引射火箭喷管处于过膨胀或欠膨胀工况均可在一定程度上提高 RBCC 等截面直混合室内一/二次流混合效率。但同时也应注意到,当喷管过膨胀程度过大时,混合室下游二次流边界层内气流的动能不足以克服激波后的逆压梯度,壁面边界层发生分离,流道内形成大面积亚声速区域,混合室出

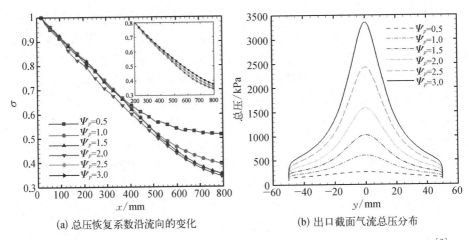

(a) 总压恢复系数沿流向的变化　　　　(b) 出口截面气流总压分布

图 3.28　不同一/二次流静压比下等截面直混合室总压恢复系数分布和总压分布[8]

口气流总压大幅降低,可能造成 RBCC 推力损失,因此在工程实际中不希望火
箭喷管工作在过膨胀状态;当喷管欠膨胀程度过大时($\Psi_p \geqslant 2.5$),火箭一次流对
引射空气通道的挤压作用显著增强,混合室入口二次流速度急剧减小,产生逆
流现象,加剧了上游进气道溢流程度。因此,在 RBCC 满足引射模态推力和比
冲需求的前提下,火箭喷管欠膨胀程度不宜过大,一/二次流静压比调节范围
为 $1.0 < \Psi_p < 2.5$,一方面促进一/二次流快速充分掺混,另一方面减弱火箭一次
流对引射空气的挤压作用,保证足够的引射空气流量,同时确保上游进气道
正常工作。

　　在 RBCC 引射模态的大部分工况下,火箭一次流和空气二次流处于亚/超
混合层的混合过程,在这种情况下,火箭一次流过膨胀对于亚/超混合层掺混有
明显的促进作用,且过膨胀程度越高,混合层发展越迅速。而当火箭一次流和
空气二次流处于超/超混合层的混合过程时,则显示出恰好完全膨胀时混合层
发展最好,而过膨胀和欠膨胀均不利于混合层发展。

3.2.2　对流马赫数对掺混过程的影响

　　对流马赫数主要受一次流和二次流马赫数影响。在 RBCC 发动机内部,火
箭一次流马赫数基本固定,空气二次流马赫数随着飞行马赫数的升高不断提
高。3.1 节的理论分析已经阐述了对流马赫数增大会抑制混合的基本规律,本
小节将结合具体的火箭和二次流参数展开分析,从工程化的角度进一步说明对

流马赫数对 RBCC 发动机内部掺混过程的影响情况。

3.2.2.1　一次流马赫数

一次流马赫数对 RBCC 发动机内部掺混过程有明显影响,一般而言,随着一次流马赫数的提高,两股流体的对流马赫数不断提高,增强的可压缩效应会抑制混合层发展。下面以等截面直混合室内流场结构与掺混特性的数值模拟结果为例展开分析,计算对应的物理模型如图 3.19 所示,计算工况如表 3.7 所示。

表 3.7　火箭一次流马赫数影响研究计算工况[8]

序号	Ma_1	Ma_2	$T_{t,1}$/K	$T_{t,2}$/K	p_1/Pa	p_2/Pa	Ψ_p
Case 1	2.95						
Case 2	2.0	1.5	2 500	420	53 910	53 910	1.0
Case 3	2.5						
Case 4	3.5						

图 3.29 描绘了一次流马赫数 Ma_1 分别为 2.0、2.5、2.95 和 3.5 四种工况下等截面直混合室内流场结构。对比不同一次流马赫数下混合室流场马赫数云图和密度梯度云图可以发现,当 $Ma_1 \leqslant 2.5$ 时,引射空气动能的增加量不足以抵抗边界层内高温一次流释热过程引起的大逆压梯度,混合室下游壁面边界层分离,流场内形成激波串结构并前传。

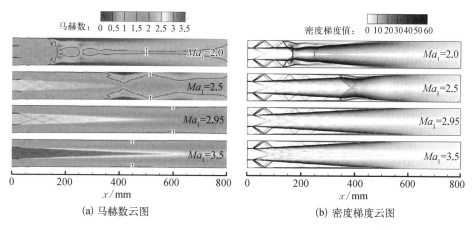

(a) 马赫数云图　　　(b) 密度梯度云图

图 3.29　不同一次流马赫数下等截面直混合室内流场结构[8]

一次流马赫数越小,激波串前缘位置越靠近混合室上游,混合室内亚声速区域面积扩大,一次流区域在激波串前缘激波作用下破坏严重。此外,一次流马赫数对激波串形态具有显著影响。当 $Ma_1 = 2.5$ 时,混合室内形成前缘激波为"X"型的斜激波串结构;当 Ma_1 减小至 2.0 时,斜激波串变为正激波串,前缘激波近似呈"λ"型,一次流通道内 $x = 180$ mm 和 $x = 250$ mm 流向位置处形成马赫杆结构。随着一次流马赫数增大,当 $Ma_1 = 2.95$ 和 3.5 时,混合室内激波串结构消失,一次流区域长度明显增加,隔板后缘混合层更加偏向壁面发展。

图 3.30 展示了不同一次流马赫数下,等截面直混合室内不同流向位置截面上二次流组分质量分数分布。可以看到,在 $x = 200$ mm 截面位置处,$Ma_1 \geqslant 2.5$ 工况下一/二次流之间仍存在较大的浓度梯度,掺混均匀程度较低。相比之下,当 $Ma_1 = 2.0$ 时,由于激波串与混合层相互作用,一/二次流之间的参数梯度显著减小。伴随着流动的发展,不同工况下混合层逐渐向壁面两侧扩展,厚度逐渐增大。在混合室出口截面($x = 800$ mm),$Ma_1 = 2.0$ 工况下二次流组分质量分数曲线更加平稳,这表明一次流与空气来流实现了更为充分的掺混。

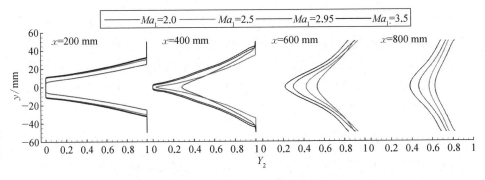

图 3.30　不同一次流马赫数下等截面直混合室内流向
位置截面二次流组分质量分数分布[8]

进一步对比分析不同一次流马赫数下等截面直混合室混合效率沿流向的变化曲线,如图 3.31 所示。当 $Ma_1 = 2.0$ 时,η_{mix} 值在混合室上游 $x = 100 \sim 300$ mm 范围内上下波动,这可能是由于激波串的存在,导致流向位置截面上速度分布均匀性变化剧烈。随后,η_{mix} 值在混合室流场 $x > 300$ mm 区域内迅速增加,混合效率增长率显著提高。同样地,当 $Ma_1 = 2.5$ 时 η_{mix} 值在前缘激波位置附近先突然降低,然后迅速升高,流场中激波串结构加快了一/二次流的掺混。当 $Ma_1 \geqslant$ 2.95 时,混合室截面混合效率呈现线性增长趋势,混合效率增长率随着一次流马赫数增大而逐渐减小。此外,通过比较还可以发现,在混合室出口处,$Ma_1 =$ 2.0 工况下混合室截面混合效率最高,η_{mix} 值为 98.4%。总体而言,适当降低一次流马赫数有利于促进等截面直混合室内一/二次流快速充分掺混。

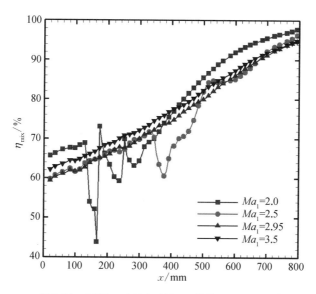

**图 3.31   不同一次流马赫数下等截面直混合室
混合效率沿流向的变化**[8]

图 3.32 给出了不同一次流马赫数下等截面直混合室总压恢复系数沿流向的变化曲线。可以看到,当 $Ma_1 = 2.0$ 时,σ 值在 $x = 150$ mm 截面位置附近迅速降低,此时激波串前缘激波与混合层发生强相互作用,大大加快了混合室内气流的总压损失。在下游远场,激波串结构强度减弱,流向位置截面上气流质量平均总压损失速率减慢。随着一次流马赫数增大,混合室总压恢复系数沿程整体降低幅度增加,σ 值下降速率加快。这表明一次流马赫数越大,混合层上下两股流动速度差越大,一/二次流之间动量交换过程产生的动能耗散增加,导致流动混合损失增加,混合室总压恢复系数大幅下降。

综上所述,随着一次流马赫数降低,RBCC 等截面直混合室内形成激波串结构,在激波串与混合层相互作用下,一/二次流实现快速充分掺混。此时,激波串前缘激波后流场中形成大面积亚声速区域,混合室内气流质量平均总压大幅降低,但总压恢复系数下降速率减慢。

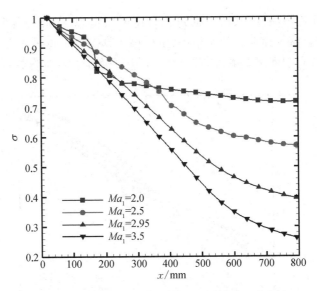

**图 3.32 不同一次流马赫数下等截面直混合室
总压恢复系数沿流向的变化**[8]

3.2.2.2 空气来流马赫数

在 RBCC 引射模态工作阶段,飞行器会经历从亚声速、跨声速到超声速的飞行马赫数变化。下面结合数值仿真研究空气来流马赫数对 RBCC 等截面直混合室流场结构与掺混特性的影响,具体计算工况如表 3.8 所示。其中,Case 1 为亚声速工况,Case 2 和 Case 3 为跨声速工况,Case 4 和 Case 5 为超声速工况。

表 3.8 空气来流马赫数影响研究计算工况[8]

序号	Ma_1	Ma_2	$T_{t,1}$/K	$T_{t,2}$/K	p_1/Pa	p_2/Pa	Ψ_p
Case 1		0.8					
Case 2		1.0					
Case 3	2.95	1.3	2 500	420	53 910	53 910	1.0
Case 4		1.5					
Case 5		1.7					

图 3.33 描绘了空气来流马赫数 Ma_2 分别为 0.8、1.0、1.3、1.5 和 1.7 五种工况下等截面直混合室内流场结构。对比不同空气来流马赫数下混合室流场马

赫数云图和密度梯度云图可以发现,当二次流空气以亚声速($Ma_2=0.8$)进入混合室时,由于高温高速一次流的剪切挤压作用,引射空气马赫数迅速降低,混合室上游基本为亚/超混合区域。

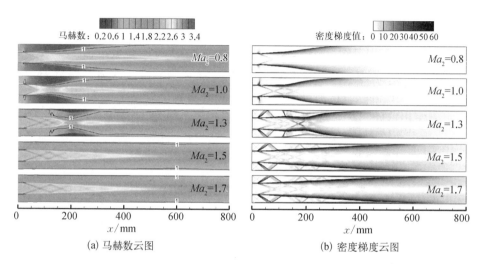

(a) 马赫数云图　　　　　　　　　(b) 密度梯度云图

图 3.33　不同空气来流马赫数下等截面直混合室内流场结构[8]

当二次流空气以跨声速($Ma_2=1.0$)进入混合室时,隔板后缘处二次流通道侧形成声速面,混合层向中心流道偏转,此时一次流通道内压缩波增强,火箭一次流长度缩短,马赫数降低,二次流通道内亚声速区域面积扩大[图 3.34(a)和图 3.34(b)]。进一步增大 Ma_2 至 1.3(跨声速上限),此时混合室壁面边界层发生分离,分离激波后形成的分离泡结构不断挤压混合层,火箭一次流区

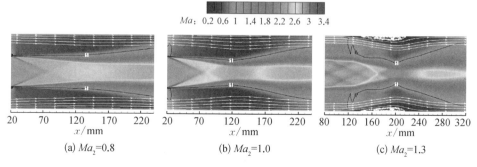

(a) $Ma_2=0.8$　　　　　(b) $Ma_2=1.0$　　　　　(c) $Ma_2=1.3$

图 3.34　$Ma_2=0.8$、1.0 和 1.3 时,等截面直混合室内亚声速流动区域流线分布[8]

域发展遭到破坏[图 3.34(c)]。相比之下,当二次流空气以超声速($Ma_2 = 1.5$ 和 1.7)进入混合室时,混合室内未形成明显的亚声速区域,此时一次流通道内火箭一次流长度增加,马赫数升高,隔板后缘处二次流通道侧激波/膨胀波强度增大。

图 3.35 为不同空气来流马赫数下等截面直混合室内二次流马赫数沿程变化曲线。对比分析可知,当 $Ma_2 = 0.8$ 和 1.0 时,二次流马赫数沿流向呈现先减小后增大的变化趋势,在一次流加速作用下,混合室下游二次流马赫数大幅升高。当 $Ma_2 = 1.3$ 时,二次流马赫数沿流向先逐渐减小后迅速增大,最终趋于稳定,混合室出口处二次流马赫数与入口基本相等。然而,当 $Ma_2 = 1.5$ 和 1.7 时,混合室内二次流马赫数沿流向整体呈现下降趋势,且 Ma_2 越大,二次流马赫数沿程整体降低幅度越大。

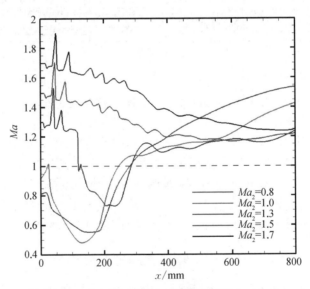

图 3.35　不同空气来流马赫数下等截面直混合室内二次流马赫数变化曲线[8]

为了比较不同空气来流马赫数下等截面直混合室内一/二次流掺混特性,图 3.36 展示了五种工况下混合室内不同流向位置截面上一次流组分质量分数分布。可以看到,在 $x = 200$ mm 截面位置处,$Ma_2 = 1.3$ 工况下一/二次流之间浓度梯度较小,组分掺混均匀程度较高,此时分离泡结构对混合层的挤压作用有效促进了上下两层来流的掺混。相比之下,当 $Ma_2 = 0.8$ 和 1.0 时,一/二次流之间速度差较大,两股气流掺混程度较低。随着流动向下游发展,中心一次流与周围空气来流之间组分输运和动量交换过程加剧,一次流组分质量分数曲线沿 y 向逐渐变宽且峰值逐渐减小。在混合室出口处($x = 800$ mm),$Ma_2 = 1.3$ 工况下一次流组分质量分数曲线最为平稳,$Ma_2 = 1.0$ 工况次之,这说明当空气来流以跨声速进入混合室时,一/二次流可以实现更为充分的掺混。进一步分析不同空气来流马赫数下等截面直混合室混合效率 η_{mix} 沿流向的变化曲线,如图 3.37(a)所示。当 $Ma_2 = 1.0$ 时,由于混合室入口附近二次流速度骤减,截面上气流速度分布均匀性变差,混合效率降低。随后,在一次流加速作用下,二次流速度迅速增大,混合效率快速升高。同样地,当 $Ma_2 = 1.3$ 时,由于混合室内分离泡位置附近气流速度变化剧烈,截面混合效率呈现先突然降低后迅速升高的变化趋势。然而,当二次流空气以超声速($Ma_2 = 1.5$ 和 1.7)进入混合室时,混合室混合效率基本呈现线性增长趋势,混合效率增长率随着空气来流马赫数增大而逐渐减小。此外,通过对比可以发现,$Ma_2 = 1.0$ 工况下混合室出口截面混合效率最高,η_{mix} 值达到97.4%。由此可得,当混合室入口空气来流速度接近声速时,一/二次流在混合室内可以实现快速充分掺混。

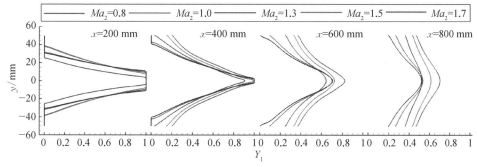

图 3.36 不同空气来流马赫数下等截面直混合室内流向
位置截面上一次流组分质量分数分布[8]

图 3.37(b)为不同空气来流马赫数下等截面直混合室总压恢复系数 σ 沿流向的变化曲线。可以看到,随着 Ma_2 从 0.8 增大到 1.7,混合室总压恢复系数沿程整体降低幅度先迅速增加后逐渐减小。当 $Ma_2 = 1.0$ 时,混合室内气流总压损失最大,一/二次流之间快速充分掺混过程造成总压恢复系数大幅降低。当 $Ma_2 = 1.3$ 时,σ 值在 $x = 180$ mm 截面位置附近突然迅速降低,这是由于壁面边界层发生分离,流场中分离激波后气流总压损失增加。总体而言,当二次流空

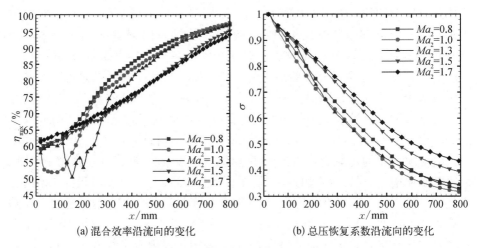

(a) 混合效率沿流向的变化 (b) 总压恢复系数沿流向的变化

图 3.37　不同空气来流马赫数下等截面直混合室混合
效率和总压恢复系数沿流向的变化[8]

气以跨声速进入混合室时,混合室内同时存在亚、跨、超声速流动区域,流场参数变化剧烈,混合室总压恢复系数下降速率加快。

综上所述,当引射空气来流以跨声速($Ma_2 = 1.0 \sim 1.3$)进入 RBCC 等截面直混合室时,一/二次流可以实现快速充分掺混,但同时由于混合室上游形成大面积亚声速区域,流场中气流总压损失大幅增加,混合室总压恢复系数加速下降。

3.3　RBCC 发动机高温差混合层流动掺混特性

火箭羽流高速度、高总温的特点使 RBCC 内部出现独特的高温差混合层。本节将结合大涡模拟结果,系统性分析亚/超、超/超混合层中燃气高温造成的影响。

3.3.1　高温差亚/超混合层流动掺混特性

本节采用数值仿真分析高温差混合层掺混特性,计算模型与图 3.8 所示实验物理模型相同,其中一次流内半径 21 mm,一/二次流隔板长度 10 mm,厚度 2 mm,混合层发展的总长度 150 mm,由于圆形可压缩混合层的变化主要位于径

向,为了减少计算量,本节设置了一个 60°的
扇形区域作为圆形混合层的计算域,如
图 3.38 所示。整个计算域包括 4 800 万网
格,网格分辨率满足大涡模拟要求。

　　数值仿真来流条件如表 3.9 所示,其中工
况 1 与本文 3.2.1.1 小节 Test 4 一次流来流条
件完全一致。所有工况的二次流条件不变,二
次流的马赫数为 0.137、静压为 31 173 Pa、对
流马赫数为 0.882。采用工况 1 与实验结果
对比,验证大涡模拟计算的准确性。从工况
1~4,一次流总温逐渐升高,最终达到 3 500 K
常规火箭总温。

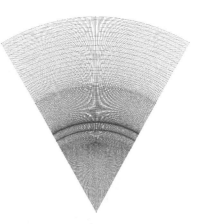

图 3.38　圆形混合层入口截面的
网格分布[6]

表 3.9　计算工况的一次流来流条件[6]

工　况	总温/K	静温/K	马赫数	速度/(m/s)
Case 1	300	174.2	1.9	502.7
Case 2	1 500	871.1	1.9	1 124.1
Case 3	2 500	1 451.8	1.9	1 451.1
Case 4	3 500	2 032.5	1.9	1 717.0

　　为了进一步验证圆管混合层仿真结果的准确性,图 3.39 对比了工况 1 混
合层流场的瞬时密度云图与 3.2.1.1 小节的实验结果。当前的大涡模拟仿真
结果较好地预测了圆管混合层的发展过程,包括圆形入口处的混合层开始发生
K-H 不稳定的位置,大尺度涡结构的产生均与实验结果一致。

　　图 3.40 展示了不同一次流总温工况下 Q 准则等值面,其中左侧为混合层
外侧,用当地密度进行染色(为了便于展示,工况 1 用温度染色)。右侧为混合
内侧,用当地温度进行染色(为了便于展示,工况 1 用密度染色)。随着总温度
增加,圆形混合层外侧的涡结构变化不明显,混合层内侧涡结构的尺度在逐渐
增大。这应该与一次流来流总温增加带来的雷诺数变化有关。

　　接下来简要分析一次流雷诺数随总温的变化规律。雷诺数由下式给出:

$$Re = \frac{\rho U L}{\mu} \tag{3.15}$$

图 **3.39** 中心截面处的大涡模拟瞬时密度云图与实验值的
对比(上: **LES**,下: **NPLS**)[6,7]

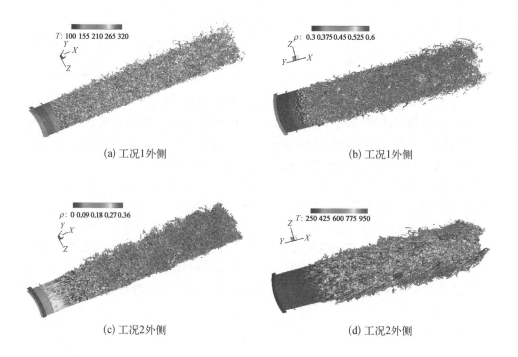

(a) 工况1外侧

(b) 工况1外侧

(c) 工况2外侧

(d) 工况2外侧

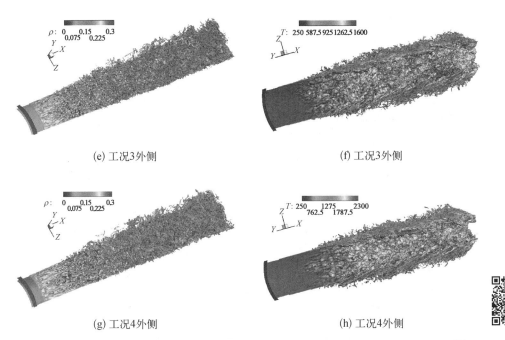

(e) 工况3外侧　　　　　　　　　　　　　(f) 工况3外侧

(g) 工况4外侧　　　　　　　　　　　　　(h) 工况4外侧

图 3.40　不同总温的圆形入口来流速度染色的 Q 准则等值面(左: 外侧, 右: 内侧) [7]

　　由于所有工况中二次流的参数不变, 为了便于分析, 定义一次流与二次流的雷诺数的比值为

$$R_{1,2} = \frac{\rho_1 U_1 L_1}{\mu_1} \bigg/ \frac{\rho_2 U_2 L_2}{\mu_2} \tag{3.16}$$

其中, 参考长度 L_1、L_2 均可取圆形入口的直径。由于本节不同工况一次流静压和马赫数均保持不变, 结合 Sutherland 公式、理想气体状态方程和声速的定义:

$$\mu = \mu_{\text{ref}} \left(\frac{T}{T_{\text{ref}}} \right)^{\frac{3}{2}} \frac{T_{\text{ref}} + S}{T + S} \tag{3.17}$$

$$P = \rho RT \tag{3.18}$$

$$C = \sqrt{\gamma RT} \tag{3.19}$$

其中, $\mu_{\text{ref}} = 1.716 \times 10^{-5}\,\text{kg/(m·s)}$; $T_{\text{ref}} = 273.15\,\text{K}$; $S = 110.4\,\text{K}$; R 为气体常数; γ 为比热比。

将上述三式代入式(3.16),得

$$R_{1,2} = \frac{T_1 + S}{T_1^2} \Big/ \frac{T_2 + S}{T_2^2} \tag{3.20}$$

由于二次流的静温 T_2 在所有工况中保持不变,因此根据式(3.17)可知,一次流的雷诺数随着总温的升高不断降低。当前的仿真结果中,一次流的涡结构(混合层内侧)随着一次流总温的增大而显著增大,正是雷诺数不断减小的体现。但是二次流(混合层外侧)的涡结构变化不大。从表3.10中所示的不同工况混合层增长率可以看出,随着总温的增加,混合层增长率有明显增加的趋势。

表 3.10　圆管混合层增长率与公式预测值的对比[7]

工　况	总温/K	静温/K	增长率	公　式	误　差
Case 1	300	174.2	0.089	0.087 2	−2.1%
Case 2	1 500	871.1	0.088 6	0.093 6	5.3%
Case 3	2 500	1 451.8	0.111 5	0.134 2	16.7%
Case 4	3 500	2 032.5	0.113 4	0.151 6	25.2%

3.3.2　高温差超/超混合层流动掺混特性

下面分析高温差超/超混合层的数值仿真结果,采用与3.2.1.2小节相同的RBCC等截面直混合室,保持混合室入口二次流参数不变,通过改变一次流总温,研究不同温差条件下RBCC等截面直混合室内混合层流场发展与演化过程,LES计算工况如表3.11所示。其中,Case 1 为大温差混合层,一/二次流静温差 $\Delta T = 819$ K,Case 2 为小温差混合层,一/二次流静温差 $\Delta T = 81$ K。

表 3.11　不同温差条件下 RBCC 混合层流场大涡模拟计算工况[8]

序号	Ma_1	Ma_2	(p_1, p_2)/Pa	$T_{t,1}$/K	$T_{t,2}$/K	T_1/K	T_2/K	ΔT/K
Case 1	2.95	1.5	53 910	2 500	420	1 109.6	290.6	819
Case 2				1 000		371.6		81

为了直观地比较不同温差条件下 RBCC 混合层涡结构的三维演化特性,图3.41展示了 $\Delta T = 81$ K 和 819 K 工况下 RBCC 发动机等截面直混合室内混合

层瞬时全流场涡量分布,涡量等值面采用马赫数着色。可以清晰地看到,两种温差下超声速混合层均经历了从层流、转捩到完全湍流的发展过程。当一/二次流静温差较小时($\Delta T = 81\ \text{K}$),混合层流动在 $x = 50\ \text{mm}$ 截面位置处失稳,初始 K‑H 涡结构开始卷起,随后通过涡并过程逐渐增大,形成大尺度拟序结构。在下游远场处,大尺度涡结构卷起部分逐渐破碎成小尺度涡结构。相比之下,对于 RBCC 大温差混合层($\Delta T = 819\ \text{K}$),由于一次流高释热性抑制了 K‑H 不稳定性的增长,混合层转捩位置明显滞后。但在 $x = 90\ \text{mm}$ 截面位置下游,混合层迅速卷起形成大尺度涡结构,流场中涡量显著增加,混合层厚度快速增长。在流动远场处,大尺度拟序结构仍然存在,继续卷吸着周围流体进入混合层区域,此时混合室出口附近一/二次流充分掺混区域明显扩大。由此可见,在大温差混合层中,由于流场下游大尺度拟序结构的卷吸作用,混合室内涡量迅速生成,一/二次流实现混合增强。

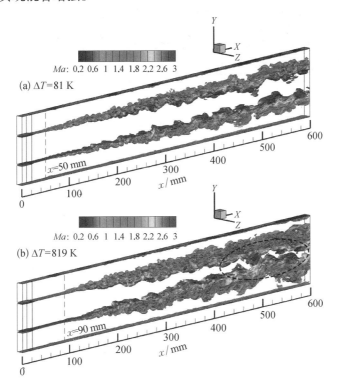

图 3.41　两种温差下 RBCC 等截面直混合室内
混合层瞬时流场涡量分布[8]

图 3.42 和图 3.43 分别给出了两种温差条件下 RBCC 等截面直混合室内混合层瞬时流场温度分布云图和密度梯度云图。从图 3.42 可以看到,当 $\Delta T=81$ K 时,一/二次流交界面上温度梯度较小,混合层失稳后卷起的涡发展较慢,混合层厚度增长率较低。当 $\Delta T=819$ K 时,由于一/二次流之间存在较大的温度梯度,混合层涡卷起推迟,但在流动失稳后混合层迅速卷起形成大尺度 K-H 涡结构。随着

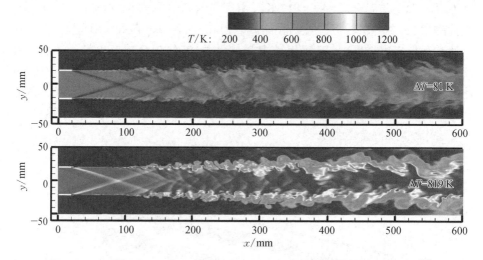

图 3.42 两种温差下 RBCC 等截面直混合室内混合层瞬时流场温度云图[8]

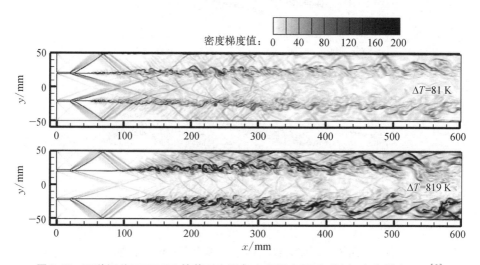

图 3.43 两种温差下 RBCC 等截面直混合室内混合层瞬时流场密度梯度云图[8]

流动向下游发展,混合层增长速度加快,流场中出现明显的温度分层现象,这表明大温差条件下混合层上下两股流动之间能量交换过程加剧,促进了一/二次流快速掺混。此外,分析图 3.43 可以得出,相比于小温差混合层,大温差混合层流场密度梯度显著增大,两股气流交界面附近区域呈现出明暗交替的变化特征。由于一次流总温升高,RBCC 火箭一次流通道内背景激波衰减速度明显加快。

图 3.44 显示了两种温差条件下 RBCC 等截面直混合室内混合层瞬时流场湍动能分布。通过对比可以发现,在大温差混合层中($\Delta T = 819$ K)流场湍动能显著增长。特别是在混合室 $x = 100 \sim 350$ mm 区域内,由于一次流释热作用增强,混合层流场湍动能峰值大幅提高,有利于促进混合层上下两侧流动快速掺混。

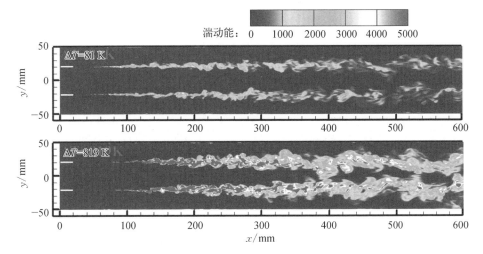

图 3.44 两种温差下 RBCC 等截面直混合室内混合层瞬时流场湍动能分布[8]

为进一步比较不同温差条件下超声速混合层流场湍流脉动强度,图 3.45 展示了 $\Delta T = 81$ K 和 819 K 两种工况下 RBCC 等截面直混合室内混合层流场 $x = 120$ mm、230 mm、390 mm 和 550 mm 流向位置处的雷诺应力分布。从图中可以看出,不同温差条件下 RBCC 混合层流场雷诺应力分布曲线存在两个峰值,且伴随着混合层向下游发展,雷诺应力峰值先逐渐增大,然后迅速减小,最后趋于稳定。在混合层上游,雷诺应力分布曲线较为狭窄,随着流场向下游演化,雷诺应力分布曲线沿 y 向逐渐变宽,剖面形状基本呈"M"型。此外,相比于小温差混合层,大温差混合层上游 $x = 120$ mm 和 $x = 230$ mm 流向位置处的雷诺应力峰值明显增大,此时混合层流动更容易失稳,流场的三维特性增强,一/二次流掺混程度提高。在混合层下游 $x=390$ mm 和 $x=550$ mm 流向位置处,两种温差条件下雷诺应力峰值近似相等,但值得注意的是,在大温差混合层中,RBCC 等截面直混合室对称中心面 $y=0$ 上的雷诺应力不断增大,流场中雷诺应力分布趋于均匀,这表明混合层下游大尺度拟序结构的卷吸作用加剧了流场的脉动特性,显著促进了一/二次流充分掺混。

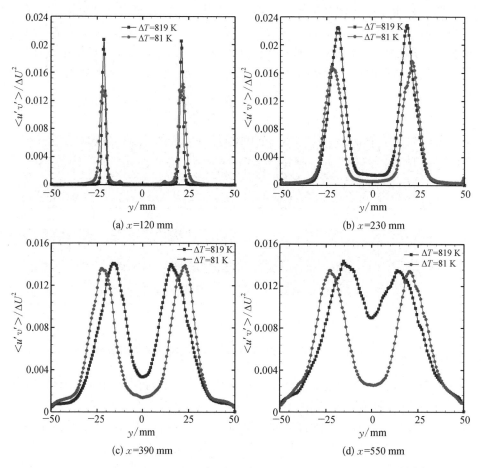

图 3.45 两种温差下 RBCC 混合层流场不同流向位置处雷诺应力分布[8]

3.3.3 高温差混合层掺混机制总结

在 RBCC 大温差混合层中,一次流释热膨胀过程抑制了 K-H 不稳定性的增长,混合层转捩位置明显滞后。但在流动失稳后,混合层迅速卷起形成大尺度涡结构,流场中涡量显著增大,混合层增长速度加快,此时流场下游大尺度拟序结构对周围流体的卷吸作用增强了混合层流动的湍流脉动特性,加剧了一/二次流的掺混。

无论是亚/超混合层还是超/超混合层,高温作用引起对流马赫数提高会在混合层发展初期抑制混合层发展,使得混合层转捩区域向后延迟。但随着流场发展,高温产生的温度梯度又能显著提高混合层流动的湍流脉动,加速 K-H 的发展破碎过程,促进自相似区的混合层发展速度。

3.4　引射模态混合增强方法

一/二次流的高效掺混对 RBCC 发动机性能有重要影响。为实现一/二次流混合增强,提高发动机燃烧效率,众多学者针对 RBCC 引射模态流动掺混特性开展了大量探索性工作。本书针对"收缩-扩张型混合室"和"壁面凹腔型混合室"两种方案开展引射模态混合增强方法研究。采用 RANS 数值仿真、NPLS 实验图像和 LES 数值仿真揭示了混合室的复杂背景波系和混合层精细流场结构,阐明了 RBCC 发动机混合室流动混合增强机制。

3.4.1　收缩-扩张型流道混合增强方法研究

收缩-扩张型混合室内混合层上下两侧标量掺混速率和掺混均匀程度均高于等截面直混合室,一/二次流混合效率明显提高。本节结合 NPLS 实验图像和 LES 数值仿真结果,深入分析了收缩-扩张型混合室内背景波系与混合层精细流场结构,进而揭示 RBCC 收缩-扩张型混合室流动混合增强机理。

图 3.46(a)和(b)分别描绘了基准工况条件下等截面直混合室和收缩-扩张型混合室 $x=100$ mm 至 $x=450$ mm 范围内精细流场结构。可以看到,在等截面直混合室中,隔板后缘处火箭一次流通道侧压缩波 CS_1 和 CS_2 相交反射后与混合层相互作用形成透射激波 TS_1 和 TS_2,其与壁面边界层干扰形成反射激波 RS_1 和 RS_2。引射空气通道侧激波在壁面发生反射后穿过混合层形成透射激波 TS_3 和 TS_4,进而与边界层、混合层相互作用形成后续波系结构。伴随着流动的发展,在 $x=250$ mm 截面位置下游,等截面直混合室内背景波系强度逐渐减弱,混合层生长速率降低。相比之下,在收缩-扩张型混合室中,收缩段处斜激波加

剧了混合层上下两股流动的掺混,激波作用点后混合层厚度快速增长。与此同时,透射激波 TS_1 和 TS_2 与收缩段壁面相互作用后形成的反射激波 RS_1 和 RS_2 强度增大,其与收缩段和扩张段连接处形成的膨胀波 EW_1 和 EW_2 共同作用于混合层,进一步诱导混合层上下两层标量混合增强。此外,在混合室 $x>250$ mm 区域,扩张段边界层内的逆压梯度增加,导致扩张段上游壁面边界层分离,低超声速气流在分离点附近产生一系列微弱压缩波,进而汇聚形成分离激波。多道分离激波与混合层相互作用加快了上下两侧流体之间质量、动量及能量的输运,一/二次流混合效率显著提高。收缩-扩张型混合室内火箭一次流区域面积迅速减小,混合层区长度大幅缩短。

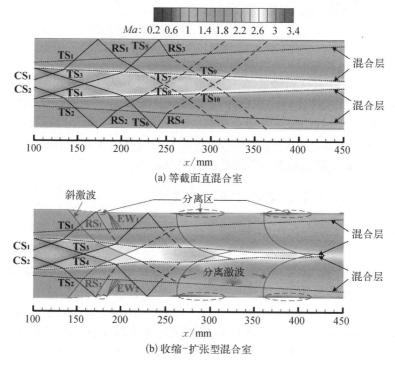

(a) 等截面直混合室

(b) 收缩-扩张型混合室

图 3.46　两种混合室构型内背景波系与混合层精细流场结构[8]

　　图 3.47 给出了冷态工况下收缩-扩张型混合室内混合层流场流向结构的 NPLS 图像,流动从左向右发展,混合室入口一/二次流马赫数分别为 1.92 和 1.32,一/二次流静压比为 0.56,显示了隔板后缘下游 $x = 50 \sim 210$ mm 范围内混

合层流场结构,其中混合层上层为一次流流动,下层为二次流流动。可以明显看到,气流经过混合室平直段和收缩段连接处时产生一道很强的斜激波,作用于混合层使其向一次流侧偏转,随后由于混合室流道扩张,混合层又逐渐偏向二次流侧发展。与此同时,上游激波穿过混合层与扩张段壁面边界层发生相互作用,产生分离激波并伴随形成分离区。此外,通过比较连续两幅 NPLS 图像还可以发现,在 5 μs 时间间隔内,流场中斜激波与混合层相互作用位置处的涡结构向下游仅运动了 0.91 mm,然而在斜激波作用点后,混合层内涡结构运动速度明显加快。这也证明了在收缩-扩张型混合室内,混合层在激波作用点附近生长速率减慢,但在激波作用后区域,混合层厚度增长率迅速提高,激波诱导一/二次流混合增强。

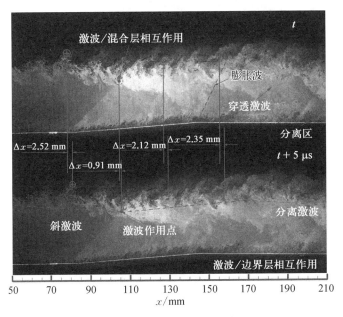

图 3.47 冷态工况下收缩-扩张型混合室内混合层流场结构 NPLS 图像[8]

图 3.48 展示了三维 RBCC 等截面直混合室和收缩-扩张型混合室内 LES 瞬时全流场涡量分布。涡量等值面采用流向速度着色,以显示流场中涡结构的运动速度。通过对比可以发现,在收缩-扩张型混合室内,混合层流场中 $x=200$ mm 截面位置处涡量突然增加,这是由于上游收缩段处斜激波与混合层发生相互作用,诱导形成涡量增益。随着流场向下游演化,相比于等截面直混合

室,收缩-扩张型混合室内流场涡量显著增加,一/二次流实现完全掺混的位置提前,这是因为扩张段壁面处产生的分离激波与混合层相互作用,导致流场中涡量迅速增大,从而促进了一次流与空气来流快速充分掺混。

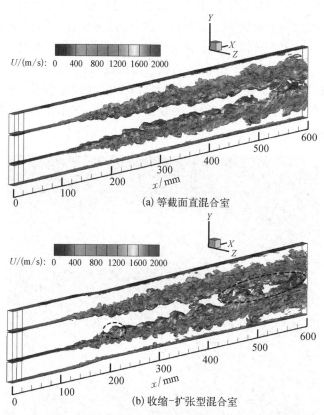

(a) 等截面直混合室

(b) 收缩-扩张型混合室

图 3.48　三维 RBCC 发动机混合室瞬时全流场涡量分布云图[8]

为进一步分析激波作用下混合层流场涡量急剧增长的机制,本节从涡量输运方程的角度出发对其进行讨论。对于可压缩混合层,忽略惯性力和黏性项,只考虑展向涡量分布情况,涡量输运方程可简化为

$$\frac{\mathrm{d}\omega_z}{\mathrm{d}t} = -\omega_z(\nabla \cdot U) + \frac{1}{\rho^2}(\nabla\rho \times \nabla p) \cdot e_z \tag{3.21}$$

式中,e_z 为展向单位矢量;$\omega_z(\nabla \cdot U)$ 和 $(\nabla\rho \times \nabla p)/\rho^2$ 分别对应于膨胀项和斜

压项。在超声速湍流流动中,斜压项对涡量增加具有重要影响,其对于涡量生成的贡献取决于密度梯度和压力梯度两者叉乘的结果。图 3.49 显示了等截面直混合室和收缩-扩张型混合室流场中斜压项模值 $\parallel \nabla \rho \times \nabla p \parallel$ 瞬时分布云图。可以看出,相比于等截面直混合室,收缩-扩张型混合室内收缩段和扩张段连接处附近斜压项模值明显增大,此时上游收缩段处斜激波与壁面反射激波共同作用于混合层,诱导形成显著的斜压效应,促进了涡量快速增长。在混合室 $x = 250 \sim 400 \ \mathrm{mm}$,扩张段壁面处产生的分离激波打到混合层上,导致流场中形成较大模值的 $\parallel \nabla \rho \times \nabla p \parallel$,有利于促进涡量的生成,一/二次流混合效率迅速提高。

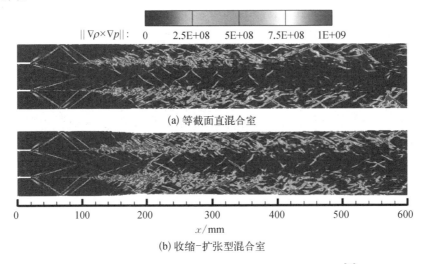

$\parallel \nabla \rho \times \nabla p \parallel :$　0　　2.5E+08　　5E+08　　7.5E+08　　1E+09

(a) 等截面直混合室

0　　　100　　　200　　　300　　　400　　　500　　　600

x/mm

(b) 收缩-扩张型混合室

图 3.49　两种混合室流场中斜压项模值瞬时分布云图[8]

综上所述,相比于等截面直混合室,收缩-扩张型混合室内背景波系结构更加复杂,激波强度更大,一次流与空气来流可以在较短距离内实现充分掺混。这是由于混合室收缩段处斜激波和扩张段壁面处分离激波与混合层发生相互作用,加剧了混合层上下两侧流体之间质量、动量和能量的输运,诱导一/二次流混合增强。实验中观察到在斜激波作用后的区域内收缩-扩张型混合室内混合层生长速率明显加快。此外,LES 数值仿真结果表明,在激波与混合层相互作用点附近,流场中涡量显著增大,激波诱导形成涡量增益,促进了一/二次流的掺混。进一步分析涡量输运方程可知,激波作用下混合层流场斜压效应增强是导致收缩-扩张型混合室内涡量迅速生成的重要机制。

3.4.2 壁面凹腔流道混合增强方法研究

本节对比了引射模态下 RBCC 等截面直混合室和壁面凹腔型混合室内流场结构与掺混特性,结合混合层流场 NPLS 实验图像和 LES 数值仿真结果,揭示 RBCC 引射模态壁面凹腔型混合室掺混增强机制。

以 RBCC 等截面直混合室和壁面凹腔型混合室基准构型为研究对象,提取引射模态下两种混合室内不同流向位置截面上一次流组分质量分数分布,如图 3.50所示。从图中可以看出,在混合层初始生长阶段($x=90\ \text{mm}$),一次流组分主要分布在火箭一次流通道内,一/二次流之间存在巨大的浓度梯度,掺混程度较低。伴随着混合层的发展,在 $300\ \text{mm}<x<750\ \text{mm}$ 区域内,一次流组分质量分数曲线沿横向逐渐变宽,峰值逐渐减小,一/二次流之间浓度梯度逐渐被抹平。相比之下,在混合室出口附近($x=750\ \text{mm}$),壁面凹腔型混合室内一次流组分质量分数曲线更加平稳,表明一次流与空气来流实现了更为充分的掺混。此外,进一步分析两种混合室内混合层标量混合度 S 和混合效率 η_{mix} 沿流向的变化曲线可以发现[图 3.51(a)和(b)],相比于无凹腔的等截面直混合室,壁面凹腔型混合室 $150\ \text{mm}<x<300\ \text{mm}$ 范围内 η_{mix} 值降低,这是由于凹腔下游壁面边界层发生分离,混合室二次流通道内形成大面积亚声速区域,导致流场中气流速度分布均匀性变差。然而,在 $x=300\ \text{mm}$ 截面位置下游,壁面凹腔型混合室内 S 值加速下降,η_{mix} 值大幅上升,混合效率增长率显著提高,一/二次流实现了快速充分掺混。

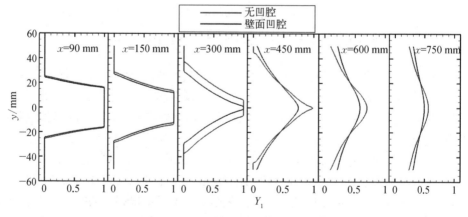

图 3.50　壁面无凹腔和有凹腔工况下混合室内不同流向
位置截面一次流组分质量分数分布[8]

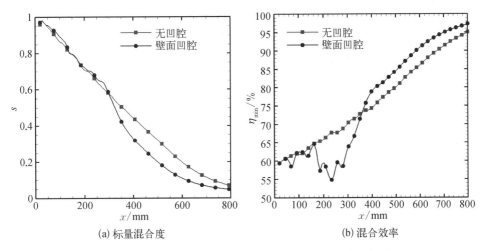

(a) 标量混合度　　　　　　　　(b) 混合效率

图 3.51　壁面无凹腔和有凹腔工况下混合室内混合层标量
混合度和混合效率沿流向的变化[8]

　　为揭示 RBCC 引射模态壁面凹腔型混合室强化掺混机制,图 3.52 描绘了等截面直混合室和壁面凹腔型混合室内背景波系与混合层精细流场结构。从图 3.52(a)可以看出,在无凹腔的等截面直混合室中,隔板后缘处一/二次流通道侧产生膨胀波和压缩波结构,两组初始激波与壁面边界层和混合层相互作用形成反射激波和透射激波,这些背景激波沿流道向下游传播形成后续波系结构。伴随着流动的发展,等截面直混合室内背景波系强度减弱,一/二次流掺混速率减慢。相比之下,在壁面凹腔型混合室中[图 3.52(b)],隔板后缘处引射空气通道侧膨胀波 EW_1 和 EW_2 以及压缩波系 CS_1 和 CS_2 作用于凹腔剪切层,分别反射形成汇聚激波和膨胀波。在凹腔剪切层卷吸作用下,二次流被卷入凹腔主回流区,与凹腔后壁发生碰撞产生撞击激波 IS_1 和 IS_2,同时凹腔后缘处伴随形成膨胀波。这些复杂背景波系与混合层相互作用,促进了混合层上下两侧标量的掺混。此外,壁面凹腔后缘发出的声波扰动传播到凹腔下游,诱导凹腔剪切层与混合层发生强烈相互作用,引起壁面边界层分离,产生多道分离激波,流场中大尺度分离泡结构不断挤压混合层,加剧了混合层上下两股流动之间质量、动量和能量交换过程,一/二次流混合效率显著提高。此时,壁面凹腔型混合室内火箭一次流形态发生畸变,混合层区长度大幅缩短,混合层厚度明显减小。

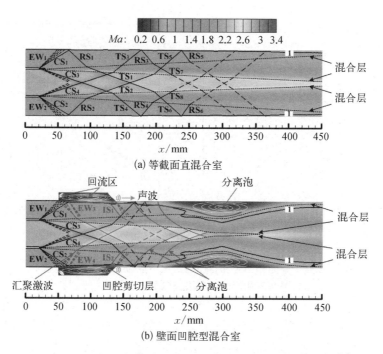

(a) 等截面直混合室

(b) 壁面凹腔型混合室

图 3.52　两种混合室构型内背景波系与混合层精细流场结构[8]

　　图 3.53 显示了冷态工况下壁面凹腔型混合室内混合层流场流向结构的 NPLS 图像。混合层上侧为一次流流动($Ma_1 = 1.92$），下侧为二次流流动($Ma_2 = 1.32$），混合室入口一/二次流静压比 $p_1/p_2 = 0.56$。图像反映了隔板后缘下游 $x = 20 \sim 200$ mm 区域内混合层流场发展与演化过程，流动方向从左往右，t_1、t_2 和 t_3 分别对应不同的采样时刻。可以看到，壁面凹腔型混合室内混合层流场呈现出明显的非定常特征。在 t_1 时刻，凹腔剪切层形成并贴附于壁面发展，凹腔下游混合室壁面边界层厚度增加。随后，在 t_2 时刻，由于凹腔剪切层撞击凹腔后壁，凹腔后缘处表现出一定的再压缩特性，此时凹腔下游剪切层边缘发现典型的发卡涡结构，且发卡涡头部存在明显的被拉伸趋势。此外，发卡涡在向下游运动的同时逐渐向混合层靠近，凹腔剪切层与混合层之间夹角增大。伴随着流动进一步发展，在 t_3 时刻，流场中出现隔板后缘处压缩波与凹腔剪切层相互作用现象，凹腔前缘处形成膨胀波结构。此时在凹腔下游 $x = 195$ mm 截面位置附近，凹腔剪切层明显抬升，其与混合层发生相互作用，促进了一/二次流的掺混。

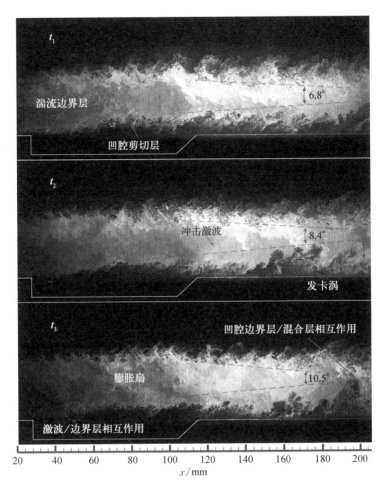

**图 3.53　$\Psi_p = 0.56$ 工况下不同时刻壁面凹腔型混合室内
混合层流场结构 NPLS 图像**[8]

图 3.54 给出了 $\Psi_p = 0.68$ 工况下不同时刻壁面凹腔型混合室内混合层流场流向结构的 NPLS 图像。可以发现,相比于 $\Psi_p = 0.56$ 工况,当 $\Psi_p = 0.68$ 时,隔板后缘处混合层向一次流侧偏转一小段距离后,很快偏向二次流侧发展,此时凹腔剪切层倾斜角度迅速增大。在 t_2 时刻,凹腔剪切层在凹腔下游 $x = 200$ mm 流向位置处与混合层发生相互作用,一/二次流掺混均匀程度提高。在 t_3 时刻,凹腔剪切层与混合层相互作用位置提前,强度明显增大,凹腔下游混合室壁面附近形成分离泡结构,一/二次流实现混合增强。

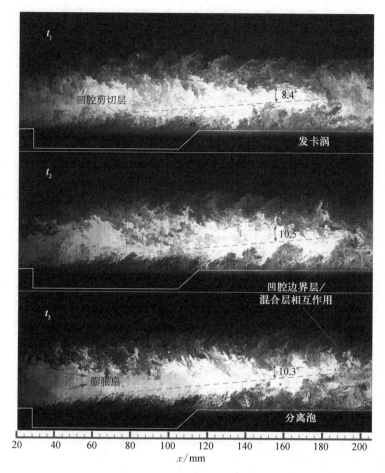

图 3.54　$\mathit{\Psi}_p = 0.68$ 工况下不同时刻壁面凹腔型混合室内混合层流场结构 NPLS 图像[8]

　　此外,进一步对比图 3.55 中基准工况条件下三维 RBCC 等截面直混合室和壁面凹腔型混合室内 LES 瞬时全流场涡量分布可以看出,在壁面凹腔型混合室 $x = 180 \sim 320$ mm 范围内,凹腔剪切层与混合层发生强烈相互作用,剪切层中大尺度涡结构迅速破碎成小尺度涡结构,混合层受到挤压后逐渐向中心火箭一次流通道偏转。相比于等截面直混合室,壁面凹腔型混合室下游远场处湍流强度增大,涡量显著增加,一/二次流完全掺混距离明显缩短。此时,混合室上游凹腔剪切层与混合层之间强相互作用诱导流场涡量迅速生成,促进了一次流与空

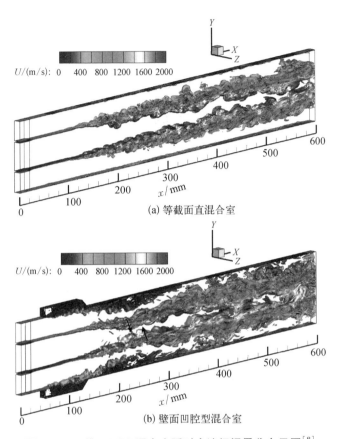

(a) 等截面直混合室

(b) 壁面凹腔型混合室

图 3.55　三维 RBCC 混合室瞬时全流场涡量分布云图[8]

气来流快速充分掺混。

　　综上所述,在引射模态下,RBCC 壁面凹腔型混合室流动掺混性能明显高于等截面直混合室。此时,混合室上游壁面凹腔在流场中充当了激励器的角色。凹腔后缘处发出的声波扰动向混合室下游传播,诱导凹腔剪切层与混合层相互作用增强,引起壁面边界层分离。流场中形成的大尺度分离泡不断挤压混合层,加剧了混合层上下两股流动之间质量、动量和能量交换过程,一/二次流混合效率大幅提高。此外,NPLS 实验图像和 LES 数值仿真结果也表明,在壁面凹腔型混合室内,凹腔剪切层与混合层发生强烈相互作用,流场中涡量显著增大,促进了一/二次流快速充分掺混。

3.5　本章小结

本章从理论角度分析了 RBCC 发动机混合层掺混特性,阐明了一次流温度和一/二次流马赫数是影响混合层发展的重要因素。利用实验和数值仿真揭示了一/二次流掺混的精细流场结构。可压缩混合层厚度增长率与来流总温正相关。一次流过膨胀有利于亚/超混合层的发展,而超/超混合层则在一次流恰好完全膨胀时发展最佳。对流马赫数增大导致混合层中涡结构移动速度增加,不利于一/二次流的混合。

针对 RBCC 发动机高温差混合层的研究表明,高温差对亚/超混合层和超/超混合层的影响是类似的。高温一次流释热膨胀抑制 K－H 不稳定性的增长,高温还引起对流马赫数提高,不利于混合层初期的发展,导致混合层转捩区域向下游延迟。但是在流动失稳后,混合层下游大尺度拟序结构对周围流体的卷吸作用显著增强了流场的脉动特性,加速 K－H 涡的发展破碎过程,强化了一/二次流的掺混。

针对 RBCC 发动机内部混合层发展慢、实际混合长度受限等客观条件,本章提出了两种混合增强方法。相比于等截面直混合室,收缩-扩张型混合室的掺混性能明显提高。主要原因是在收缩-扩张型混合室内,激波作用下混合层流场斜压效应增强,进而导致激波与混合层相互作用点附近流场涡量显著增大,促进了一/二次流的掺混。在混合室侧壁安装凹腔同样能够促进一/二次流的掺混。凹腔自激振荡引起的声学扰动向混合室下游传播,诱导凹腔剪切层与混合层发生强烈相互作用,导致壁面边界层分离,流场中大尺度分离泡结构不断挤压混合层,促进了混合层上下两侧流体之间的质量、动量和能量交换。

参考文献

[1]　Yang L, Dong M, Benshuai F, et al. Direct numerical simulation of fine flow structures of subsonic-supersonic mixing layer[J]. Aerospace Science and Technology, 2019, 95: 105431.

[2]　Yoder D A, DeBonis J R, Georgiadis N J. Modeling of turbulent free shear flows[J].

Computers & Fluid,2015,117: 212 - 232.

[3]　Goebel S G, Dutton J C. Experimental study of compressible turbulent mixing layers[J]. American Institute of Aeronautics and Astronautics,1991, 29: 538 - 546.

[4]　Gatski T B,Bonnet J-P. Compressibility, turbulence and high speed flow[M]. Oxford: Elsevier, 2013: 169 - 221.

[5]　Papamoschou D, Roshko A. The compressible turbulent shear layer: an experimental study [J]. Journal of Fluid Mechanics, 1988, 197: 453 - 477.

[6]　顾瑞.轴对称 RBCC 引射模态混合及燃烧组织特性研究[D].长沙: 国防科技大学, 2021.

[7]　熊大鹏.基于 GPU 加速计算的圆截面发动机超声速流动燃烧机理研究[D].长沙: 国防科技大学,2022.

[8]　董泽宇.火箭基组合循环发动机引射模态混合增强机理研究[D].长沙: 国防科技大学,2021.

[9]　Zhang D D, Tan J G, Lv L. Investigation on flow and mixing characteristics of supersonic mixing layer induced by forced vibration of cantilever[J]. Acta Astronautica, 2015, 117: 440 - 449.

第4章　掺混后燃烧(DAB)模式混合燃烧过程

掺混后燃烧(DAB)模式采用先增压后燃烧的方式进行补燃,补燃过程的热效率和补燃燃料的燃烧效率都高于 SMC 模式。本章通过实验和数值仿真研究了 DAB 模式中的混合与燃烧过程。4.1 节通过实验模拟 RBCC 发动机引射模态下的典型工作状态,得到发动机总体性能以及引射流量、推力和比冲等发动机性能参数;4.2 节展示 DAB 模式下混合室内的混合增压过程;4.3 节给出了混合室出口截面非均匀混合气体在扩张段内的流动机制。

4.1　DAB 模式的推力特性

在 DAB 模式下,火箭燃气与二次流空气在混合室内掺混,二次流空气的总压增加,并在混合通道内形成气动壅塞,避免了燃烧室压力对二次流空气的影响,使发动机能够在低动压的飞行条件下稳定工作。本节通过地面实验获得了 DAB 模式在典型工作状态的总体性能。

4.1.1　DAB 模式的实验方法

4.1.1.1　实验设备

实验中 RBCC 发动机为轴对称构型,火箭为内埋式中心布局,其位置在发动机头部中心轴线上。实验过程中采用了两台不同规格的火箭进行实验,分别是 1 号火箭和 2 号火箭。1 号火箭为设计流量 1 kg/s、喷管出口马赫数 2.9 的液氧/煤油火箭;2 号火箭为设计流量 2 kg/s、喷管出口马赫数 3.0 的气氧/煤油火箭。实验过程中可以通过调节火箭当量比、总压和流量改变火箭的工况。引射空气从发动机头部进气,进气方向与推力方向垂直。发动机的混合通道、补燃燃烧室和喷管顺序连接。

　　DAB 模式发动机的测试系统布局如图 4.1 所示。RBCC 发动机安装在悬空的工字梁吊架上。在吊架的前后两端各安装一个推力传感器。RBCC 发动机工作过程中推力方向的受力可以直接传递到前后侧的推力传感器。为了避免实验过程中工字梁吊架发生抖动,实验前向推力传感器施加预紧力,实验中通过测量两个推力传感器之间的差值,可以得到发动机推力方向的受力情况。为了避免供应管路拉扯影响推力测量结果,火箭的相关管道在进入发动机时由软管连接,且管路布置方向与发动机推力方向垂直。在发动机出口截面,利用引射器模拟不同高度下的环境压力。引射器与发动机之间采用橡胶密封装置密封,无其他刚性连接。

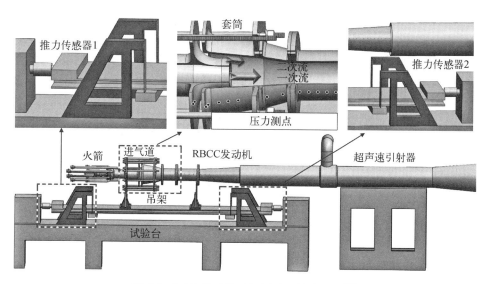

图 4.1　DAB 模式发动机测试系统布局图[1]

　　沿着发动机轴线方向,在发动机内壁面沿程设置了压力测量点。在发动机出口处安装了 6 个压力传感器测量环境背压,并将其平均值作为实验模拟的环境压力。空气进口处的通道面积足够大,保证二次流空气始终处于自由抽吸状态。在空气进口处设置了多个压力测点,通过测量壁面压力反算发动机不同工况下的引射空气流量[2,3]。RBCC 发动机的等直混合室直径为 D,发动机总长度为 L,L/D 约为 12.8,其中等直混合室长度为 $6D$。

4.1.1.2　实验工况设置

　　图 4.2 整理了三种 RBCC 发动机引射模态工作的典型弹道。图中标注了

等总压、等总温和等动压辅助线。三种方案主要的工作点均在常规冲压发动机的飞行包线附近。X-34[4]方案将工作点设置在冲压发动机低动压边界附近,GTX[5]方案将工作点设置在冲压发动机高动压边界附近,X-33[6]工作点在冲压发动机工作包线中部。通过总压等值线和总温等值线可以发现引射模态的总压与总温都不高。实验选用环境空气为二次流气源,选用图 4.2 中的 101 kPa 等总压线作为实验模拟弹道。在飞行马赫数为 0~1.5 时,空气总温范围为 300±50 K。空气总温与海平面环境空气相差不大。在实验中模拟的不同飞行高度由发动机出口截面的背压决定,背压越低模拟的飞行高度越高,对应的模拟飞行马赫数越大。

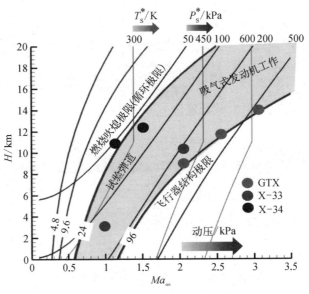

图 4.2　不同 RBCC 发动机引射模态方案弹道工作点[2-6]

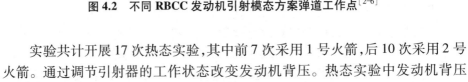

　　实验共计开展 17 次热态实验,其中前 7 次采用 1 号火箭,后 10 次采用 2 号火箭。通过调节引射器的工作状态改变发动机背压。热态实验中发动机背压变化范围为 42~83 kPa。为获得发动机在同一背压下的冷/热态对比数据,又在背压 5~101 kPa 范围内进行了 30 次冷态实验。17 次热态实验的具体条件见表 4.1,其中 P_a 为二次流进口压力,P_b 为发动机出口的环境背压,$\dot{m}_p$ 为火箭流量,$\dot{m}_{k2}$ 为补燃燃油的流量,Φ 为火箭的当量比。

表 4.1　DAB 热态实验条件

实 验	火 箭	P_a/kPa	P_b/kPa	$\dot{m}_p$/(g/s)	Φ	$\dot{m}_{k2}$/(g/s)
Test 1	1 号火箭	101	76	936.2	0.80	108.6
Test 2	1 号火箭	101	68	930.5	0.81	203.7
Test 3	1 号火箭	101	64	962.9	0.76	104.7
Test 4	1 号火箭	101	60	948.1	0.78	56
Test 5	1 号火箭	101	52	959.2	0.76	107.4
Test 6	1 号火箭	101	48	941.8	0.79	110.6
Test 7	1 号火箭	101	42	933.7	0.81	75
Test 8	2 号火箭	101	83	1 815.6	0.89	353.6
Test 9	2 号火箭	101	80	1 890.3	0.77	333
Test 10	2 号火箭	101	77	1 872.9	0.64	340.2
Test 11	2 号火箭	101	75	1 724.6	1.01	210.9
Test 12	2 号火箭	101	72	1 676	0.90	237.1
Test 13	2 号火箭	101	70	1 792.5	0.80	237.1
Test 14	2 号火箭	101	66	1 774.5	0.65	236.8
Test 15	2 号火箭	101	55	1 510.2	0.96	87
Test 16	2 号火箭	101	55	1 516	0.99	93.1
Test 17	2 号火箭	101	50	1 572.5	0.88	102.6

4.1.1.3　推力测量和精度分析

推力测量的示意图见图 4.3。前后两个传感器的受力分别为 F_1 和 F_2,传感器的合力 F_h 可以表示为

$$F_h = F_1 + F_2 \tag{4.1}$$

引射器用于模拟高空环境压力。在实验中发动机出口截面的压力为背压 P_b,发动机前体壁面上的外压力为 P_a。引射器模拟的背压为 P_b,对发动机产生的外壁面压差力 F_3,计算方法如下:

$$F_3 = (P_a - P_b)A_{out} \tag{4.2}$$

其中,A_{out} 为发动机出口截面面积。

发动机的推力为发动机进出口截面的动量差。因为空气进气方向与发动机轴线垂直,所以发动机进口的空气动量为 0。实验台架上直接测得的发动机推力 F_4 是发动机出口截面上气流的冲量。沿着推力方向,实验系统在上述四个

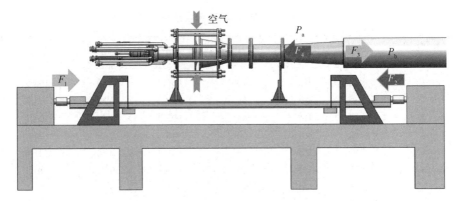

图 4.3　RBCC 发动机推力测量方法[1]

力的作用下受力平衡，F_4 计算方法如下：

$$F_1 + F_2 + F_3 + F_4 = 0 \tag{4.3}$$

　　F_4 是实验系统测量得到的发动机实验推力。在实验中，空气从侧面进入，进气道的冲量对发动机的推力方向没有影响，但在实际飞行过程中，发动机会受到空气进口冲量的影响。为了得到 RBCC 发动机在模拟真实条件下的净推力 F_N，需要在 F_4 的基础上扣除二次流空气在模拟状态下的进口冲量 F_0。计算中忽略进气道内的流动损失，根据空气总压 P_a、环境背压 P_b 和总静压关系式 (4.4) 可以计算得到模拟的飞行马赫数。

$$Ma_\infty = \sqrt{\frac{2}{\gamma - 1}\left[\left(\frac{P_a}{P_b}\right)^{\frac{\gamma-1}{\gamma}} - 1\right]} \tag{4.4}$$

　　根据模拟飞行高度下的环境压力反算飞行高度，继而得到当前模拟飞行状态下的声速 c_s。通过发动机进气道附近壁面的静压值，计算得到引射空气流量 $\dot{m}_s$[7]。通过公式 (4.5)，可以计算得到空气来流对发动机进口的力 F_0：

$$F_0 = \dot{m}_s v_s = \dot{m}_s Ma_\infty c_s \tag{4.5}$$

　　不同模拟飞行工况下的发动机净推力（F_N）：

$$F_N = F_4 - F_0 \tag{4.6}$$

　　整个实验系统的误差来源非常复杂，下面对测量得到的 F_4 进行精度分析。冷态和热态实验的推力测量方法是一致的，利用数值仿真对冷态实验结果进行推力校验,分析实验系统得到的内推力与数值仿真结果的差异,从而得到实验系统推力测量的精度。

对实验模型开展三维数值仿真,根据实验工况计算冷态情况下的流场结构。背压为 80 kPa 和 90 kPa 时,二次流进口处的速度云图如图 4.4 所示[8]。背压越小,气流速度越快、气体质量流量越大。通过积分求解发动机出口截面的动量,获得发动机出口动量。实验数据与模拟结果的差异见表 4.2。数值仿真结果与实验结果吻合较好。

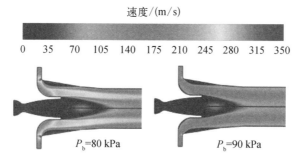

速度/(m/s)

0　35　70　105　140　175　210　245　280　315　350

P_b=80 kPa　　　　　　　P_b=90 kPa

图 4.4　实验段二次流进口速度云图[1]

表 4.2　计算值与实验值的对比

P_b/kPa	A_{out}/m²	$F_{4, exp}$/N	$F_{4, sim}$/N	差值
80	0.054 7	406.4	388.1	−4.71%
90	0.054 7	249.4	269.5	+7.45%

通过分析发现,误差主要来源于实验测量的 F_3。实验过程中发动机出口截面气流很难达到均匀,中心气流速度较快,边区气流速度较慢。发动机出口截面的背压是 6 个压力测点的平均值,但是该平均值不能完全代表发动机出口截面的真实压力。因为实验中发动机出口面积较大,所以出口截面压力的误差对结果影响较大。

4.1.2　DAB 模式的实验结果与分析

4.1.2.1　典型工况下的实验结果与分析

图 4.5 显示了实验 Test 7 的火箭总压 P_p^* 和补燃燃油流量 $\dot{m}_{k2}$ 在整个实验过程中的变化。在实验过程中,超声速引射器在 6.5 s 时开始工作,受到引射的作

用,火箭室压出现明显的突降,发动机在第一工作阶段。二次流空气在引射作用下进入发动机,发动机处于冷态工作条件。火箭在第 10 s 开始工作,发动机进入第二工作阶段。此时火箭的煤油和氧气都喷入火箭燃烧室,火箭室压迅速增加。火箭稳定工作时室压维持在 1.9 MPa 左右。在大约 11.2 s 时,向 RBCC 发动机燃烧室中喷注补燃煤油,补燃煤油流量约为 75 g/s。发动机进入第三工作阶段,也就是 DAB 燃烧模式。此时火箭燃气与空气在混合室内完成混合过程,混合气流进入燃烧室后燃烧。整个补燃过程持续约 1.5 s 后切断补燃燃料,实验系统逐渐关闭,这是第四工作阶段。

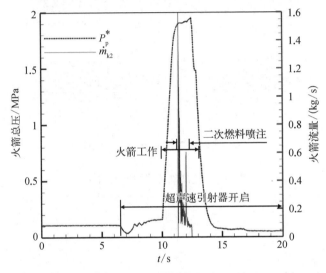

图 4.5 P_p^* 和 $\dot{m}_{k2}$ 在实验过程中的时间历程(Test 7)[1]

图 4.6 显示了在 Test 7 实验过程中 F_1 和 F_2 的变化过程。可以发现在整个实验过程中存在四个推力台阶,其中 F_2 的变化较为明显,F_1 变化较小。F_2 是安装在发动机后侧的推力传感器测量得到的数值。打开引射器后,发动机受到一个向后的吸力,这部分力大部分传递给发动机后侧的传感器,所以 F_2 在超声速引射器打开时出现明显增加。随后火箭开始工作,F_2 的数值明显回落。在发动机进入第三工作阶段即 DAB 燃烧组织工况时,F_2 进一步下降,F_1 出现明显增加。这表明发动机补燃后产生了较大推力。在第 15 s 时,火箭和补燃煤油全部关闭,但是引射器还在工作。对比此时和第一工作阶段时的传感器受力可以发现 F_2 和 F_1 的数值相同。由此可见,引射器的工作在整个实验过程中较为稳定。

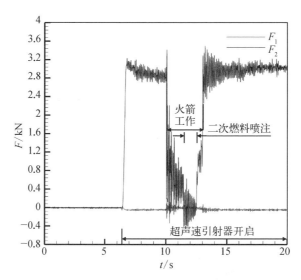

图 4.6 F_1 和 F_2 在实验过程中的变化(Test 7) [1]

　　Test 7 前 3 个工作阶段的发动机内壁面压力分布如图 4.7 所示。实验过程中在发动机出口截面安装一台微型摄像机,拍摄了发动机在不同状态下的排气羽流。当发动机处于第一工作阶段时,发动机进口处的压力很低,说明此时进口流量很大。空气的总压为 101 kPa,进口处的壁面压力只有约 30 kPa,所以在下游超声速引射器的作用下,在发动机进口处出现了壅塞截面,此时二次流的流量达到最大值。当火箭开始工作以后,发动机进口处的压力迅速升高,达到了约 90 kPa。二次流在进口截面处的临界截面消失,二次流空气的流量显著下降。火箭工作以后,二次流的流量不由上游的进气道几何截面决定,而是由发动机下游的流动燃烧情况决定。通过观察壁面压力分布的特点可以发现:壁面压力在等直混合室逐渐减小,在等直混合室出口位置处快速下降,压力可低至 40 kPa。但是压力在扩张段和燃烧室中迅速提高,燃烧室中的峰值压力为 58 kPa。这说明在等直混合室出口附近,二次流空气达到了临界条件。二次流的引射流量由混合室内的气动壅塞决定。当发动机进入 DAB 燃烧状态时,燃烧室内的压力增加,峰值压力约为 75 kPa。对比第二工作阶段与第三工作阶段的压力分布,可以发现混合室前部的压力几乎没有发生变化。这说明在燃烧室补燃前后,二次流流量保持不变。

　　通过图 4.7 发动机排气羽流情况可以发现,冷态时出口截面上没有火光。

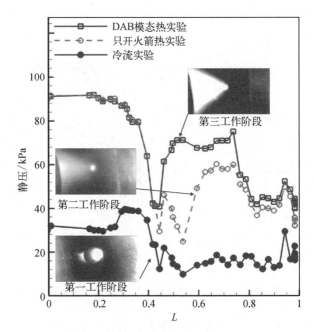

图 4.7　不同工作阶段的壁面压力分布(Test 7)[1]

当火箭开始工作以后,火箭燃气与二次流空气进行混合,随后通过发动机排出,火焰颜色呈现淡红色,此时排出的气流为火箭燃气与二次流空气的混合气体。当发动机进入 DAB 状态时,火箭燃气与二次流空气的混合气体在燃烧室中补燃燃烧,此时排出的气体是经过燃烧室补燃以后的燃气,引射的空气流量与补燃的煤油在燃烧室中燃烧放热,排出燃气的火焰颜色呈现白色,说明在燃烧室中的燃烧反应很剧烈,排气温度显著提高。Test 7 的实验结果表明,在火箭燃气引射的作用下,补燃燃料可以在燃烧室中稳定燃烧,燃烧产生的较高压力不会影响二次流的流量。二次流空气与火箭燃气在混合通道中的混合增压机制发挥了重要作用。

实验 Test 13 中不同工作阶段的壁面压力分布情况如图 4.8 所示。随着火箭流量的增加,燃烧室压力较 Test 7 明显增大。峰值压力约为 115 kPa,大于二次流的进口总压。这说明燃烧室压力可以高于二次流进口总压,混合通道中的气动壅塞有效隔绝了燃烧室压力升高的影响。对比 Test 13 与 Test 7 的燃烧室压力可知,随着火箭流量的增加,混合气流总压增大。

通过热态实验可以发现,尽管超声速引射器性能稳定,在整个实验过程中

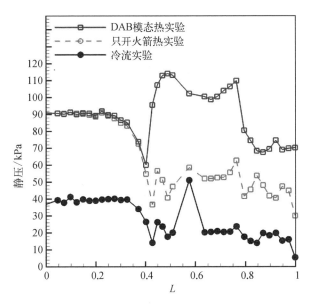

图 4.8 不同工作阶段的壁面压力分布(Test 13)[1]

引射器的工作状态没有发生变化,但是由于不同工作状态下发动机的排气状态发生了较大变化,实验中发动机出口截面的压力是变化的。为了对比在相同背压情况下,冷/热态下发动机壁面压力的变化。在热态实验完成以后,又开展了冷态实验。图 4.9 给出了背压为 42 kPa 时发动机处于冷态和热态时的压力分布情况。结果表明,冷、热态条件下的发动机内流道的流动状态完全不同,空气引射流量的差异很大。冷态时发动机的引射空气流量最大,此时发动机火箭没有打开,补燃燃料没有喷入,发动机不会产生推力。在来流冲压的作用下,发动机在冷态时会产生较大的内阻。当发动机处于 DAB 工作状态时,空气流量减小,火箭燃气与空气在混合通道中混合,并且混合气体在燃烧室中进行补燃,壁面压力增大,发动机产生较大推力。因此,发动机在冷/热态切换过程中,进气道的流动状态、喷管的流动状态以及整个内流道的流动状态都发生了巨大的变化,飞行器的受力变化十分显著。

4.1.2.2 DAB 模式的推力特性分析

图 4.10 展示了 Test 1～Test 7 中发动机热、冷态条件下空气质量流量的对比情况。在冷态条件下,当背压小于 68 kPa 时,发动机的二次流空气流量不变,发动机进气道内形成壅塞截面,空气流量由进气道喉部决定;随着背压增加,引射

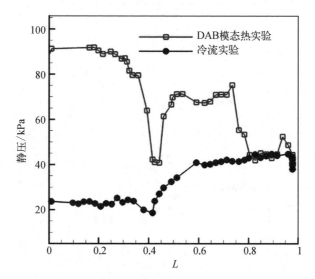

图 4.9 发动机冷热状态下的压力分布($P_b = 42$ kPa)[1]

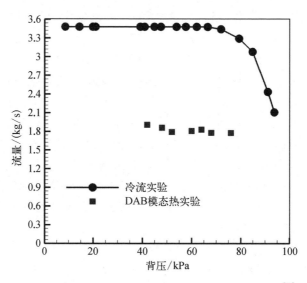

图 4.10 冷、热态下二次流流量对比(Test 1 ~ Test 7)[1]

空气流量开始降低,此时进气道喉部的临界截面消失,空气流量取决于背压;当发动机处于热态时,二次流流量不再由进气道的喉部决定,也不受发动机出口压力的影响。在这 7 组热态实验中,火箭流量为 946±16 g/s,二次流空气的总压为 101 kPa,二次流空气的流量基本保持一致,约为 1.8 kg/s。实验中发动机的引射系数约为 1.9。

　　Test 1~Test 7 的发动机推力如图 4.11 所示。当发动机处于冷态时,发动机的推力为负。随着模拟飞行马赫数的增加,发动机在冷态时受到的阻力增大。当发动机处于热态时,发动机产生推力。从总体上看,随着模拟飞行马赫数的增加,发动机热态推力增大,发动机冷、热态之间的推力差变大。

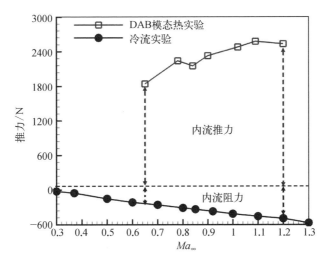

图 4.11　热和冷条件下推力的比较(Test 1~Test 7) [1]

　　在较低飞行马赫数下冲压发动机无法正常工作,为了衡量 RBCC 发动机的推力性能,通常将火箭的比冲性能作为参考。在相同工况下对比,可以得到RBCC 发动机的比冲增益,结果如图 4.12 所示。随着模拟飞行马赫数的增加,RBCC 发动机比冲增大。在实验中,当马赫数低于 0.91 时,RBCC 发动机的比冲低于火箭比冲。当马赫数高于 0.91 时,RBCC 发动机开始产生推力增益,并且随着马赫数的增加,RBCC 发动机的推力增益增大。当马赫数为 1.2 时,比冲为256 s,比相同工况下的火箭高 16.5%。上述实验数据表明,RBCC 发动机采用DAB 模式时,在地面静止状态很难获得推力增益,但是随着飞行马赫数的增加,发动机的性能会逐渐改善。

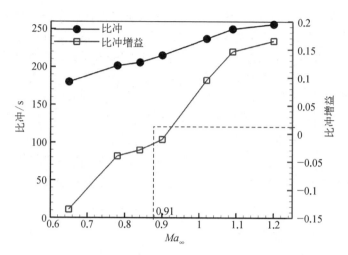

图 4.12　RBCC 发动机的比冲和比冲增益(Test 1~Test 7) [1]

图 4.13 给出了热态实验 Test 1~Test 17 的实验比冲。尽管两组实验中火箭不同,但是两种火箭出口的马赫数差别很小,可以近似认为两组实验的差别主要为火箭流量。Test 1~Test 7 的火箭流量平均值 944 g/s,Test 8~Test 17 的火箭流量平均值 1 714 g/s。从结果上看,在较低飞行马赫数时,较大火箭流量的 RBCC 发动机比冲较高。其主要原因是低飞行马赫数时环境背压较

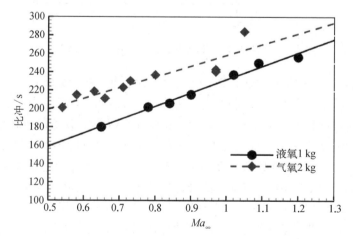

图 4.13　RBCC 发动机的比冲(Test 1~Test 17) [1]

高,火箭流量较小导致火箭一次流在出口截面出现较为明显的过膨胀现象。随着模拟飞行马赫数的增加,环境背压下降,火箭一次流过膨胀效应逐渐减弱,此时较低火箭流量的 RBCC 发动机可获得更高的比冲。因此定几何的 RBCC 发动机应在较低飞行马赫数时采用大火箭流量,在较高飞行马赫数时降低火箭流量。

4.2　DAB 模式的混合增压特性

在 DAB 模式中,混合通道中的火箭燃气与二次流空气的混合增压过程是发动机的核心。该过程不仅决定了空气流量和燃烧室压力,而且还影响发动机的结构长度,对发动机的整体性能具有重要的影响。

4.2.1　混合室内的混合增压特性实验研究

4.2.1.1　混合室长度对沿程壁面压力分布的影响

一般认为等直混合室长度达到 10 倍直径时才能够实现一/二次流的完全混合[7]。过长的混合室长度不仅影响发动机的推重比,也不利于不同工作模态的融合设计。本节对两个不同等直段长度的 RBCC 发动机混合室开展实验研究。实验模型结构如图 4.14 所示。混合室主要分为等直管和扩张管两部分。等直管的长度为 L_m,直径为 D。扩张段的长度为 L_d,扩张段的出口直径为 $1.2D$。在实验中 L_m 的长度为 $5D$ 或 $6D$,L_d 的长度为 $4.1D$。通过测量壁面压力分布,分析混合室内的流动情况。火箭采用第 3 号火箭。3 号火箭为设计流量 1 kg/s、喷管出口马赫数 3.1 的气氧/煤油火箭。实验中火箭采用低当量比富氧工况。通过调节火箭氧气和火箭煤油的流量控制火箭总压。二次流空气源自环境空气,实验段出口为环境大气。其他实验条件如表 4.3 所示。

二次流
一次流
二次流
D
等直段(L_m)
扩张段(L_d)

图 4.14　DAB 混合室长度特性实验构型[1]

表 4.3　DAB 混合室长度实验条件

实　验	L_m	$\dot{m}_p/(\text{g/s})$	Φ	P_p^*/MPa
Test 1	5D	856	0.94	2.90
Test 2	5D	1 096.8	0.88	3.67
Test 3	6D	874.8	0.92	2.93
Test 4	6D	1 051.2	0.97	3.64

　　火箭处于富氧状态,根据室压可将工况分为两组,P_p^* 分别为 2.91±0.02 MPa 和 3.65±0.02 MPa。实验壁面压力分布如图 4.15 所示。在不同混合室长度和火箭流量下,混合室进口处的壁面压力变化不大,说明二次流空气的引射流量基本不变。二次流的总压为 101 kPa,等直混合室的进口处静压值约为 90 kPa,通过总静压关系可以推断,二次流处于亚声速状态,混合室内是亚/超混合过程。实验表明在等直段中壁面压力变化不大,这说明混合过程可近似为等压混合过程。

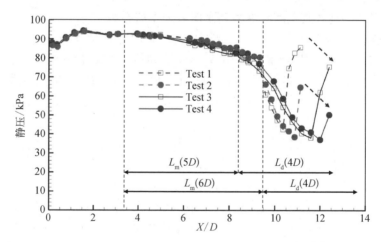

图 4.15　DAB 混合室长度特性实验壁面压力分布[1]

　　壁面压力在等直混合室出口附近出现突然下降,并在扩张段内压力达到最小值,随后压力迅速增大。这说明扩张段内二次流出现了壅塞截面。这与理论上第三类气动壅塞应该出现在等直段出口位置的描述有所不同。主要原因是混合长度 5D 和 6D 对于 RBCC 发动机而言非常短,空气与火箭燃气在混合室中并没有混合均匀。在相同的混合室长度情况下,火箭总压越大,扩张段中的压力最低点越低。这是因为火箭流量与总压成正比。混合气体中火箭燃气的占比增大导致混合气体总压提升,进而增强了混合气体在扩张通道内的膨胀能力。当火箭总压相似时,等直混合室的长度越大,扩张段中的压力最低点越低。这是由于等直混合室的长度增加提高了一/二次流的混合效果,混合气流的均匀性增强,近壁区气流的总压得到了增加。

综上所述,通过适当增大火箭流量、加长发动机混合室长度可以提高混合气流的抗反压能力。混合室长度在 $5D \sim 6D$ 时就具备了较强的抗反压能力。目前实验系统可以成功阻隔 101 kPa 背压对二次流空气的影响。因此,采用 DAB 模式时混合室长度可以根据实际情况缩短,等直混合室出口截面气流可以为非均匀气流。

4.2.1.2　混合室内不同轴向位置的总压特性

4.2.1.1 小节通过测量混合室壁面压力分布,初步揭示了混合通道内的流动特征。但是火箭燃气对二次流空气的增压作用没有得到直接证实。为了研究等直混合室中火箭燃气对二次流的增压作用,本节设计了 DAB 模式混合增压特性实验,获得等直段近壁区气流的总压。

实验采用的等直段直径($D' = 0.923D$)略小于上一组实验。等直段长度 L_m 为 $6D'$,扩张段长度 L_d 为 $5D'$。实验采用 2 号火箭,火箭工作在低当量比富氧工况。火箭出口直径为 $0.6D'$。DAB 混合增压特性实验模型如图 4.16 所示。在混合室中设计了总压探针,探针方向正对来流。在同一截面位置设置两个总压探针,采用两个测量结果的平均值作为此处的总压。实验中分别在等直段 $4D'$

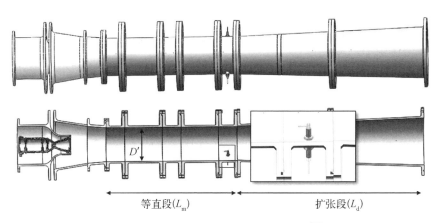

等直段(L_m)　　　　　　　　　　扩张段(L_d)

图 4.16　DAB 混合增压特性实验模型[1]

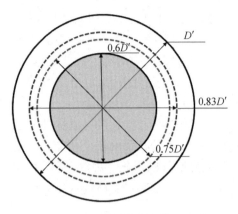

图 4.17 总压探针位置在截面上的示意图[1]

和 5.6D' 处安装总压探针。探针位于 4D' 截面时检测 0.83D' 径向位置处的总压;探针位于 5.6D' 截面时检测 0.75D' 径向位置处的总压,具体位置如图 4.17 所示,其中阴影部分为火箭出口所占面积,外围虚线为 4D' 截面位置上的总压探针所在位置,内围虚线为 5.6D' 截面位置上的总压探针所在位置。

表 4.4 给出 DAB 混合增压特性实验的具体参数,总共进行了 4 次实验,实验中通过调节火箭的氧气流量($\dot{m}_{O_2}$)和煤油流量改变火箭的总压。Test 1 ~ Test 4,火箭流量和总压逐渐增高,Test 4 的火箭流量和总压分别是 Test 1 的 133% 和 146%。

表 4.4　DAB 混合增压特性实验的具体参数

实 验	$\dot{m}_p/(g/s)$	P_p^*/MPa	$\dot{m}_k/(g/s)$	$\dot{m}_{O_2}/(g/s)$
Test 1	966.4	1.69	176.4	790.0
Test 2	1004.3	1.85	229.3	775.0
Test 3	1215.6	2.26	277.9	937.7
Test 4	1288.1	2.47	361.0	927.1

图 4.18 给出了 Test 2 中的壁面压力分布,压力在等直混合室内基本稳定,略有下降的趋势。从等直段 0D' 位置至 5.6D' 位置,平均壁面压力为 85 kPa。由于空气总压为 101 kPa,可以推断二次流在混合通道中为亚声速。在 4D' 位置和 5.6D' 位置上的壁面压力分别为 84 kPa 和 80 kPa。在等直段混合室接近出口位置时,压力开始快速下降,并在扩张段中出现了压力最小值(约为 38 kPa)。

图 4.19 给出了不同实验在等直段 4D' 和 5.6D' 位置上总压探针及壁面测压点的数据。随着火箭总压的增高,火箭流量增大,在 5.6D' 截面位置上的总压和静压都增大,这说明火箭流量越大对二次流空气的增压作用越明显。但是随着火箭流量的增大,在 4D' 截面位置上的总压和静压都出现下降。在 4D' 截面位置上的总压探针距离火箭出口截面较近。实验中的火箭喷管出口马赫数为

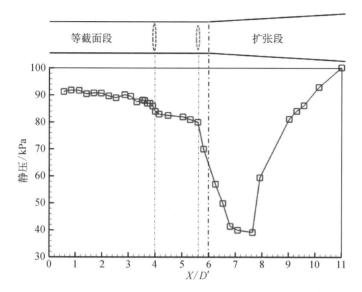

图 4.18 DAB 混合增压特性实验壁面压力分布(Test 2) [1]

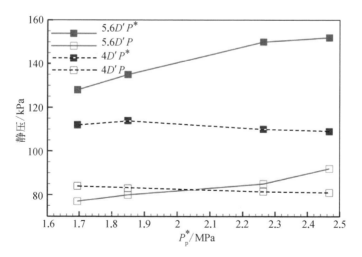

图 4.19 等直段 **4D'** 和 **5.6D'** 位置上总压探针以及
壁面测压点的实验结果[1]

3.0。在火箭总压为 1.693 9 MPa、1.849 6 MPa、2.263 5 MPa 和 2.466 8 MPa 时,火箭燃气恰当膨胀时喷管出口静压应为 41.8 kPa、45.6 kPa、55.8 kPa 和 60.8 kPa。从图 4.18 的测量结果看,等直段入口处壁面压力接近 91 kPa。因此火箭在这 4个工况下均处于过膨胀状态,喷管出口压缩激波具有混合增强作用。随着火箭流量的增大,火箭喷管的过膨胀程度减弱,一/二次流混合效果降低。

4.2.2　DAB 混合增压过程参数化数值研究

4.2.2.1　仿真方法验证与基准流场分析

本小节基于 4.2.1.1 小节中实验 Test 4 的结果开展数值仿真验证与基准流场分析。Pianthong 等[9] 和 Federico 等[10] 的研究发现三维和二维数值仿真得到的引射模态性能和壁面压力分布相差不大。上述结论与 Gu 等[11,12] 的验证结果相符,因此本小节基于二维网格开展数值仿真,湍流模型采用考虑混合层可压缩效应的 RNG 湍流模型。计算边界条件如图 4.20 所示。计算域与实验模型尺寸一致,两股气流的进口分别设置为空气压力进口条件和火箭压力进口条件。由于实验模型为轴对称模型,计算时设定中心轴为对称轴边界条件,出口截面设置为压力出口边界条件。

空气入口　　　　　　　　　　　　　　　　　　　　　出口

火箭入口　　　　　　　　　　　　对称轴

图 4.20　DAB 混合增压过程数值仿真边界条件[1]

实验条件如下:二次流空气总压和背压均为 1 atm,火箭流量为 1 051.2 g/s,火箭当量比为 0.97,火箭总压为 3.64 MPa。图 4.21 给出了数值仿真与实验壁面压力分布的对比图。尽管在靠近等直段出口处的压力变化较为剧烈,但是从整体上看数值仿真的误差仍然是可以接受的。数值仿真方法可以较为准确地模拟出 DAB 模式中混合通道内的流动过程。图 4.21 的上部给出了流场的马赫数云图,其中黑色实线为马赫数 1 的等值线。火箭燃气离开喷管后为过膨胀状态,一/二次流压力在刚开始混合时并不匹配。计算结果显示两股气流在混合室出口处没有混合均匀,中心区最大马赫数大于 2.1,而边区二次流仍处于亚声速状态。混合气流在扩张段出现了类似激波串的结构。

等直段出口位置的马赫数、总温、总压和静压分布如图 4.22 所示。其中横坐标为无量纲半径。除静压外其余各参数在横截面上变化均十分剧烈,总压的

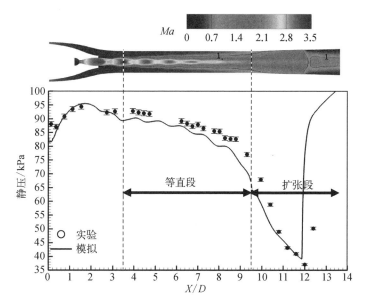

图 4.21　数值仿真与实验壁面压力结果的对比图和马赫数云图[1]

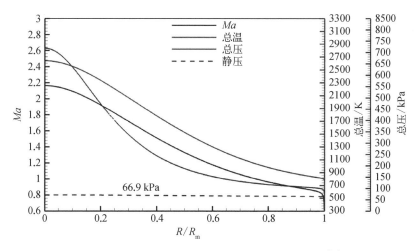

图 4.22　等直段出口截面各参数沿径向变化情况[1]

最大值为其最小值的 7 倍,总温的最高值是其最低值的 3 倍,横截面上马赫数变化范围为 0.56~2.16。混合气体中高熔气体集中在中心区域,在边区气流的总压和总温均较小。横截面的静压稳定在 66.9 kPa 附近。由此可知两股气流在等直段内混合过程较慢,在混合室出口截面没有达到均匀。

    不同截面位置处的平均总压、静压和总压云图如图 4.23 所示。截面平均总压在等直混合室开始处迅速下降,在截面位置为 5D 时总压下降趋势减缓。这是因为在混合室入口处两股气流的速度差很大,混合损失较大。随着混合的进行,混合层不断增厚,总压下降趋势逐渐减缓。在等直段 0~5D 区域,截面平均静压变化很小。在 5D~6D 区域,静压出现了明显降低,并在扩张段内达到压力最低值,形成了壅塞截面。

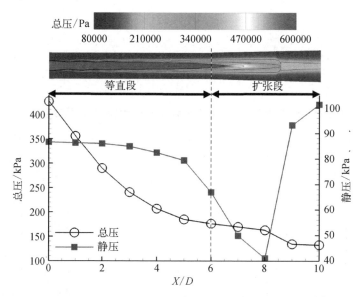

图 4.23 不同截面位置截面平均总压、静压和总压云图[1]

4.2.2.2 气动参数对混合增压过程的影响

    本小节以 4.2.1.1 小节中实验 Test 4 的气动和几何条件为基准,采用数值仿真手段分别研究了环境背压、空气总压、空气总温、火箭总压、火箭总温对引射混合过程中性能的影响。等直混合室直径为 D,长度为 6D。计算边界条件和混合室出口截面主要计算结果如表 4.5 所示,其中 P_s^* 为二次流总压,T_s^* 为二次流总温,P_p^* 为火箭燃气总压,T_p^* 为火箭燃气总温,P_b 为环境背压,$\dot{m}_p$ 为火箭燃气流量,$\dot{m}_{\mathrm{s}}$ 为二次流空气流量,P_{m}^{*} 为混合后气流总压,Ma_{m} 为混合后截面马赫数,T_{m}^{*} 为混合后气流总温。

表 4.5　DAB 混合增压气动参数影响分析算例边界条件与主要结果

算　例	$P_{\mathrm{s}}^{*}/$ Pa	$T_{\mathrm{s}}^{*}/$ K	$P_{\mathrm{p}}^{*}/$ MPa	$T_{\mathrm{p}}^{*}/$ K	$P_{\mathrm{b}}/$ Pa	$\dot{m}_{\mathrm{p}}/$ (kg/s)	$\dot{m}_{\mathrm{s}}/$ (kg/s)	$P_{\mathrm{m}}^{*}/$ Pa	Ma_{m}	$T_{\mathrm{m}}^{*}/$ K
Case 1	101 325	300	3.64	3 500	101 325	1.168	3.608	192 587	1.215	1 347
Case 2	90 000	300	3.64	3 500	101 325	1.168	3.244	200 804	1.261	1 424
Case 3	110 000	300	3.64	3 500	101 325	1.168	3.990	189 411	1.175	1 289
Case 4	101 325	400	3.64	3 500	101 325	1.168	3.496	198 842	1.248	1 434
Case 5	101 325	500	3.64	3 500	101 325	1.168	3.375	206 202	1.254	1 518
Case 6	101 325	300	2.93	3 500	101 325	0.940	3.632	152 576	1.131	1 207
Case 7	101 325	300	5.00	3 500	101 325	1.605	3.285	330 988	1.381	1 561
Case 8	101 325	300	7.00	3 500	101 325	2.247	2.976	714 228	1.575	1 821
Case 9	101 325	300	9.00	3 500	101 325	2.889	3.030	1 153 767	1.792	2 062
Case 10	101 325	300	11.00	3 500	101 325	3.532	3.178	1 731 723	1.975	2 258
Case 11	101 325	300	13.00	3 500	101 325	4.174	2.826	2 530 751	2.255	2 464
Case 12	101 325	300	15.00	3 500	101 325	4.816	2.647	3 212 911	2.435	2 617
Case 13	101 325	300	3.64	2 700	101 325	1.333	4.037	195 568	1.237	1 092
Case 14	101 325	300	3.18	2 700	101 325	1.168	4.051	167 585	1.173	1 028
Case 15	101 325	300	3.64	3 500	110 000	1.168	3.608	192 587	1.215	1 347
Case 16	101 325	300	3.64	3 500	120 000	1.168	3.608	192 587	1.215	1 347
Case 17	101 325	300	3.64	3 500	125 000	1.168	3.603	192 169	1.170	1 348
Case 18	101 325	300	3.64	3 500	130 000	1.168	3.506	191 485	1.026	1 371
Case 19	101 325	300	3.64	3 500	140 000	1.168	3.161	191 963	0.876	1 451
Case 20	101 325	300	3.64	3 500	150 000	1.168	2.678	194 180	0.778	1 581

1. 空气总压对混合增压过程的影响

图 4.24 给出了 Case 2、Case 1 和 Case 3 的马赫数云图及局部放大图。随着空气总压的增加,火箭燃气在混合室内过膨胀程度增加,混合气流在扩张段中的激波串后移。在混合室出口截面半径位置 $0.8R_{\mathrm{m}}$ 至近壁区域的气流马赫数变化不大,混合气体总压在该处基本仍等于二次流空气总压,但是中心区的马赫数和总压随着空气总压的增加均出现了明显下降。

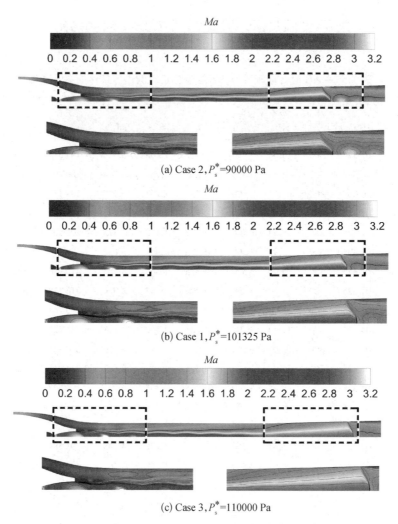

(a) Case 2, P_s^*=90000 Pa

(b) Case 1, P_s^*=101325 Pa

(c) Case 3, P_s^*=110000 Pa

图 4.24 空气总压对比算例马赫数云图及局部放大图[1]

2. 空气总温对混合增压过程的影响

图 4.25 给出了空气总温对比 Case 5 的马赫数云图及局部放大图。将此结果与基准算例图 4.24(b) 做对比,可以发现随着空气总温的增加,混合室前部二次流的马赫数明显增大,空气静压下降,火箭过膨胀效果减弱。图 4.26 给出了空气总温对比算例壁面压力。在混合室前部,随着空气总温的增加,壁面压力下降,但是在等直段出口处不同算例的压力逐步趋近一致。图中给出了扩张段

压力拐点处的局部放大图,从中可以发现,空气总温越高,拐点处的最低压力越小。图 4.27 给出了空气总温对比算例等直段出口截面的总压分布,结果显示三条曲线从 $0.6R_m$ 至壁面基本重合。中心区总压随着空气总温增加而增大。这说明空气总温增加降低了空气在混合通道内的通流能力,引射流量下降。

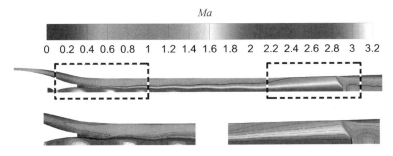

图 4.25　空气总温对比算例马赫数云图及局部放大图(Case 5)[1]

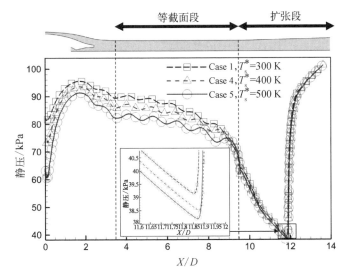

图 4.26　空气总温对比算例壁面压力对比[1]

3. 火箭总压对混合增压过程的影响

图 4.28 给出了火箭总压对比算例中一/二次流流量与引射系数随火箭总压的变化情况。由图可见随着火箭总压的增加,火箭流量呈现线性增加,引射系数降低,但是降低速度呈现先快后慢的规律,空气流量先减小然后出现小幅的

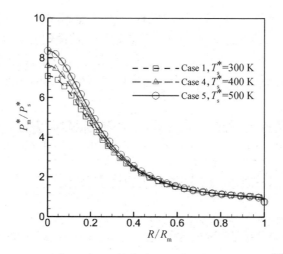

图 4.27　空气总温对比算例等直段出口截面总压分布[1]

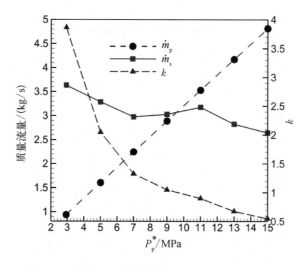

**图 4.28　火箭总压对比算例一/二次流流量与引射
系数随火箭总压的变化情况**[1]

增加随后再减小。结合理论模型的研究结论,在火箭流量为 2.3～3.5 kg/s 时,
RBCC 发动机引射模态 DAB 模式处于性能最好的工作状态。此时火箭流量与
空气流量都在增加,实现了引射效果与增压效果的双提升。

　　图 4.29 给出了火箭总压对比算例的马赫数云图。随着火箭总压的增加,

火箭燃气射流在火箭喷管出口处的过膨胀现象减弱。在 Case 9 算例中,火箭射流与二次流几乎满足压力匹配状态,而 Case 6 算例中火箭射流呈过膨胀状态,Case 11 中火箭射流为欠膨胀状态。在 Case 9 算例中,在等直段出口截面处不同半径位置气流的马赫数均大于 1.0。在 Case 6 算例中,壁面附近的气流马赫数为亚声速。在 Case 11 算例中,壁面附近的气流马赫数为超声速。当火箭总压较小时,混合层在等直混合室内没有发展至近壁区,壁面附近的气流总压仍等于二次流空气的总压。但是在火箭射流的作用下,扩张段的近壁区形成了壅塞截面。随着火箭总压的增加,混合层发展至近壁区,近壁区的气流在火箭引射作用下,总压和速度均显著增加。混合气流近壁区速度在等直段出口截面处也达到了声速。随着火箭总压的进一步增加,由于火箭燃气欠膨胀,混合层发展更快。在 Case 6 和 Case 9 算例中,在混合室出口截面上气流均为超声速。

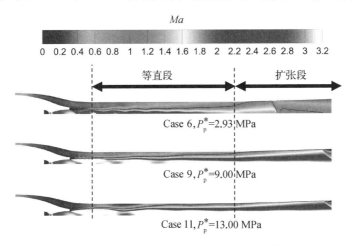

图 4.29　火箭总压对比算例马赫数云图[1]

　　图 4.30 给出了 Case 6、Case 9 和 Case 11 三种工况的壁面压力对比。这三个算例在等直段出口附近的壁面压力情况具有较为明显的差异。在 Case 6 中,等直段出口处近壁区空气仍为亚声速,且此处总压为空气进口总压,该部气流受下游低压的抽吸作用在出口截面附近开始膨胀加速,因此壁面压力出现明显的下降。当气流加速至超声速时在扩张通道内继续加速膨胀直至在环境压力的作用下产生激波。在 Case 9 中,二次流在混合室出口截面已得到增压,且近壁区马赫数为 1.0。等直段出口截面附近二次流已经达到临界状态。由于管道直径不变,等直段出口位置出现明显的压力平台。当混合气体进入扩张段以后,混

合气体以超声速状态加速膨胀,壁面压力在扩张段内逐渐下降。在 Case 11 中,近壁区的气流在混合室内已经加速至超声速,且管内出现了第二类气动壅塞。混合气体在混合室为非均匀的超声速气流。在等直混合室内一/二次流之间出现较为剧烈的相互作用,壁面压力出现明显的波动。只有当非均匀超声速混合气流进入扩张段以后,两股气流之间压缩/膨胀的矛盾才消失,扩张段壁面压力迅速下降。

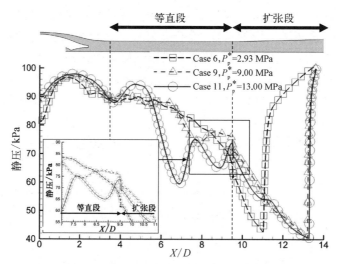

图 4.30 火箭总压对比算例壁面压力对比情况[1]

4. 火箭总温对混合增压过程的影响

图 4.31 给出了 Case 13 的马赫数云图。对比基准算例图 4.24(b)后发现,两者流场结构极为相似,降低火箭总温,扩压段内的流动结构及激波串位置没

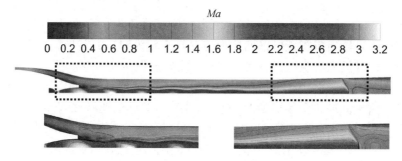

图 4.31 火箭总温对比算例马赫数云图(Case 13)[1]

有明显变化,但是二次流的流速出现了较为明显的增加。图 4.32 给出了火箭总温对比算例壁面压力对比情况。通过壁面压力分布可以更直观地发现两者在等直段和扩张段流动上没有发生明显的变化。两者的差异主要出现在等直段前部的压力分布上。降低火箭总温增加了二次流流量。

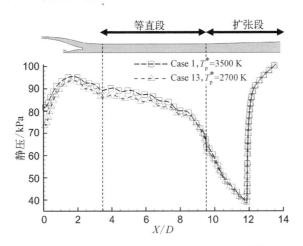

图 **4.32** 火箭总温对比算例壁面压力对比[1]

5. 环境背压对混合增压过程的影响

Case 1 和 Case 15~20 揭示了背压对混合增压过程的影响。图 4.33 给出了不同背压下壁面压力分布情况。当 P_b 小于 125 kPa 时,在混合室内的壁面压力分布基本不变,不同的背压只影响扩张段内的流场结构,对等直段的流动影响不大,壁面压力保持不变。图 4.34 给出了不同背压下的马赫数云图。随着背压的增加,扩张段的激波位置不断向上游移动。当反压大于 125 kPa 时,扩张段内的激波结构消失,二次流空气质量流量受背压影响。因此,在当前一/二次流状态下,引射系统的临界反压为 125 kPa,临界压力比为 1.25,临界模态下的引射系数为 3.09。

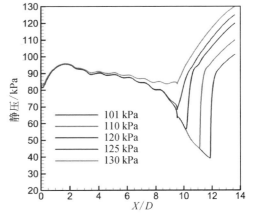

图 **4.33** 不同背压下壁面压力分布情况[1]

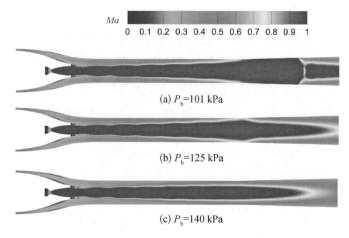

图 4.34　不同背压下的马赫数云图[1]

图 4.35 给出了扩张段出口总压随出口背压的变化。随着出口背压的增大,混合过程中的流动损失降低,扩张段出口总压增大。图 4.36 和图 4.37 分别给出了 Case 1 和 Case 20 的总压云图和马赫数云图。在激波串的作用下,中心区气流与近壁区气流的混合得到了增强,近壁区的气流总压出现快速增加。当 P_b 较高时,激波位置较为靠前,激波前气流马赫数较小,激波损失较小。当 P_b 较小时,混合气流在扩张段靠近下游位置形成激波。扩张段出口背压增大,混合气流在扩张段内的激波串位置提前。

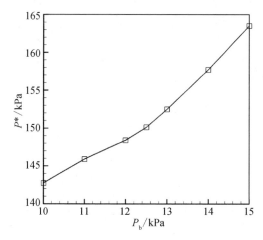

图 4.35　扩张段出口总压随出口背压变化的情况[1]

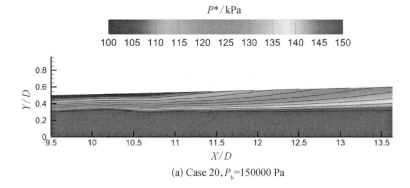

(a) Case 20, P_b=150000 Pa

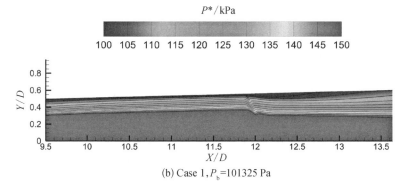

(b) Case 1, P_b=101325 Pa

图 4.36　不同背压情况下的总压云图[1]

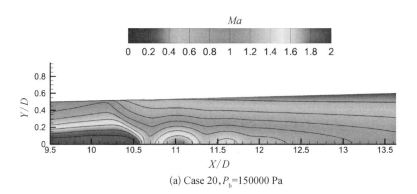

(a) Case 20, P_b=150000 Pa

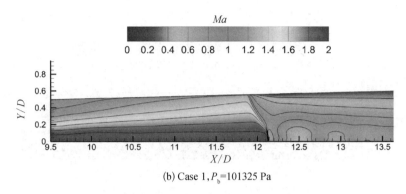

(b) Case 1, P_b=101325 Pa

图 4.37　不同背压下的马赫数云图[1]

4.2.2.3　发动机构型参数对混合增压过程的影响

本小节采用数值仿真研究等直混合室长度、直径和火箭喷管喉部（图 4.38）对引射模态混合过程的影响。火箭出口面积与混合通道的截面面积之比称为火箭的占空比。在本小节研究中火箭在混合通道中的占空比和引射通道出口面积均保持不变。空气总压为 101 325 Pa，空气总温 300 K，火箭总压 3.64 MPa，火箭总温 3 500 K，背压 101 325 Pa。数值仿真算例设置和混合室出口截面的主要结果如表 4.6 所示。表中 L_m 为等直混合室长度，D_m 为等直混合室直径，D_h 为火箭喉部直径，Ma_r 为火箭燃气马赫数，$\dot{m}_p$ 为火箭燃气流量，$\dot{m}_s$ 为二次流空气流量，P_m^* 为混合后气流总压，Ma_m^* 为混合后截面马赫数，T_m^* 为混合后气流总温。

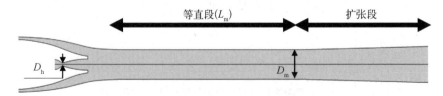

图 4.38　DAB 混合增压过程几何参数示意图[1]

表 4.6　DAB 混合增压几何参数影响分析算例边界条件与主要结果

算 例	L_m	D_m	D_h	Ma_r	$\dot{m}_p$/(g/s)	$\dot{m}_s$/(g/s)	P_m^*/Pa	Ma_m^*	T_m^*/K
Case 1	6D	D	0.13D	3.08	1.168	3.6	192 587	1.215	1 347
Case 21	7D	D	0.13D	3.08	1.168	3.6	176 107	1.194	1 355

续　表

算　例	L_m	D_m	D_h	Ma_r	$\dot{m}_p/(g/s)$	$\dot{m}_s/(g/s)$	P_m^*/Pa	Ma_m^*	T_m^*/K
Case 22	$8D$	D	$0.13D$	3.08	1.168	3.6	166 894	1.166	1 367
Case 23	$9D$	D	$0.13D$	3.08	1.168	3.6	160 102	1.124	1 374
Case 24	$10D$	D	$0.13D$	3.08	1.168	3.6	157 456	1.105	1 380
Case 25	$11D$	D	$0.13D$	3.08	1.168	3.6	155 129	1.080	1 384
Case 26	$6D$	$0.92D$	$0.13D$	3.08	1.168	2.8	205 758	1.259	1 496
Case 27	$6D$	$0.82D$	$0.13D$	3.08	1.168	2.2	232 413	1.316	1 714
Case 28	$6D$	D	$0.23D$	2.30	3.492	2.3	786 433	1.945	2 507

1. 等直混合室长度对混合增压过程的影响

图 4.39 给出了等直段出口截面总压与马赫数随混合室长度的变化。随着混合长度的增加，等直混合室出口截面总压和马赫数下降。结合表 4.6 可知，在等直段长度达到 11D 时，等直混合室出口截面的平均马赫数为 1.08，已接近第三类气动壅塞的理论情况。在等直段长度为 5D~11D 时，火箭流量、空气流量都没有变化。这说明在 RBCC 发动机混合室设计中，不需要气流在混合室内实现完全均匀的混合。

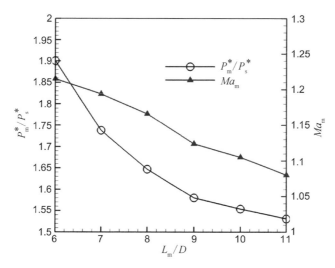

图 4.39　等直段出口截面总压与马赫数随不同等
直混合室长度的变化情况[1]

图 4.40 给出了等直混合室长度对比算例马赫数云图。Case 21、Case 23 和 Case 25 的混合气体在扩张段内形成的激波结构基本一致。在 Case 21 中,在等直段出口截面近壁区附近气流马赫数明显小于 1.0,在 Case 25 中,在等直段出口截面近壁区附近气流马赫数已等于 1.0。随着等直混合室长度的增加,等直段近壁区二次流的马赫数不断增大。三个算例在扩张段中的激波结构基本一致可以证明以下两个问题:一是增大混合室长度提高了近壁区气流的总压,但是也降低了混合气流的总压,从结果上看是牺牲气流的总压换得气流的均匀性;二是将混合室缩短对混合气流的抗反压能力影响不大,因此不需要在混合室内实现气流的均匀混合。

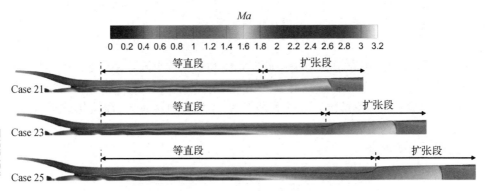

图 4.40　等直混合室长度对比算例马赫数云图[1]

图 4.41 和图 4.42 分别给出了等直混合室长度对比算例中等直段出口截面的马赫数和总压分布。在 Case 1 中等直混合室长度为 6D,等直混合室出口截面马赫数和总压分布极不均匀。中心区最高马赫数超过 2.1,近壁区附近仍为亚声速,并且近壁区的二次流空气没有得到增压。随着等直混合室长度的增加,中心区的总压和马赫数迅速下降,与此同时壁面附近气流的马赫数和总压开始不断增加。Case 25 在混合室出口截面的总压分布和马赫数分布都较为均匀。说明当等直混合室长度达到 11D 时,火箭燃气与二次流基本混合均匀。

图 4.43 给出了不同等直段长度下,扩张段出口截面的总压分布。随着混合室长度的增加,扩张段出口截面总压下降。Case 1 和 Case 25 的等直混合室长度分别为 6D 和 11D。Case 25 的等直段出口截面和扩张段出口截面气流总压

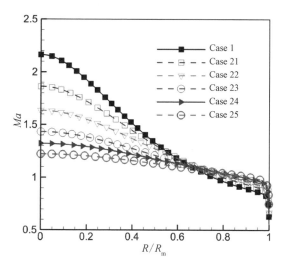

图 4.41　等直混合室长度对比算例等直段出口截面马赫数分布[1]

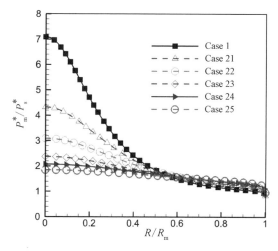

图 4.42　等直混合室长度对比算例等直段出口截面总压分布[1]

比较 Case 1 分别下降 18.9% 和 6.3%。随着等直混合室长度的增加,混合过程的损失增大。图 4.43 给出了两个算例在关键截面上的总压分布。在 6D 处, Case 1 的中心区总压较高,近壁区总压较低。两个算例在扩张段出口截面壁面附近处总压基本一致, Case 25 总体上更为均匀。

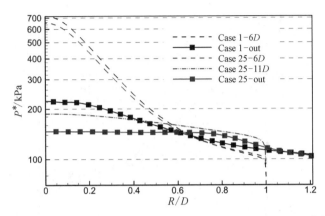

图 4.43　等直混合室长度对比算例扩张段出口截面总压分布[1]

2. 等直混合室直径对混合增压过程的影响

图 4.44 给出了等直混合室直径对比算例的马赫数云图及局部放大图。等直混合室直径减小导致二次流空气速度略有增加。引射空气流量的减小使火

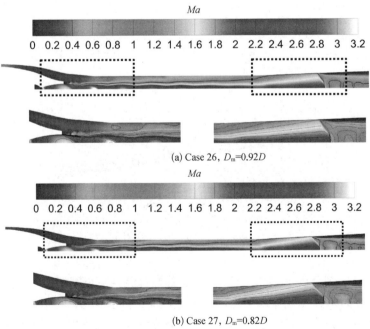

图 4.44　等直混合室直径对比算例马赫数云图及局部放大图[1]

箭燃气在混合气体中占比增加,扩张段中心区的马赫数增大。根据图 4.45 展示的壁面压力可以发现,随着等直混合室直径的减小,混合室入口处壁面压力增大。不同等直混合室直径情况下,在等直段内压力分布基本一致,说明二次流与火箭燃气在混合室内的混合过程没有发生较大变化。在扩张段中,等直混合室直径越小,抗反压激波结构对应的最低压力点越低,拐点越靠前。扩张段内压力最低点的降低说明混合气流中的二次流在扩张段上的加速性增加。最低点的拐点前移说明混合气体抗反压能力的降低。

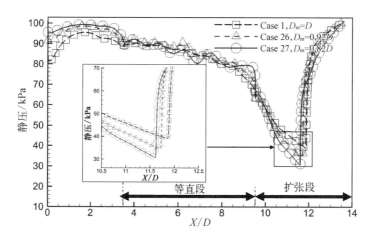

图 4.45　等直混合室直径对比算例壁面压力对比[1]

3. 火箭喉部对混合增压过程的影响

图 4.46 给出了 Case 28 的马赫数云图。与 Case 1 的情况相比,火箭在管道内的占空比不变,火箭的喉部直径由 0.13D 增加至 0.23D,火箭的出口马赫数由

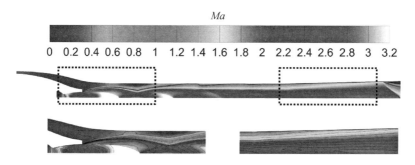

图 4.46　火箭喉部直径 0.23D 算例马赫数云图[1]

3.07 降低至 2.30。火箭喷管处于欠膨胀状态,火箭射流挤占二次流空气的流通通道使系统处于第二类壅塞状态。相比于 Case 1,引射空气流量由 3.608 kg/s 降低至 2.287 kg/s,引射系数由 3.09 降低至 0.66。因此在 RBCC 发动机内流道的设计中,需要考虑火箭燃气的膨胀程度,避免火箭燃气过多挤占通流面积,影响二次流的引射流量。

4.2.2.4 数值仿真结果总结

针对 DAB 混合增压过程的数值仿真分析对比了不同气动参数和发动机构型参数对引射性能及混合性能的影响。可以得到如下结论。

(1) RBCC 发动机适合在高总压、低总温的来流空气条件下工作,此时发动机的引射流量较大,且混合气流的抗反压能力较强,对等直混合室长度的要求较低。

(2) 减小等直混合室直径会导致引射空气流量减小,发动机抗反压能力减弱。增大火箭喉部直径,提高了火箭燃气流量,导致火箭出口马赫数降低,火箭喷管逐渐进入欠膨胀状态,在混合通道中火箭燃气挤占二次流的通流面积,影响空气的引射流量,降低了发动机性能。

(3) 火箭燃气和空气在混合通道中会形成气动壅塞。随着火箭流量的增加,混合通道内先形成第三类气动壅塞,随后转变为第二类气动壅塞。在第三类气动壅塞的最佳性能区间可以实现引射效果与增压效果的双提升。

(4) 较低的火箭总温能够提升发动机引射系数和推力增益。

(5) RBCC 发动机的混合室存在临界背压,当燃烧室压力低于临界背压时,火箭燃气与空气的混合气体在扩张段可以形成临界截面,隔绝下游燃烧室压力对空气流量的影响。

(6) 从本节的实验与计算结果来看,等直混合室长度达到 6D 即可满足发动机工作要求,进一步增加等直混合室长度对混合气流抗反压能力的提高没有明显效果,反而会增加混合室内气流的混合损失和摩擦损失。

4.3 非均匀混合气在扩张段中的流动特性

在 4.2 节中已经证明空气与火箭燃气在混合段出口截面处不需要实现均匀混合,同样能够使发动机以 DAB 模式稳定工作。混合气体的非均匀程度对 DAB 模式抗反压能力有重要影响。本节通过数值仿真研究非均匀混合气体在扩张段内的流动特性,通过设置不同的入口参数分布来模拟混合室内主次流之

间的不同混合程度,考察出口背压对扩张段内的流动特性的影响,在详细分析
扩张段内激波结构和基础上揭示非均匀混合气在扩张段内的流动机制。

4.3.1　非均匀混合气体的计算模型

将等直扩张通道轴对称流场的 1/6 作为计算域。图 4.47 给出了等直扩张
段几何模型及边界条件。模型的前部为压力入口,在此处用来设置非均匀入口
气流参数,模型的后部是压力出口,用来模拟下游反压对流场的影响,计算域两侧
设置为对称边界条件,流体域外侧边界设置为壁面边界条件。图 4.48 给出了等
直扩张段计算模型的尺寸,其中入口半径为 40 mm,扩张段出口半径为 55 mm,
模型总长 251.45 mm,等直段长度为 80 mm,扩张段的扩张角度为 5°。

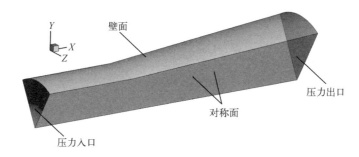

图 4.47　等直扩张段几何模型以及边界条件示意图[1]

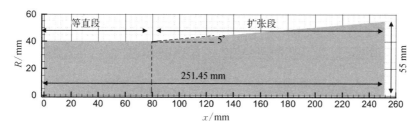

图 4.48　等直扩张段计算模型尺寸[1]

等直扩张段计算模型进口处定义为 m_{in} 截面,该截面的半径为 $R_{m_{in}}$。RBCC 发
动机等直混合室出口气动参数采用非均匀分布。二次流的总压 P_s^* 为 100 kPa、
总温 T_s^* 为 300 K。中心区最高总压 P_p^* 为 3 MPa、总温 T_p^* 为 3 000 K。在一/二次
流混合层内气动参数存在近似线性变化,从中心区至一次流边界 $R_{m_{inc}}$,气流的
总压和总温沿着半径方向线性下降。在中心原点处截面总压 $P_{m_{in}}^* = P_p^*$、总温

$T^*_{m_{in}} = T^*_p$。在半径 $R_{m_{inc}}$ 位置处总压 $P^*_{m_{in}} = P^*_s$、总温 $T^*_{m_{in}} = T^*_s$。 总温、总压从半径位置 0 至 $R_{m_{inc}}$ 为线性变化。在半径位置 $R_{m_{inc}}$ 至 $R_{m_{in}}$ 为二次流入口。$R_{m_{inc}}/R_{m_{in}}$ 用来表示核心流相对于气流进口截面的占比。$R_{m_{inc}}/R_{m_{in}} = 1$ 表示混合层已经发展至壁面。$R_{m_{inc}}/R_{m_{in}} = 0.5$ 表示混合层发展至 $0.5R_{m_{in}}$ 位置。$0.5R_{m_{in}}$ 至 $R_{m_{in}}$ 的环形区域内二次流没有与火箭燃气混合。图 4.49 和图 4.50 分别给出了 $R_{m_{inc}}/R_{m_{in}} = 0.85$ 和 $R_{m_{inc}}/R_{m_{in}} = 0.5$ 时,计算域入口总压云图和总温云图。入口截面处压力匹配,静压 Pa 为 60 kPa。

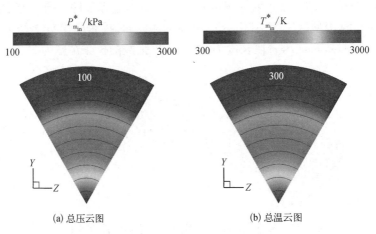

图 4.49　等直扩张段模型入口气动参数云图($R_{m_{inc}}/R_{m_{in}} = 0.85$)[1]

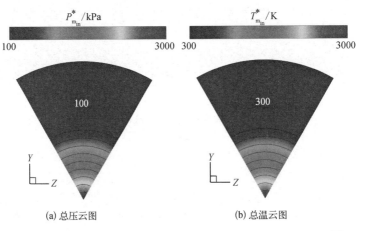

图 4.50　等直扩张段模型入口气动参数云图($R_{m_{inc}}/R_{m_{in}} = 0.5$)[1]

4.3.2　入口参数分布对流动特性的影响

图 4.51 和图 4.52 分别给出了反压 P_b = 90 kPa 时, $R_{m_{inc}}/R_{m_{in}}$ = 0.5 和 $R_{m_{inc}}/R_{m_{in}}$ = 0.85 的三维流场压力云图。在扩压段中压力的变化非常复杂,中心区存在类似激波串导致的压力增大-减小的间歇变化现象。混合气流的非均匀性使扩张段内的流动分成了内外两层。从现象上看 $R_{m_{inc}}/R_{m_{in}}$ = 0.85 算例的中心区激波串强度更大,激波节之间的距离较长。

图 4.51　等直扩张段模型三维流场压力云图($R_{m_{inc}}/R_{m_{in}}$ = 0.5, P_b = 90 kPa)[1]

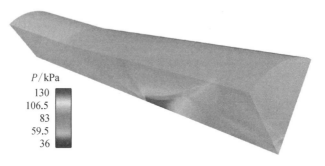

图 4.52　等直扩张段模型三维流场压力云图($R_{m_{inc}}/R_{m_{in}}$ = 0.85, P_b = 90 kPa)[1]

为了更为清晰地分析图 4.51 和图 4.52 中的流场结构,提取三维流场中心对称截面进行分析。图 4.53 和图 4.54 分别给出了反压为 90 kPa 时, $R_{m_{inc}}/R_{m_{in}}$ = 0.5 和 $R_{m_{inc}}/R_{m_{in}}$ = 0.85 对称截面的压力云图和马赫数云图。由于进口处气流压力匹配且等直段距离较短,一/二次流在等直段中的混合过程较为弱。等直段出口截面的气流参数与进口处的参数相差不大。当混合气流进入扩张段以后,壁面附近的亚声速二次流在扩张段的作用下减速增压。中心区的超声速气流被亚声速二次流包裹。由于二次流在扩张通道内压力升高,因此中心区的超声速气流在扩张段内出现激波。且因为出口背压较大,一/二次流在扩张通道内的流动相对独立。从压力云图来看,一/二次流在扩张通道内基本处于压力匹配状态。中心区在激波串的作用下会出现压力间歇增大、减小。从马赫数云图来看,超声速区域的流动面积逐渐缩小,亚声速流动面积逐渐增大。随着 $R_{m_{inc}}/R_{m_{in}}$ 的增大,在亚声速流动区域中,二次流实际的面积扩张比不断加大。

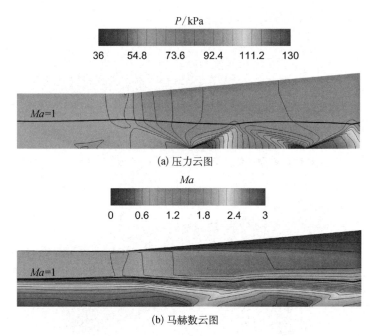

(a) 压力云图

(b) 马赫数云图

图 4.53 等直扩张段模型 $z=0$ 截面背压 **90 kPa** 结果云图($R_{m_{inc}}/R_{m_{in}}=0.5$)[1]

图 4.55 给出了背压为 90 kPa 时的壁面压力分布。由于混合层发展较慢,等直段中二次流在近壁面的总压没有变化。$R_{m_{inc}}/R_{m_{in}}=0.85$ 时,等直通道中壁面压力在初始阶段逐渐增加,进入扩张通道后压力迅速增大。$R_{m_{inc}}/R_{m_{in}}=0.5$ 时,等直通道壁面压力先逐渐下降,在等直段出口处压力达到最小值后在扩张段内不断增加。这个现象说明 $R_{m_{inc}}/R_{m_{in}}$ 较小时,混合气流更容易形成壅塞截面。

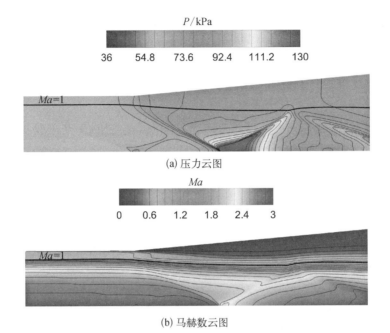

(a) 压力云图

(b) 马赫数云图

图 4.54　等直扩张段模型 $z=0$ 截面背压 **90 kPa** 结果云图($R_{m_{inc}}/R_{m_{in}}=0.85$)[1]

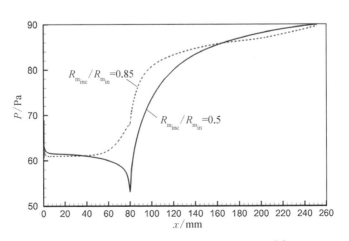

图 4.55　沿程壁面压力分布($P_b=90\text{ kPa}$)[1]

图 4.56 给出了背压为 80 kPa、$R_{m_{inc}}/R_{m_{in}} = 0.5$ 情况下,对称截面上压力云图和马赫数云图。与背压 90 kPa 的情况相比,二次流在扩张段内形成了壅塞。通过马赫数云图可以发现,二次流在扩张通道前部膨胀加速至超声速,气流压力迅速降低。中心区超声速气流周边压力降低使中心区的超声速气流在扩张段中膨胀加速。由于混合气流的流量和总压均较小、膨胀能力有限,在反压的作用下,在扩张通道内产生激波。其中在二次流部分为正激波,中心区部分产生斜激波。经过激波以后,二次流速度降低为亚声速。主流中心区的气流在激波串的作用下速度不断降低。

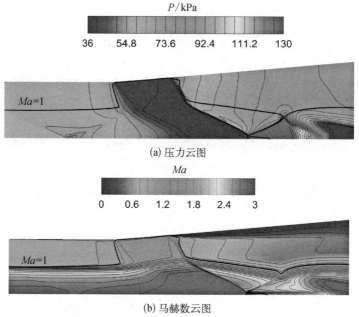

(a) 压力云图

(b) 马赫数云图

图 4.56 等直扩张段模型对称截面结果云图 $(R_{m_{inc}}/R_{m_{in}} = 0.5,\ P_b = 80\ \text{kPa})$ [1]

图 4.57 给出了背压 80 kPa、$R_{m_{inc}}/R_{m_{in}} = 0.85$ 时的马赫数云图。从云图上看,$R_{m_{inc}}/R_{m_{in}}$ 增大以后,二次流在扩张段内的加速距离变短。这导致二次流在扩张通道内产生的激波强度降低,流动损失下降。图 4.58 给出了背压为 80 kPa 时的沿程壁面压力分布。随着 $R_{m_{inc}}/R_{m_{in}}$ 的降低,在扩张段压力最低点向下游移动,且壁面最低压力减小。在 $R_{m_{inc}}/R_{m_{in}} = 0.85$ 的算例中,压力在扩张段最低点以后开始逐渐上升,且上升的速度逐渐减缓。但是在 $R_{m_{inc}}/R_{m_{in}} = 0.5$ 的算例中,在扩张段最低点下游,压力的上升分为两个阶段。在压力两个上升阶段之间出

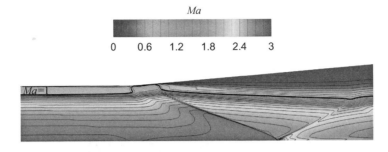

图 4.57　等直扩张段模型对称截面马赫数云图($R_{m_{inc}}/R_{m_{in}}=0.85$，$P_b=80\ kPa$)[1]

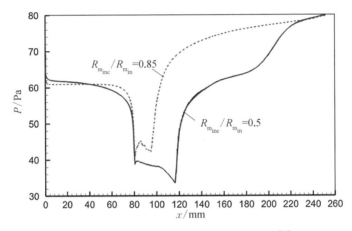

图 4.58　沿程壁面压力分布($P_b=80\ kPa$)[1]

现压力平台。两个算例的压力在计算域出口趋于一致。

图 4.59 给出了背压 80 kPa 时等直扩张段模型对称截面径向速度云图。在 $R_{m_{inc}}/R_{m_{in}}=0.5$ 的算例中，径向速度在扩张段激波后增长较快。由于扩张段中形成的激波强度较大，激波后气流马赫数降低,气流混合速度加快,强化了中心区对二次流的增压效果。从整体效果来看,混合气流在扩张段中通过牺牲总压换取了较快的混合速度。对于 $R_{m_{inc}}/R_{m_{in}}=0.85$ 的算例,二次流的占比较小,混合气流不需要通过较大的总压损失同样可以使二次流在激波后得到足够增压。

混合气流通过扩张段中的激波结构阻止背压影响二次流流量。当中心区一次流占比减小、二次流占比增大时,混合气流通过牺牲总压来提升对一次流对二次流的增压效果。因此随着中心区占比的减小,扩张段内的激波强度增大。若中心区的主流占比进一步降低,牺牲总压不能够实现对二次流的充分增

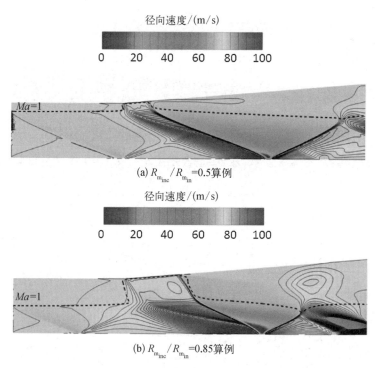

(a) $R_{m_{inc}}/R_{m_{in}}=0.5$算例

(b) $R_{m_{inc}}/R_{m_{in}}=0.85$算例

图 4.59   等直扩张段模型对称截面径向速度云图($P_{\text{b}}=80 \text{ kPa}$) [1]

压时,在扩张段的壅塞截面消失。

图 4.60 给出了背压 80 kPa、$R_{m_{inc}}/R_{m_{in}}=0.85$、$T_{\text{p}}^*=1\,000 \text{ K}$ 情况下的马赫数云图。上述两个算例的流场马赫数分布差别不大,二次流均在扩张通道上出现

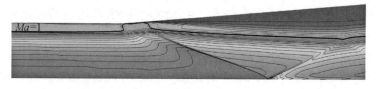

图 4.60   等直扩张段模型对称截面马赫数云图($R_{m_{inc}}/R_{m_{in}}=0.85$,
$T_{\text{p}}^*=1\,000 \text{ K}$, $P_{\text{b}}=80 \text{ kPa}$) [1]

了壅塞截面。图 4.61 给出了上述两个算例的壁面压力分布。由图可知,火箭总温的减小,对壁面压力分布的影响很小。因此非均匀混合气流在等直扩张段内的流动现象主要与总压分布有关,与总温分布的影响不大。

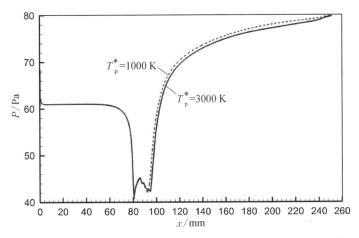

图 4.61　沿程壁面压力分布($R_{m_{inc}}/R_{m_{in}} = 0.85$, $P_b = 80$ kPa)[1]

4.3.3　不同背压对流动特性的影响

图 4.62 给出了背压为 100 kPa 时,$R_{m_{inc}}/R_{m_{in}} = 0.85$ 情况下对称截面的马赫数云图。与背压 90 kPa 的情况相比,壁面附近气流均为亚声速,压力从等直段开始就逐渐增大,马赫数不断减小,中心区超声速气流的激波串前移至计算入口截面。图 4.63 给出了背压为 60 kPa 时,$R_{m_{inc}}/R_{m_{in}} = 0.85$ 情况下对称截面的

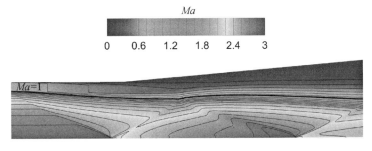

图 4.62　等直扩张段模型对称截面马赫数云图
　　　　($R_{m_{inc}}/R_{m_{in}} = 0.85$, $P_b = 100$ kPa)[1]

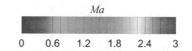

图 4.63 等直扩张段模型对称截面马赫数云图
($R_{m_{inc}}/R_{m_{in}} = 0.85$, $P_b = 60$ kPa)[1]

马赫数云图。与背压 80 kPa 的情况相比,二次流在扩张通道的加速距离进一步增加,在扩张段内形成了斜激波,二次流中的正激波结构消失。激波后主流与二次流之间不再出现明显的分层结构。

图 4.64 给出了 $R_{m_{inc}}/R_{m_{in}} = 0.85$ 的算例在不同背压下的壁面压力分布。随着背压的降低,二次流在扩张通道内出现最低压力位置越来越靠近下游,且最低值越来越低。这说明二次流在扩张通道内的马赫数越来越大。在扩张通道内形成的壅塞截面主要与二次流进口总压和环境背压的压比有关。背压较小时,混合气流在扩张通道内形成斜激波。随着背压的增大,混合气流在扩张段

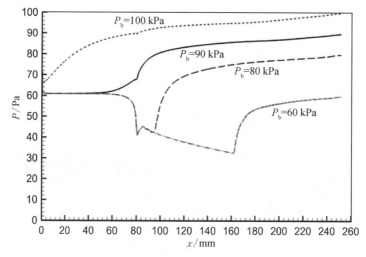

图 4.64 沿程壁面压力分布($R_{m_{inc}}/R_{m_{in}} = 0.85$)[1]

内的激波结构向前移动。由于混合气流的总压分布在壁面附近极不均匀,近壁区二次流内形成了正激波,中心区则为斜激波结构。当背压进一步增加以后,混合气流不能抵抗下游背压的作用,扩张段内的壅塞截面消失,二次流流量因受到背压的影响而下降。

4.3.4　非均匀气流在扩张段中的流动机制

在扩张段中随着火箭燃气在混合气流中占比的增加,混合气流在扩张段内形成激波。扩张段内的激波结构强化了一/二次流之间的混合效果,并且激波强度越大,混合增强的效果越好。整个引射系统处于临界状态,此时二次流流量不受下游扩张段出口截面的压力影响。

当火箭燃气在混合气流中的占比一定时,随着出口背压的增大,混合气流在扩张段内的激波位置不断向上游移动。由于混合气体的总压分布不均匀,背压较小时二次流中形成斜激波。背压较大时二次流中形成正激波,且正激波后一/二次流之间有较为明显的分界。随着背压的进一步增大,扩张段壁面附近的激波消失,整个引射系统处于亚临界状态,此时二次流空气流量受到下游压力的影响。

在固定的背压下,火箭燃气在混合气流中的占比较小时,混合气体在扩张通道中的波前马赫数较高,从而导致波后总压损失和波后静压较大,一/二次流混合效果增强。随着火箭燃气在混合气流中占比的增加,扩张段内的激波位置不断向上游移动,总压损失降低,一/二次流混合效果减弱。

4.4　本章小结

本章通过地面实验研究了 DAB 模式下 RBCC 发动机的推力特性,并针对其中的关键影响因素开展了数值仿真,主要得到以下结论。

（1）随着飞行马赫数的增加,发动机出口背压不断降低,引射流量逐渐增加直至达到饱和状态,RBCC 发动机比冲同步提升。发动机在马赫数 0.91 附近可取得比冲增益,在马赫数 1.2 时比冲增益达到 16.5%。对比不同飞行马赫数下的推力和比冲可以发现,在低马赫数下火箭宜采用大流量工作状态,而在高马赫数下火箭宜采用小流量工作状态。

（2）加长混合室长度或增大火箭流量均可提升混合气体的抗反压能力。

虽然火箭燃气与空气在 $5D\sim6D$ 长的混合室内未掺混均匀,但已经具备较强的抗反压能力。这表明采用 DAB 模式时,混合室长度可以根据实际情况大大缩短。在等直混合室出口截面可以为非均匀气流。

(3) 提高二次流来流总压、降低二次流总温和降低火箭燃气总温都有利于提高引射系数,获得更大的推力增益。

(4) 随着火箭燃气在混合气流中占比的增加,混合气流会在扩张段内会形成激波,整个引射系统处于临界状态,此时二次流流量不受下游扩张段出口压力的影响。扩张段中的激波结构强化了一/二次流的混合,激波强度越大混合增强效果越好。

参考文献

[1] 顾瑞.轴对称 RBCC 引射模态混合及燃烧组织特性研究[D].长沙: 国防科技大学,2021.

[2] Ruangtrakoon N, Aphornratana S, Sriveerakul T. Experimental studies of a steam jet refrigeration cycle: Effect of the primary nozzle geometries to system performance[J]. Experimental Thermal and Fluid Science, 2011, 35(4): 676-683.

[3] Peng C X, Fan W, Zhang Q, et al. Experimental study of an air-breathing pulse detonation engine ejector[J]. Experimental Thermal and Fluid Science, 2011, 35(6): 971-977.

[4] Duan L, Beekman I, Martin M P. Direct numerical simulation of hypersonic turbulent boundary layers. Part 2. Effect of wall temperature[J]. Journal of Fluids Mechanics, 2010, 655: 419-445.

[5] 计自飞,王兵,张会强.组合循环推进系统燃料消耗模型及优化分析[J].清华大学学报(自然科学版),2017,57: 516-520.

[6] Daines R, Segal C. Combined rocket and airbreathing propulsion systems for space-launch applications[J]. Journal of Propulsion and Power, 1998, 14: 605-612.

[7] 廖达雄.气体引射器原理与设计[M].北京: 国防工业出版社,2018.

[8] Gu R, Sun M B, Li P B, et al. A novel experimental method to the internal thrust of rocket-based combined-cycle engine[J]. Applied Thermal Engineering, 2021, 196: 117245.

[9] Pianthong K, Seehanam W, Behnia M. Investigation and improvement of ejector refrigeration system using computational fluid dynamics technique[J]. Energy Conversion and Management, 2007, 48(9): 2556-2564.

[10] Federico M, Adrienne L, Srinivas G, et al. Computational and experimental analysis of

supersonic air ejector：Turbulence modeling and assessment of 3D effects[J]. International Journal of Heat and Fluid Flow, 2015,56：305 – 316.

[11] Gu R, Sun M B, Li P B, et al. Experimental study on the rocket-ejector system with a throat in the secondary stream[J]. Aerospace Science and Technology, 2021, 113：106697.

[12] Gu R, Sun M B, Li P B, et al. Numerical modeling and experimental investigation on the rocket-ejector system with limited mixer length[J]. Acta Astronautica, 2021, 182：13 – 20.

第5章 即时掺混燃烧(SMC)模式
混合燃烧过程

与 DAB 模式相对复杂的发动机构型相比,即时掺混燃烧(SMC)模式的发动机构型较为简洁。在 SMC 模式的发动机中没有专门的补燃室,火箭中富余的燃料与空气在扩张型的混合室中边掺混边燃烧。本章主要通过实验和数值仿真研究 SMC 模式的混合燃烧过程。5.1 节通过地面实验给出采用 SMC 模式的 RBCC 发动机在不同飞行马赫数下的总体性能,比较混合室型面和火箭当量比对性能的影响;5.2 节研究混合室内二次喷油对 SMC 模式性能的影响;5.3 节通过数值仿真开展参数化研究,揭示火箭当量比、二次燃料流量、二次流总压和出口背压对发动机总体性能的影响规律。

5.1 SMC 模式的推力特性

5.1.1 SMC 模式的试验方法

选第 4 章提及的 3 号火箭开展 SMC 模式推力特性试验。该火箭是设计流量 1 kg/s、喷管出口马赫数 3.1 的气氧/煤油火箭。二次流为环境空气,发动机出口为超声速引射器。如图 5.1 所示,本节采用的实验系统和推力测量方法与 4.1 节 DAB 模式推力特性实验相同。实验过程中,通过调节超声速引射器的工况,改变模拟飞行条件。通过调节火箭的煤油流量和氧气流量控制火箭总流量、当量比和火箭总压。在 SMC 模式推力特性实验中,火箭主要工作在富燃工况。设计了两种构型的发动机:Model A 为内径 D、长度 $L = 4D$ 的等直管道构型;Model B 为进口内径 D、出口内径 1.2D、长度 $L = 4.1D$ 的扩张管道构型。具体结构如图 5.2 所示。火箭出口截面距离等直管道构型和扩张管道构型均为 1.07D。

针对两种实验构型共计进行了 17 组热态实验,模拟飞行马赫数 0.28 ~ 0.85。为得到发动机冷态阻力,进行了 30 余次冷态实验。详细的热态实验条件

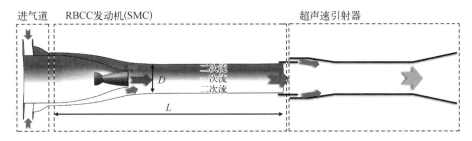

图 5.1　SMC 模式推力特性实验系统示意图[1]

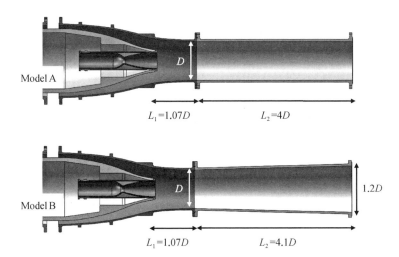

图 5.2　SMC 模式推力特性实验构型[1]

见表 5.1,其中 Ma_∞ 为模拟飞行马赫数,P_p^* 为火箭室压,Φ 为火箭当量比,P_b 为发动机出口的环境背压,$\dot{m}_p$ 为火箭的流量。实验中前 8 次采用 Model A 模型,后 9 次采用 Model B 模型。大部分实验中火箭处于富燃工况,但有两组实验为富氧工况,火箭室压为 3.08~3.81 MPa。

表 5.1　SMC 模式推力特性实验条件

实　验	模　型	Ma_∞	P_p^*/MPa	Φ	$\dot{m}_p/(\mathrm{g/s})$	P_b/kPa
Case 1	Model A	0.28	3.08	1.30	822.3	94.15
Case 2	Model A	0.32	3.61	1.09	986.0	92.45
Case 3	Model A	0.32	3.42	1.14	925.0	92.45

续 表

实 验	模 型	Ma_∞	P_p^*/MPa	Φ	$\dot{m}_p$/(g/s)	P_b/kPa
Case 4	Model A	0.33	3.10	0.81	898.0	91.95
Case 5	Model A	0.76	3.08	1.57	824.0	67.10
Case 6	Model A	0.86	3.81	1.16	976.0	61.00
Case 7	Model A	0.86	3.15	1.28	841.5	60.55
Case 8	Model A	0.87	3.12	1.52	828.6	60.50
Case 9	Model B	0.40	3.58	1.84	954.0	88.85
Case 10	Model B	0.42	3.66	1.50	947.0	87.80
Case 11	Model B	0.45	3.66	0.94	993.0	86.25
Case 12	Model B	0.66	3.18	2.10	863.0	73.90
Case 13	Model B	0.69	3.14	1.84	836.0	72.10
Case 14	Model B	0.73	3.08	1.73	822.0	69.10
Case 15	Model B	0.81	3.08	1.43	810.0	64.30
Case 16	Model B	0.85	3.16	1.21	841.0	61.25
Case 17	Model B	0.85	3.17	1.22	839.0	61.30

　　图 5.3 展示了 Case 5 中 P_p^* 和 P_b 随时间的变化。超声速引射器在 1.5 s 时开始工作, P_b 出现明显下降。此时 RBCC 发动机处于冷流状态,二次流空气在

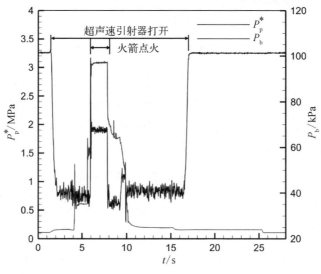

图 5.3　P_p^* 和 P_b 随时间的变化(Case 5)[1]

下游超声速引射器的抽吸作用下进入发动机。在第 4 s 时向火箭中注入推进剂,在第 6 s 火箭点火后火箭室压迅速上升到 3 MPa。发动机出口 P_b 由冷态流场的 40 kPa 增加至 67 kPa。火箭工作约 2 s 后逐渐关闭。对比启动火箭前后的 P_b,发现 P_b 均为 40 kPa 左右,说明实验过程中引射器工作稳定。

5.1.2　SMC 模式的实验结果与分析

图 5.4 给出了两种构型发动机在冷/热态时的推力,从冷态结果上看,Model B 构型的内阻比 Model A 构型小。根据热态结果来看,随着模拟飞行马赫数的增加,两种构型的推力变化幅度较小。以相同工作状态的火箭为参考,可以得到 RBCC 发动机的比冲增益。图 5.5 给出了比冲增益随飞行马赫数的变化情况。Model B 构型获得了约为 8% 的比冲增益,比冲增益明显优于 Model A 构型。Model A 构型很难获得比冲增益。这说明采用 SMC 模式时,RBCC 发动机应该为扩张构型流道。主要原因是火箭燃气与空气即时掺混燃烧容易造成流道内压力升高。等直通道中燃烧产生的高压直接影响二次流空气流量,不利于发动机稳定工作。

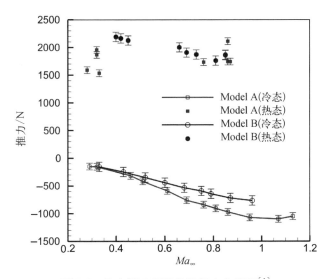

图 5.4　推力随飞行马赫数的变化情况[1]

图 5.6 展示了引射空气流量随飞行马赫数的变化。冷态条件下当模拟飞行马赫数小于 0.6 时,引射空气流量与模拟飞行马赫数成正比,并在模拟飞行马赫数高于 0.6 时达到最大值,二次流空气在进气道中壅塞。进一步提高模拟飞行

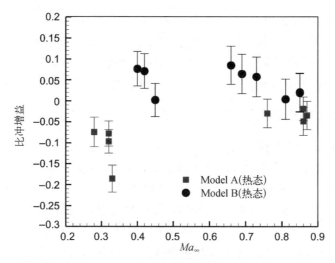

图 5.5　比冲增益随飞行马赫数的变化[1]

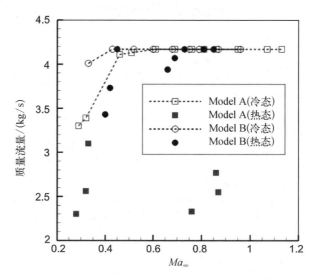

图 5.6　引射空气流量随飞行马赫数的变化[1]

马赫数不会增加引射空气流量。在模拟飞行马赫数 0.6 以下,Model A 构型引射空气流量低于模型 B。

　　在热态情况下,采用 Model A 构型开展的实验平均当量比为 1.23,而采用 Model B 构型开展的实验平均当量比为 1.53。从结果上来看,Model B 构型引射的空气流量总体上大于 Model A 构型。主要原因是火箭燃气与空气在混合过程中燃烧释热提升了等直管道内的压力,进而减小了二次流流量。采用扩张通道可以有效减轻 SMC 燃烧组织过程中产生的管内高压对二次流流量的影响。因此,在 SMC 方案中发动机构型的扩张角应当是较为重要的设计参数。

　　图 5.7 给出了比冲增益随火箭当量比的变化情况。图中每根曲线上环境背压的差别均小于 3 kPa,可以近似认为曲线上的发动机均处于同一个飞行工况。随着火箭当量比的增加,发动机的比冲增益逐渐提升。这说明空气与火箭富余煤油之间的燃烧反应越剧烈,RBCC 发动机的性能优势越明显。

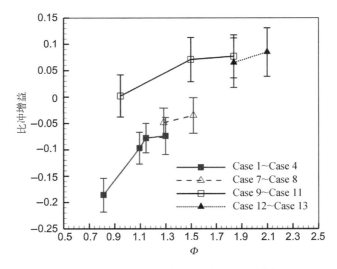

图 5.7　比冲增益随火箭当量比的变化[1]

　　图 5.8 给出了 SMC 模式下发动机的壁面压力分布,其中 Case 9～Case 11 的发动机出口背压基本相同,平均值为 87.6 kPa,对应的模拟飞行马赫数约为 0.43。图中黑色方块线段为冷态时的壁面压力分布。随着火箭当量比的增加,壁面压力不断升高。圆圈线段为低当量比 0.94 工况,火箭处于富氧状态,发动机的排气火焰为淡蓝色,方形(非实心)线段为高当量比 1.84 工况,火箭处于富燃状态,发动机的排气火焰为橘黄色。

　　火箭当量比的增加主要产生三个影响。第一,混合层中煤油当量比增加,燃烧更加剧烈。第二,流道内压力升高使发动机推力增加。第三,引射空气流量下降,发动机进口冲量降低。在三个因素的综合作用下,发动机比冲增益随着火箭当量比的升高显著增大。但是随着当量比的进一步提高,比冲增益达到

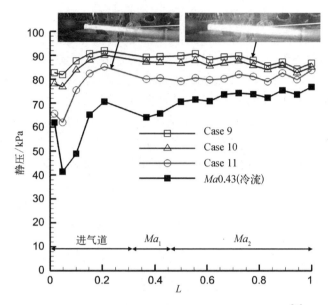

图 5.8　SMC 模式推力特性实验壁面压力分布情况[1]

最大值后下降。主要原因是空气引射流量逐渐下降,参与燃烧的煤油反而减少。另外,从实验结果中可以发现,在采用 SMC 模式的 RBCC 发动机中,引射系数越大,发动机的比冲不一定越大。若没有足够的煤油与空气反应也会造成性能损失。因此,采用 SMC 模式的 RBCC 发动机的最优性能由引射系数和火箭当量比共同决定。

　　火箭的混合比与当量比都是用来描述火箭中氧化剂与燃料比例的参数。混合比定义为氧化剂的质量流量与燃料的质量流量之比。在气氧煤油火箭中,混合比 3.4 即等于火箭当量比 1。混合比小于 3.4 意味着氧化剂含量减少,火箭当量比大于 1。当混合比大于 3.4 意味着氧化剂含量增加,火箭当量比小于 1。图 5.9 给出了 SMC 模式推力特性实验中发动机比冲随火箭流量与火箭混合比的变化趋势。由图可知,发动机比冲随着火箭流量的增加而增加。这说明实验中发动机出口面积过大,混合气流在喷管中过膨胀,产生了较大的底阻。随着火箭流量的增加,发动机过膨胀效应减弱。从总的趋势看,随着火箭混合比的降低,有更多燃油参与补燃,发动机比冲逐渐增加。

　　综上所述,在 RBCC 发动机的设计过程中,发动机的出口面积需要与发动机的气动参数相匹配,既要防止因出口面积过大导致的流动损失和比冲损失,

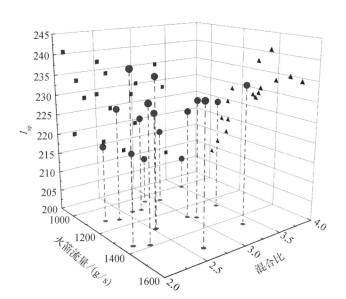

图 5.9　SMC 模式推力特性实验中发动机比冲随
火箭流量与火箭混合比的变化趋势[1]

又要防止因出口面积太小,影响发动机正常工作。在采用 SMC 模式的 RBCC 发动机中,发动机的比冲增益和工作性能主要与发动机自身的火箭混合比、火箭流量和发动机出口面积等有关。

5.2　SMC 模式二次补燃和出口面积影响特性

采用 SMC 模式的 RBCC 发动机主要通过反应混合层对二次流进行补燃燃烧。为了促进二次流在发动机中的燃烧,Trefny[2] 和 Kanda 等[3] 提出了一种二次补燃方案。其主要思路是在二次流一侧喷注燃油。本节设计了新的实验构型开展 SMC 模式二次补燃实验,采用三节扩张段研究发动机流量与发动机出口面积的匹配特性。

5.2.1　二次补燃对 SMC 模式总体性能的影响

图 5.10 给出了 SMC 模式二次补燃及喷管面积影响特性的实验模型。火箭采用 2 号火箭,实验过程中二次流为环境空气,实验段出口压力为环境压力。

发动机最小直径为 D'，扩张段长度为 $8.4D'$，发动机进口距最小截面轴向距离有 $2D'$。在扩张段 $1.25D'$ 处设置二次煤油喷孔(周向 20 个小孔)进行燃油的补燃喷注。发动机的扩张段有三节，扩张角均为 2°，通过改变安装的扩张段节数用来改变发动机的出口面积。当只安装 1、2、3 节扩张段时，发动机出口直径分别为 $1.1D'$、$1.2D'$、$1.3D'$。实验中通过调节火箭氧气和火箭煤油流量改变火箭当量比和火箭室压，通过改变二次喷油流量来调整补燃方案。推力的测量方法与 5.1 节一致。实验过程中先启动火箭得到常规 SMC 模式下 RBCC 发动机的推力性能，然后在发动机中喷入二次补燃煤油，得到经过二次补燃后的推力。

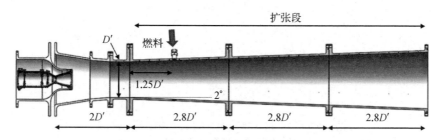

图 5.10　SMC 模式二次喷油及喷管面积影响特性实验模型[1]

发动机混合比为 α，火箭的混合比为 α_r，二次喷油以后发动机总混合比为 α_{engine}。二次喷注的补燃煤油流量用 $\dot{m}_{k2}$ 表示。进行二次喷油前发动机的推力和比冲分别为 F_N 和 I_{sp}，进行二次喷油后发动机的推力和比冲为 F_{N_mk} 和 I_{sp_mk}。二次补燃的推力增益 ΔF_{N_mk} 为 F_N 和 F_{N_mk} 的差值，其计算公式如式(5.1)所示，补燃燃油产生的比冲为 ΔI_{sp_mk}，其计算公式如式(5.2)所示。

$$\Delta F_{N\_mk} = F_N - F_{N\_mk} \tag{5.1}$$

$$\Delta I_{sp\_mk} = \frac{\Delta F_{mk}}{\dot{m}_{k2}} \tag{5.2}$$

表 5.2 给出了喷管出口直径为 $1.1D'$ 时的实验结果。其中 P_p^* 为火箭室压，$\dot{m}_p$ 为火箭流量，$\dot{m}_{k2}$ 为二次补燃燃油流量，α_{engine} 为发动机混合比，F_N 为发动机 SMC 状态下推力，F_{N_mk} 为二次补燃后发动机推力，I_{sp} 为发动机 SMC 状态下比冲，I_{sp_mk} 为二次补燃后发动机比冲，ΔI_{sp_mk} 为二次补燃前后发动机比冲差异。图 5.11 给出了实验中发动机推力和比冲随火箭流量的变化情况。火箭均处于富燃状态，随着火箭流量的增加，RBCC 发动机推力增大。当发动机进行二次喷

油以后,发动机推力进一步增大,但是比冲下降。实验中补燃煤油的平均比冲仅为 44.9 s。实验 Test 6 和 Test 7 的火箭流量相差 55.3 g/s,二次喷油的流量约 128.1 g/s。这两次实验的主要区别是火箭的混合比。Test 6 火箭混合比为 3.2, Test 7 火箭混合比为 2.7。Test 6 的 F_N 和 F_{N_mk} 较小,这进一步说明在 SMC 模式中火箭越富燃程度越高,发动机推力越大。

表 5.2　二次喷油及喷管面积影响特性实验(喷管出口直径 1.1D')

实验	P_p^*/ MPa	$\dot{m}_p$/ (g/s)	α_r	$\dot{m}_{k2}$/ (g/s)	α_{engine}	F_N/ N	F_{N_mk}/ N	I_{sp}/ s	I_{sp_mk}/ s	ΔI_{sp_mk}/ s
Test 1	2.49	1 278.7	2.6	128.2	1.9	3 063.5	3 122.1	244.5	226.4	46.6
Test 2	2.52	1 294.4	2.6	148.3	1.8	3 060.3	3 138.8	241.3	222.0	54.0
Test 3	2.61	1 337.0	2.1	128.1	1.6	3 223.2	3 252.6	246.0	226.5	23.4
Test 4	2.61	1 339.7	2.1	103.7	1.7	3 222.4	3 257.3	245.4	230.3	34.3
Test 5	2.62	1 352.1	2.2	148.9	1.6	3 226.3	3 294.0	243.5	223.9	46.4
Test 6	2.76	1 442.7	3.2	128.3	2.3	3 474.7	3 541.5	245.8	230.0	53.1
Test 7	2.92	1 498.0	2.7	128.0	2.1	3 705.2	3 761.8	252.4	236.1	45.1
Test 8	3.01	1 553.8	2.9	103.3	2.3	3 822.7	3 879.2	251.0	238.9	55.8

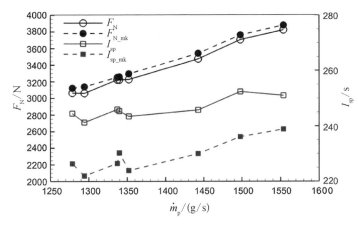

图 5.11　发动机推力和比冲随火箭流量的变化情况(喷管出口直径 1.1D')[1]

为进一步分析火箭混合比对 ΔI_{sp_mk} 的影响,针对更宽的火箭混合比范围进行实验。表 5.3 和表 5.4 分别给出了安装两节扩张段和三节扩张段的实验结果。实验中火箭混合比最大达到 10.9。Test 9 和 Test 10 的火箭混合比分别为

5.0 和 10.9,此时火箭处于富氧状态。在常规情况下 RBCC 发动机的比冲仅为 136.5 s 和 179.2 s。当对发动机喷入 148.3 g/s 的二次补燃燃油时,发动机推力与比冲显著提高,比冲分别达到 146.4 s 和 186 s。Test 10 的 $\Delta I_{\rm sp\_mk}$ 达到了 239.9 s,Test 19 和 Test 21 的 $\Delta I_{\rm sp\_mk}$ 也都大于 200 s。主要原因是随着火箭混合比的增大,反应混合层中的氧气含量增加,二次喷注的煤油燃烧效率增大。

表 5.3 二次喷油及喷管面积影响特性实验(喷管出口直径 1.2D')

实验	$P_{\rm p}^*/$ MPa	$\dot{m}_{\rm p}/$ (g/s)	$\alpha_{\rm r}$	$\dot{m}_{\rm k2}/$ (g/s)	$\alpha_{\rm engine}$	$F_{\rm N}/$ N	$F_{\rm N\_mk}/$ N	$I_{\rm sp}/$ s	$I_{\rm sp\_mk}/$ s	$\Delta I_{\rm sp\_mk}/$ s
Test 9	1.55	1 072.1	10.9	148.4	4.1	1 434.3	1 751.1	136.5	146.4	217.8
Test 10	2.08	1 171.1	5.0	148.3	2.8	2 056.4	2 405.1	179.2	186.0	239.9
Test 11	2.12	1 092.1	2.6	128.2	1.8	2 263.6	2 306.1	211.5	192.8	33.8
Test 12	2.58	1 318.6	2.7	127.2	2.0	2 858.0	2 966.7	221.2	209.4	87.2
Test 13	2.68	1 364.9	2.3	125.2	1.8	3 041.5	3 056.9	227.4	209.3	12.6
Test 14	2.71	1 374.4	2.2	103.4	1.8	3 101.6	3 143.9	230.3	217.1	41.8
Test 15	2.98	1 515.9	2.8	127.8	2.1	3 428.2	3 535.1	230.8	219.5	85.4
Test 16	2.99	1 524.9	2.7	126.7	2.1	3 422.0	3 521.7	229.0	217.6	80.3

表 5.4 二次喷油及喷管面积影响特性实验(喷管出口直径 1.3D')

实验	$P_{\rm p}^*/$ MPa	$\dot{m}_{\rm p}/$ (g/s)	$\alpha_{\rm r}$	$\dot{m}_{\rm k2}/$ (g/s)	$\alpha_{\rm engine}$	$F_{\rm N}/$ N	$F_{\rm N\_mk}/$ N	$I_{\rm sp}/$ s	$I_{\rm sp\_mk}/$ s	$\Delta I_{\rm sp\_mk}/$ s
Test 17	1.40	788.9	4.6	127.8	2.4	975.6	1 098.9	126.2	122.3	98.4
Test 18	1.56	954.5	7.0	128.1	3.4	1 078.2	1 290.1	115.3	121.6	168.8
Test 19	1.59	1 089.5	10.1	147.5	4.0	1 007.5	1 388.0	94.4	114.5	263.2
Test 20	1.83	956.1	1.9	103.6	1.4	1 566.2	1 598.5	167.2	153.9	31.8
Test 21	2.06	1 178.5	5.2	147.4	2.9	1 650.7	1 954.8	142.9	150.4	210.5
Test 22	2.15	1 115.8	2.7	127.7	1.9	1 902.2	2 012.7	174.0	165.2	88.3
Test 23	2.38	1 243.7	3.2	104.1	2.4	2 118.6	2 258.2	173.8	171.0	136.8
Test 24	2.49	1 279.5	2.6	125.5	1.9	2 295.0	2 409.9	183.0	175.0	93.4
Test 25	2.53	1 296.8	2.6	104.1	2.0	2 336.1	2 424.1	183.3	176.6	86.3
Test 26	2.61	1 407.4	4.1	128.2	2.8	2 288.8	2 556.0	165.9	169.8	212.7
Test 27	2.67	1 360.1	2.2	128.4	1.7	2 504.7	2 585.1	187.9	177.2	63.9
Test 28	2.70	1 382.9	2.2	127.9	1.7	2 512.1	2 621.8	185.4	177.1	87.5
Test 29	2.99	1 538.4	2.8	128.0	2.1	2 784.0	2 963.9	184.7	181.5	143.4

当火箭流量较小时(低于 1 000 g/s),如 Test 17 和 Test 18 火箭流量分别为 788.9 g/s 和 954.5 g/s,即使火箭的混合比也达到了富氧的状态(分别是 4.6 和 7.0),两个工况的 ΔI_{sp_mk} 仅为 98.4 s 和 168.8 s。Test 20 表明(混合比仅为 1.9) ΔI_{sp_mk} 随着火箭混合比的减小显著降低。发动机应用 SMC 模式进行工作时,通过二次煤油喷注补燃,发动机整体的比冲性能下降。从发动机总体性能出发,其效果不如直接增加火箭的混合比。

5.2.2　出口面积对 SMC 模式总体性能的影响

在 Test 10 和 Test 21 中,火箭流量、混合比及二次喷注燃油均基本相同。两个实验的差别主要是喷管的出口直径。Test 10 和 Test 21 的发动机出口直径分别为 1.2 和 1.3。相比 Test 21,Test 10 的 F_N 增加24.6%、F_{N_mk} 增加23.0%、I_{sp} 增加 25.4%、I_{sp_mk} 增加了 23.7%、ΔI_{sp_mk} 增加 14.0%。由此可见过大的喷管出口面积可能造成较大底阻,对发动机的推力性能产生负面影响。图 5.12 给出了没有喷注二次煤油时发动机比冲随火箭总压的变化。发动机的比冲性能与火箭总压正相关。随着发动机出口面积的减小,发动机的比冲增加。

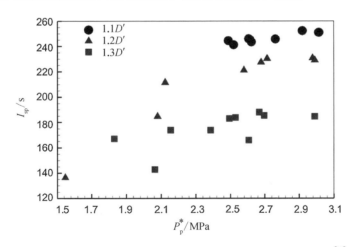

图 5.12　发动机比冲随火箭总压的变化情况(无二次喷注燃油)[1]

综上所述,在 RBCC 发动机的设计中,不仅需要考虑到不同模态时发动机进口截面几何尺寸上的协调,还需要充分考虑发动机排气系统上几何尺寸的匹配。发动机喷管尺寸过大,可能使发动机在引射模态时产生严重的过膨胀现象,导致发动机推力增益下降。

5.3 SMC 模式的混合燃烧过程参数化数值仿真

本节采用参数化数值仿真研究 SMC 模式的混合燃烧过程,考察火箭当量比、二次流煤油流量、二次流总压和背压对 SMC 模式性能的影响,分析 SMC 模式中的反应混合层的生长特性以及氧气和剩余煤油的分布特点。

5.3.1 SMC 模式基准工况的仿真流场分析

以 5.1.1 小节的 Case 16 作为数值仿真方法的验证算例。湍流模型采用混合层修正 RNG 湍流模型,燃烧反应采用煤油氧气的单步燃烧模型[4]。计算边界条件如图 5.13 所示。计算模型与实验模型尺寸一致,在进口处设有空气进口和火箭进口,两处进口边界条件均为压力进口边界条件,中心轴设置为对称轴边界条件,出口截面设置为压力出口边界条件。

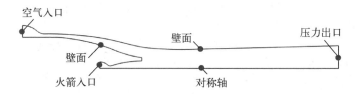

图 5.13　SMC 模式数值仿真边界条件[1]

实验条件为:二次流空气总压为 1 atm,发动机出口背压 60 kPa,火箭当量比 1.21,火箭总压 3.16 MPa。图 5.14 给出了数值仿真结果与实验壁面压力的对比图和马赫数云图,横坐标 L 为进气道喉部至发动机出口的无量纲长度,$L<0.3$ 为二次流空气管道。数值仿真结果与实验结果吻合较好,可以通过数值仿真结果反推实验时的引射空气流量。实验中二次流空气在进气道喉部达到了临界状态。$0.3<L<1$ 为火箭燃气与空气混合燃烧阶段,该阶段实验测量压力较数值仿真偏高,说明实验时燃烧反应更为剧烈。可能的原因是在真实条件下,火箭出口气流的湍流度很大,高湍流度促进了反应混合层的发展。

图 5.15 和图 5.16 分别给出了氧气和煤油质量分数云图。从结果中可以发现,发动机中的氧气和煤油都没有完全反应。除混合层中的气流以外,一/二次流中的大部分气流没有参与燃烧反应。通过对计算与实验结果的对比可以发现,数值仿真方法可以较为准确地模拟出 SMC 模式的流动燃烧现象。

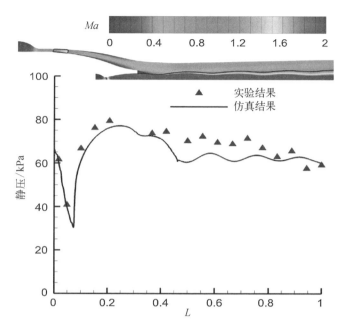

图 5.14　SMC 计算结果与实验结果壁面压力对比图和马赫数云图[1]

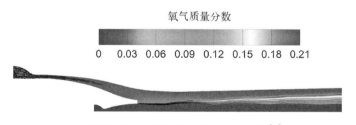

图 5.15　SMC 工况氧气质量分数云图[1]

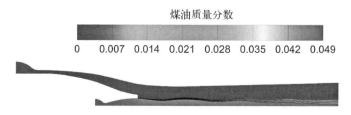

图 5.16　SMC 工况煤油质量分数云图[1]

5.3.2　气动参数对 SMC 模式性能的影响

在 SMC 模式中随着发动机长度的增加，空气反应趋于完全，但是发动机的总重量也随之增加。在真实条件下，飞行器的约束导致发动机的长度和基本构型是固定的。因此本小节在给定的发动机几何尺寸下，采用数值仿真研究空气总压(P_s^*)、火箭当量比(Φ)、发动机背压(P_b)对发动机性能的影响。计算过程中火箭总压为 3.16 MPa、总温为 3 500 K。计算边界条件和主要结果如表 5.5 所示，其中，P_s^* 为二次流空气总压，$\dot{m}_{s\_k}$ 为二次流空气中预混煤油流量，P_b 为环境背压，$\dot{m}_p$ 为火箭流量，$\dot{m}_s$ 为二次流流量，$\dot{m}_{k\_all}$ 为煤油流量(含火箭中的煤油与二次补燃中的煤油)，F_N 为发动机推力，I_{sp} 为发动机比冲。

表 5.5　SMC 工况气动参数影响分析算例边界条件与主要结果

算例	$P_s^*/$ Pa	$\dot{m}_{s\_k}/$ (g/s)	Φ	$P_b/$ kPa	$\dot{m}_p/$ (kg/s)	$\dot{m}_s/$ (kg/s)	$\dot{m}_{k\_all}/$ (kg/s)	$F_N/$ N	$I_{sp}/$ s
Case 1	101 325	0	1	60	0.966	4.166	0.220	1 891	200
Case 2	101 325	0	1.21	60	0.976	4.166	0.268	2 269	237
Case 3	101 325	0	1.28	60	0.982	4.166	0.282	2 356	245
Case 4	101 325	0	1.38	60	0.988	4.166	0.304	2 479	256
Case 5	101 325	0	1.49	60	0.995	4.026	0.326	2 541	261
Case 6	101 325	0	1.60	60	1.002	3.872	0.348	2 599	265
Case 7	101 325	0	1.78	60	1.013	3.699	0.382	2 695	271
Case 8	101 325	0	2.24	60	1.043	3.410	0.466	2 903	284
Case 9	101 325	0	2.55	60	1.062	3.268	0.518	2 988	287
Case 10	101 325	0	2.71	60	1.072	3.203	0.544	3 023	288
Case 11	101 325	0	2.89	60	1.083	3.139	0.571	3 053	288
Case 12	101 325	0	3.07	60	1.094	3.079	0.599	3 080	287
Case 13	101 325	20.8	1.38	60	0.988	4.168	0.325	2 570	260
Case 14	101 325	39.7	1.38	60	0.988	3.965	0.343	2 587	257
Case 15	101 325	41.8	1.18	60	0.978	4.175	0.303	2 377	238
Case 16	80 000	0	1.38	60	0.988	2.879	0.304	2 395	247
Case 17	120 000	0	1.38	60	0.988	4.937	0.304	2 499	258
Case 18	101 325	0	1.38	40	0.988	4.166	0.304	2 903	300
Case 19	101 325	0	1.38	80	0.988	3.642	0.304	2 273	235

　　Case 1~Case 12 主要研究火箭当量比对发动机性能的影响。随着当量比的增加,二次流空气流量减小。这说明当量比大于一定值以后燃烧反应剧烈,较高的燃烧压力开始影响二次流引射流量。发动机比冲随着当量比的增加呈现先增加后稳定的趋势。发动机比冲在火箭当量比 2.71 左右达到最大。Case 4、Case 13 和 Case 14 研究了在二次流空气中二次补燃的方案。结果显示在火箭流量基本不变的情况下,随着补燃燃油的增加,空气的引射流量减小,发动机推力增加。Case 4 和 Case 15、Case 6 和 Case 14 两对算例中各自的总燃油流量基本一致,但是燃油喷注方式不同,在 Case 4 和 Case 6 中燃油全部通过火箭射流喷入流道,而 Case 14 和 Case 15 则将一部分燃油先预混在空气中,一部分燃油随火箭喷入流道。结果显示,将燃油全部通过火箭射入内流道时发动机推力和比冲更高。Case 16、Case 4 和 Case 17 考察了空气总压的影响。随着空气总压的增加,引射空气流量增大,发动机推力和比冲增大。Case 18、Case 4 和 Case 19 表明,背压越大,发动机推力和比冲越小。

　　1. 火箭当量比对 SMC 模式性能的影响

　　图 5.17 给出了火箭当量比对比算例的壁面压力分布,图 5.18 为马赫数云图。

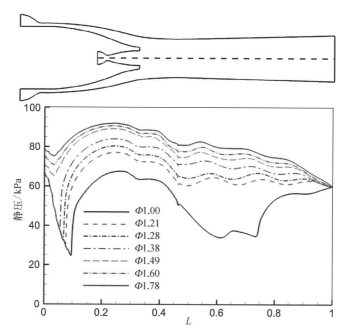

图 5.17　火箭当量比对比算例壁面压力分布[1]

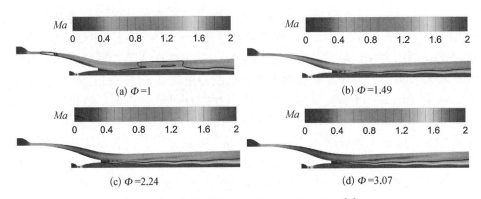

(a) Φ=1　　(b) Φ=1.49

(c) Φ=2.24　　(d) Φ=3.07

图 5.18　火箭当量比对比算例马赫数云图[1]

火箭当量比为 1 时,在发动机内部没有燃烧反应。在火箭一次流的作用下,二次流在进气道喉部及发动机扩张段上各形成了一个截流截面。随着火箭当量比的增加,发动机扩张通道上的压力不断增大,扩张段上的临界截面消失。当量比大于 1.49 时,进气道喉部的临界截面消失,燃烧反应开始影响二次流流量。由马赫数云图可以发现,二次流马赫数随着火箭当量比的增加而减小。当火箭当量比为 3.07 时,二次流空气与火箭射流之间出现了明显的低马赫区。

图 5.19 给出了发动机推力、比冲、出口截面氧气及煤油流量随火箭当量比

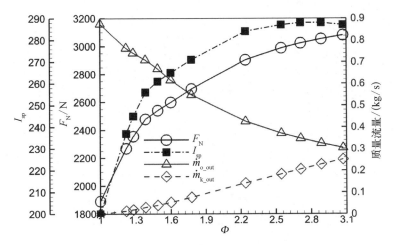

图 5.19　推力、比冲、出口截面氧气及煤油流量随当量比的变化[1]

的变化。图 5.20 给出了总煤油流量及出口截面剩余煤油流量百分比与火箭当量比的关系。在火箭当量比较小时,随着当量比的增加,发动机推力和比冲增大。在当量比等于 2.71 时,发动机比冲达到峰值 288 s。当量比的增加导致发动机出口截面剩余煤油不断增加。在火箭当量比 2.71 时,煤油剩余 0.206 kg/s。随着当量比的进一步增加,发动机出口截面剩余煤油占总煤油流量的比重不断攀升。这说明在 SMC 模式下,仅依靠混合层进行燃料的掺混和扩散显然很难做到充分燃烧,限制了发动机的燃烧效率。

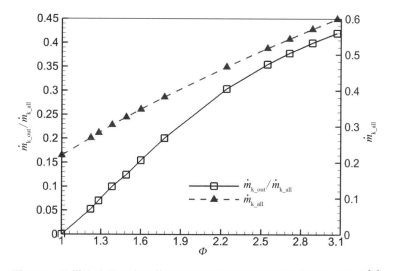

图 5.20　总煤油流量及出口截面剩余煤油流量百分比随当量比的变化[1]

2. 二次流总压对 SMC 模式性能的影响

图 5.21 给出了二次流总压对推力、比冲、出口截面氧气及煤油流量的影响。随着二次流总压的增加,发动机推力和比冲均增大,但是增加的幅度逐渐减小。发动机出口截面的氧气随着二次流总压的增加显著增加,但是煤油流量的减小幅度很小。二次流总压为 80 kPa 时,出口截面的煤油流量为 31.5 g/s。将二次流总压提高到 120 kPa 时,出口截面的煤油流量仅下降 3.5 g/s。主要原因是只有混合层附近的空气能够参与燃烧,增加二次流总压并不能显著提高 SMC 中反应混合层的燃烧效率。

3. 背压对 SMC 模式性能的影响

图 5.22 给出了推力、比冲、出口截面氧气及煤油流量随背压的变化。当背

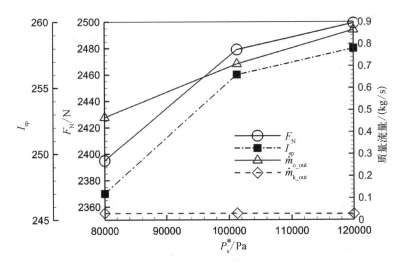

图 5.21 推力、比冲、出口截面氧气及煤油流量随二次流总压的变化[1]

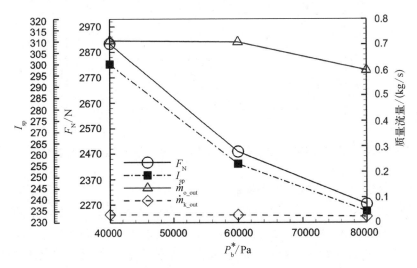

图 5.22 推力、比冲、出口截面氧气及煤油流量随背压的变化[1]

压为 40 kPa 时,二次流引射流量为 4.166 kg/s,出口截面的煤油流量为 31.8 g/s,氧气流量为 714.3 g/s。当背压为 80 kPa 时,二次流引射流量为 3.642 kg/s,出口截面的煤油流量为 24.2 g/s,氧气流量为 598.3 g/s。随着背压的增加,模拟飞行马赫数减小,发动机出口截面的氧气和煤油以及发动机的推力和比冲均减小。

5.4　本章小结

本章通过实验与数值仿真相结合的方法研究了 SMC 模式的混合燃烧过程,主要得到以下结论。

（1）在采用 SMC 模式的 RBCC 发动机中,发动机的比冲增益和工作性能主要与火箭混合比、火箭流量和发动机出口面积等参数有关。相比于 DAB 模式,SMC 模式下飞行工况、二次流空气的气动参数等对 RBCC 发动机性能的影响相对较小。发动机采用 SMC 模式,其总体性能在不同飞行环境下鲁棒性较好。

（2）在 SMC 模式下,对空气进行二次喷油补燃可增大发动机推力,但是发动机比冲下降。二次补燃燃料的利用率与火箭混合比密切相关,随着火箭混合比的增大,反应混合层中的氧气含量增加,二次喷注的煤油燃烧效率增大。从发动机总体性能出发,对空气进行二次喷油补燃,其效果不如直接增加火箭的混合比。

（3）发动机出口面积对推力性能有重要影响。在低飞行马赫数下,过大的喷管出口面积使混合气流产生过膨胀,喷管中形成较大底部阻力,进而导致发动机推力增益下降。

（4）参数化数值仿真表明,二次流总压和发动机背压对 SMC 模式反应混合层的影响很小。SMC 的比冲性能与火箭当量比密切相关,随着火箭当量比的提高,RBCC 发动机的推力及比冲增大。

（5）一/二次流之间反应混合层发展速率较慢,很大一部分空气和富燃火箭的煤油没有参与燃烧而直接排出发动机,这是 SMC 模式燃烧效率低下的主要原因。

参考文献

［1］　顾瑞.轴对称 RBCC 引射模态混合及燃烧组织特性研究［D］.长沙:国防科技大学,2021.

［2］　Trefny C. An air-breathing launch vehicle concept for single-stage- to-orbit［C］. 35th Joint Propulsion Conference and Exhibit, Los Angeles, 1999.

[3]　Kanda T, Tani K, Kudo K. Conceptual study of a rocket-ramjet combined-cycle engine for an aerospace plane[J]. Journal of Propulsion and Power, 2007, 23(2): 301 – 309.

[4]　崔朋.SMC 模式下火箭基组合循环引射/亚燃模态性能研究[D].长沙: 国防科学技术大学,2015.

第6章　RBCC 发动机冲压模态
燃烧组织过程

　　冲压模态覆盖 RBCC 发动机的加速段和巡航段,在飞行弹道中占据很大比重,对发动机的综合性能有重要影响。但是在冲压模态下,燃烧室主流速度远高于湍流火焰传播速度[1,2]。气流驻留时间短[3]、碳氢燃料点火延迟长[4]、燃料掺混不充分[5]和湍流耗散强[6]等因素使实现碳氢燃料稳定高效的燃烧十分困难。此外,RBCC 发动机流道中存在引射火箭。火箭占流道横截面的比例可达30%以上[7]。这导致 RBCC 发动机流道型面比常规冲压发动机更加复杂,给冲压模态下的火焰稳定带来新的挑战。

　　在冲压模态下火箭一般处于关闭状态,火箭底部可形成尺寸较大的回流区。但是仅依靠火箭底部回流区很难实现碳氢燃料的稳定燃烧[8,9],有必要在燃烧室中额外安装凹腔等火焰稳定器,或者设计新型火焰稳定增强方案。本章结合 RBCC 发动机结构特点,以实验观测为主研究 RBCC 发动机冲压模态燃烧组织过程。本章内容主要包括基于凹腔的火焰稳定方案、基于火箭底部回流区的火焰稳定方案以及上述两种方案的组合。此外,为提高发动机在加速过程中的推阻比,拓展发动机飞行包线,本章针对低动压条件下的冲压燃烧室设计开展了初步探索。

6.1　冲压模态燃烧组织过程实验系统

6.1.1　冲压模态直连式实验系统

　　本章所有实验均在直连式实验台开展。如图 6.1 所示,空气加热器通过燃烧酒精、氧气和空气生成质量流量为 1 kg/s 的高焓空气。高焓空气中氧气的质量分数为 23.3%。经拉瓦尔喷管加速后,高焓空气达到超声速状态。该实验台以空气在燃烧室入口处的马赫数(Ma_{in})、总温(T_0)和总压(P_0)作为模拟参数。

通过更换喷管以及调整酒精、氧气和空气的配比,该实验台能够模拟的飞行马赫数(Ma_∞)为4.0~6.0。超声速气流经过长度为315 mm的等直隔离段后进入燃烧室。燃烧产物经扩张段直接排入环境大气。本节实验仅涉及飞行马赫数5.5和6.0两个工况,具体参数见表6.1。

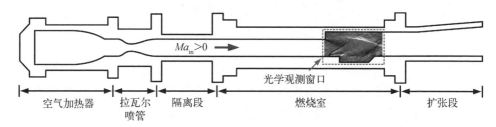

图 6.1　冲压模态直连式实验台示意图[10]

表 6.1　冲压模态燃烧室入口来流参数

Ma_∞	Ma_{in}	T_0/K	P_0/MPa
5.5	2.52	1 486	1.60
6.0	2.92	1 650	2.60

6.1.2　基于凹腔和火箭底部的冲压燃烧室

本节研究了基于凹腔的火焰稳定方案、基于引射火箭底部回流区的火焰稳定方案以及凹腔与引射火箭底部回流区协同火焰稳定方案。图6.2展示了基于凹腔和火箭的燃烧室。该燃烧室的入口高度(H)和宽度(W)分别为40 mm和50 mm。采用高度(h)为20 mm的后向台阶来模拟已经关闭的引射火箭。由于流道在引射火箭出口处的突然扩张,引射火箭下游形成膨胀波和再附激波,造成严重的流场畸变。在燃烧室的下壁面安装一个长度(L)为87.5 mm、后缘倾角(θ)为45°的凹腔作为火焰稳定器。凹腔的深度(D)为10~15 mm,对应的长深比(L/D)为5.83~8.75。后向台阶到凹腔中心的距离(d)为60~300 mm,对应的无量纲距离(d/H)为1.5~7.5。

燃烧室中有三排燃料喷孔。每排包括3个直径为1 mm的圆孔,相邻两个喷孔之间的距离为12.5 mm。其中两排喷孔位于燃烧室下壁面的P1和P2处,二者到凹腔前缘的距离分别为130 mm和25 mm。另一排喷孔(P3)位于燃烧室

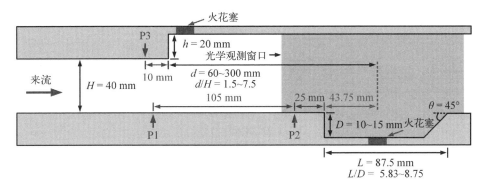

图 6.2　基于凹腔和火箭底部的冲压燃烧室[10]

上壁面,距引射火箭底部 10 mm。实验中采用安装在凹腔底壁和燃烧室上壁面的火花塞进行点火。安装在凹腔内的火花塞到凹腔前壁的距离为 38.75 mm。安装在火箭底部回流区内的火花塞距火箭底部 10 mm。受到燃烧室侧窗尺寸的限制,实验中仅观测了凹腔附近的流场。仅使用凹腔进行火焰稳定时,采用 P2 或者 P1+P2 处的喷孔喷注燃料。同时使用凹腔和火箭底部回流区进行火焰稳定时采用 P2+P3 处的喷孔。

6.1.3　基于火箭底部和激波发生器的冲压燃烧室

仅采用火箭底部回流区进行火焰稳定时,燃烧室结构如图 6.3 所示。该燃烧室的入口高度(H)和宽度(W)分别为 40 mm 和 50 mm。采用宽 50 mm、厚 8 mm 的支板来模拟关闭的引射火箭。厚度大于 8 mm 的支板可能会导致壅塞。支板前缘半角为 6°,主体长度为 106.5 mm。支板上有三个喷注位置。在支板底部上游 111.5 mm、95.0 mm 和 85.0 mm 处分别有 6 个直径为 1 mm 的喷孔(支板每侧 3 个)、4 个直径为 0.4 mm 的喷孔和 4 个直径为 1 mm 的喷孔。

由于支板底部回流区尺寸较小,很难实现碳氢燃料的稳定燃烧,本节提出一种基于激波发生器的火焰稳定增强方案。利用激波发生器生成的斜激波扩大火箭底部回流区尺寸,进而拓展燃烧室的工作包线。燃烧室的上、下壁面存在两个可替换模块,通过安装不同的模块可以对激波发生器的阻塞比(blockage ratio, BR)和位置开展参数化研究。激波发生器的楔角为 10°。激波发生器到底部回流区的距离(d_s)为 10 ~ 25 mm,对应的无量纲距离(d_s/H)为 0.250 ~ 0.625。激波发生器的高度(h_s)为 1~3 mm,相应的阻塞比为 5%~15%。在支板下游 55 mm 处,燃烧室下壁面以 4°扩张。

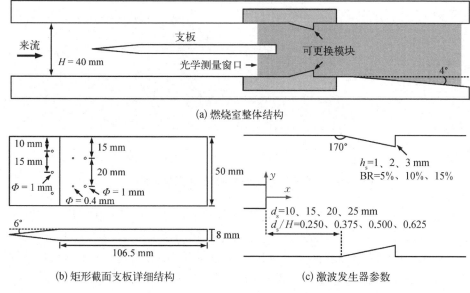

图 6.3　基于火箭底部和激波发生器的冲压燃烧室[10]

　　除矩形截面的支板外,本节还设计了一种圆截面支板,用于研究锥形底部回流区的火焰稳定能力。如图 6.4 所示,该支板的直径为 19.6 mm,支板阻塞比约为 15%。支板主体长度为 120 mm,前缘锥角为 20°。采用一个矩形截面的小支板将圆截面支板固定于流道中心。小支板的长度、厚度和阻塞比分别为 70 mm、6 mm 和 5%。应当注意的是,小支板底部的回流区不会参与火焰稳定。支板主体上游 5 mm 处有 6 个直径为 1 mm 的喷孔,相邻喷孔间的夹角为 60°。在支板底部上游 30 mm 处有 4 个直径为 0.4 mm 的喷孔,相邻喷孔间的夹角为 90°。支板下游燃烧室的构型与图 6.3 所示燃烧室一致。

　　为检验实验结果的可靠性,三种火焰稳定方案的所有工况均至少重复三次。当燃烧室入口马赫数为 2.92 时,根据研究火箭底部回流区火焰稳定的 117 组实验可知,实验台实际质量流量和总压的平均值分别为 1.008 kg/s 和 2.56 MPa。根据热力学计算得到的平均总温约为 1 640 K。各项参数的标准差均在 3% 以内。当燃烧室入口马赫数为 2.52 时,由 110 组实验可知,实验台各项参数与设计值的偏差和标准差均在 2% 以内。统计各工况的当量比可知,当量比的平均偏差和标准差均在 2.5% 以内。因此,本节采用的实验系统是可靠的。

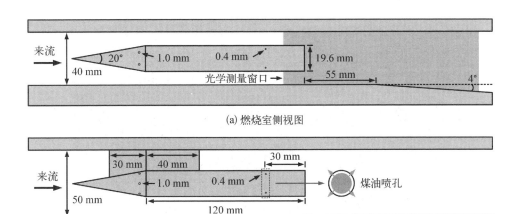

(a) 燃烧室侧视图

(b) 燃烧室俯视图

图 6.4　基于圆截面支板的燃烧室[10]

6.1.4　流动/燃烧诊断系统

为揭示燃烧室内流场结构和燃烧模态,本节采用了纹影成像、火焰化学发光成像和壁面压力测量等观测手段。由于各观测手段的具体参数随工况的变化而变化,本节仅对各观测手段的主要特征进行简要介绍。

6.1.4.1　纹影成像系统

本节所采用的纹影成像系统如图 6.5 所示。采用最大功率为 500 W 的汞(氙)灯系统(66485‐500HX‐R1,Newport)作为光源。光线透过一个宽 2 mm、高 3 mm 的狭缝后依次入射到平面反射镜和凹面镜上。平面反射镜的作用是降低纹影光路对实验场地尺寸的要求,凹面镜的作用则是将发散光转换为平行光。本节所采用的凹面镜的直径和焦距分别为 200 mm 和 2 m,可以完全覆盖燃烧室观察窗。透过燃烧室的光线经凹面镜和平面反射镜反射后聚焦到水平刀口上。采用高速相机拍摄纹影图像。根据高速相机的性能和流场的特点,纹影图像的曝光时间在 159~293 ns,空间分辨率在 0.2~0.3 mm/pixel,帧频在 40~80 kHz。

6.1.4.2　火焰化学发光成像系统

纹影成像系统可以揭示燃烧室内流场结构,但是从纹影图像中识别反应区的位置和形态并不容易。因此除拍摄纹影图像外,本节还利用高速相机直接拍

图 6.5　纹影系统实物图[10]

1-光源;2-狭缝;3-反射镜;4-凹面镜;5-燃烧室;6-反射镜;7-刀口;8-SA-Z 高速相机;
9-SA-3 高速相机;10-空气加热器;11-拉瓦尔喷管;12-隔离段;13-扩张段

摄了火焰的化学发光(图 6.6)。为保证火焰图像具有较高的信噪比,本节没有在高速相机前安装滤光片。高速相机记录了火焰在可见光波段的所有辐射。火焰的亮度与燃料的种类和当量比有关。为避免火焰图像出现过曝,火焰图像的曝光时间为 12.5~100 μs。火焰图像的帧频为 10~80 kHz,空间分辨率为 0.2~0.3 mm/pixel。高时空分辨率的火焰化学发光图像清晰地揭示了燃烧室的点火过程、火焰稳定模式和燃烧不稳定性。结合同步拍摄的纹影图像,可以分析流动与燃烧的相互作用。

图 6.6　高速相机实物图[10]

6.1.4.3　燃烧室壁面压力测量系统

受到观察窗尺寸和相机画幅的限制,在部分工况下纹影成像和火焰化学发光成像不能完整地揭示燃烧室中的流场结构和燃烧模式。如图 6.7 所示,本节在拍摄纹影图像和火焰图像的同时还利用压力扫描阀(9116,Pressure System)测量了燃烧室壁面压力。该压力扫描阀拥有 16 个通道,采样频率为 100 Hz。虽然压力扫描阀的采样频率不足以揭示流场的瞬态特性,但是可以为分析燃烧室全局流场提供参考。

图 6.7　压力测量系统实物图[10]

6.2　复杂波系作用下的凹腔点火与火焰稳定机理

在冲压模态下燃烧室流道在引射火箭出口处的突然扩张导致产生膨胀波和再附激波,这导致与引射火箭相对的壁面上交替出现顺压梯度和逆压梯度,对凹腔无反应流动模式造成显著影响。在反应流场中,引射火箭导致的流场畸变可能使凹腔点火过程更加复杂,传统的火焰稳定机制在畸变流场中是否适用也有待确认。本节对凹腔点火过程进行了详尽的观测,并分析了成功点火后出现的三种典型火焰稳定模式及其燃烧不稳定性。

6.2.1　凹腔动态点火过程

本节采用 $L/D = 5.83$ 的凹腔在燃烧室入口马赫数为 2.92 的条件下研究凹腔与引射火箭相对距离(d/H)对凹腔点火过程的影响。在凹腔上游 25 mm 处采用 3 个直径为 1 mm 的圆孔喷注乙烯,全局当量比为 0.25。火花塞位于凹腔底壁,距凹腔前缘 38.75 mm。研究涉及 9 个工况($d/H = 1.5$、2.0、2.5、3.0、3.5、4.0、4.5、6.0 和 7.5)。在 $d/H = 2.5$、3.0 和 3.5 的工况中,膨胀波使凹腔剪切层在凹腔底壁再附。凹腔回流区过小,以致无法成功点火。当 $d/H=4.0$ 和 6.0 时,凹腔流场为开式,但是初始火核(火花塞放电后形成的等离子体和火焰的混合物)尺寸较小。可能的原因是膨胀波和再附激波使凹腔局部当量比不适宜点火。在本节研究条件下,仅有 4 个工况($d/H=1.5$、2.0、4.5 和 7.5)实现了成功点火。由于 $d/H=1.5$ 和 2.0 的两个工况的点火过程类似,本节仅分析 $d/H=2.0$、4.5 和 7.5 三个工况的点火过程。

将火花塞开始放电的时刻定义为时间原点。图 6.8 展示了上述三个工况在 $27.8\sim1\,027.8\;\mu s$ 的火焰图像。图中的白色曲线为根据图像亮度提取的火焰边界。由于该阶段的燃烧释热较弱,燃烧对流动的影响较小,所以未展示本阶段的纹影图像。在 $d/H=2.0$ 的工况中,仅凹腔后部受到膨胀波的影响,凹腔流场依然为开式。火花塞在 $27.8\;\mu s$ 时生成一个较小的火核。随着火花塞释放更多的能量,火核的尺寸在之后的 $138.9\;\mu s$ 内持续增长。凹腔回流区将火核带到了凹腔前缘。在 $277.8\;\mu s$ 时,凹腔内出现了一个横跨凹腔前缘和火花塞的火核。火核左侧边缘的传播速度为 $139\;m/s$,应当略低于凹腔回流区的速度。相比于 $277.8\;\mu s$ 时的火核,火核在 $388.9\;\mu s$ 时的尺寸明显偏小。主要原因是火花塞在 $361.1\;\mu s$ 时停止释放能量,火焰猝灭抑制了火核的发展。由于火核的燃烧释热较弱,火核在 $388.9\sim1\,027.8\;\mu s$ 的增长比较缓慢。

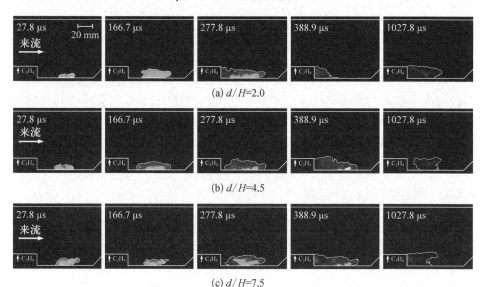

(a) $d/H=2.0$

(b) $d/H=4.5$

(c) $d/H=7.5$

图 6.8　$d/H=2.0$、4.5 和 7.5 的工况在 $27.8\sim1\,027.8\;\mu s$ 的点火过程[10]

　　当 $d/H=4.5$ 时,凹腔同时受到膨胀波和再附激波的影响,但是再附激波起主导作用。由于等离子体的辉光使高速相机过曝,很难区分 $d/H=2.0$ 和 4.5 两个工况的火核在 27.8 μs 时的差异。在 166.7~277.8 μs,火花塞释放的能量对火核的发展起主导作用,两个工况的火核是类似的。在 388.9 μs 时,火花塞虽然已停止放电,但是较高的图像亮度表明,火花塞生成的等离子体仍对火核的演化有重要影响。第二个工况($d/H=4.5$)的火核在尺寸和亮度上均优于第一个工况($d/H=2.0$)。这可能是因为在第二个工况中凹腔流场的脉动相对较弱,火核的能量耗散相对缓慢。在 1 027.8 μs 时,火花塞生成的等离子体已完全消失,火核的演化主要取决于燃烧释热和能量耗散之间的竞争。此时第二个工况的火核反而弱于第一个工况。主要原因是再附激波使燃料羽流向主流偏转,降低了凹腔内局部当量比,进而削弱了凹腔内的化学反应。

　　在第三个工况中($d/H=7.5$),凹腔位于膨胀波和再附激波下游。膨胀波提高了主流的马赫数,凹腔内回流区的速度也可能随之提高。更高的流速使该工况的火核在 27.8~277.8 μs 略小于另外两个工况。在 388.9 μs 时火核已传播到凹腔前缘,并且明显大于 $d/H=2.0$ 的工况。1 027.8 μs 时的火焰图像表明,火核在 388.9~1 027.8 μs 逐渐减小。

　　火核到达凹腔前缘后在凹腔前部形成一个小的自持火焰。火核的燃烧产物逐渐提高了凹腔回流区温度,缩短了燃料/空气混合物的点火延迟时间。进而导致火焰在下一阶段的快速传播。

　　图 6.9 展示了 1 083.3~3 277.8 μs 点火过程的纹影图像和火焰图像。在 $d/H=2.0$ 的工况中,凹腔前部的自持火焰在 1 083.3 μs 时开始迅速向下游传播,并在 1166.7 μs 时到达凹腔后部。火焰右侧边界的传播速度约为 369 m/s,远高于湍流火焰传播速度。在这 84.3 μs 内,活跃的化学反应仅出现在凹腔内部,凹腔剪切层上方基本不存在火焰化学发光。火焰在到达凹腔后部 111.1 μs 后由凹腔后缘传播到主流中。在 1 277.8 μs 时燃烧室内建立了准稳定的反应流场。

　　$d/H=4.5$ 的工况的点火过程相对缓慢。凹腔前部的小自持火焰存在了约 2.5 ms,直到 2 916.7 μs 时才开始迅速向下游传播。这主要是因为凹腔回流区的局部当量比较低,燃烧释热较弱,小自持火焰改变凹腔流场的能力不强。火焰在 3 055.6 μs 时到达凹腔后缘。由于再附激波抬升了凹腔剪切层,火焰出现在了凹腔上方。反应区在 3 194.4 μs 时填充整个凹腔,并在 3 277.8 μs 时转换为一种准稳定的状态。由纹影图像可知,燃烧释热增强了凹腔前缘激波的强度。化学反应已能够对流场造成一定影响,但是尚不能够干扰流场的主要特征。

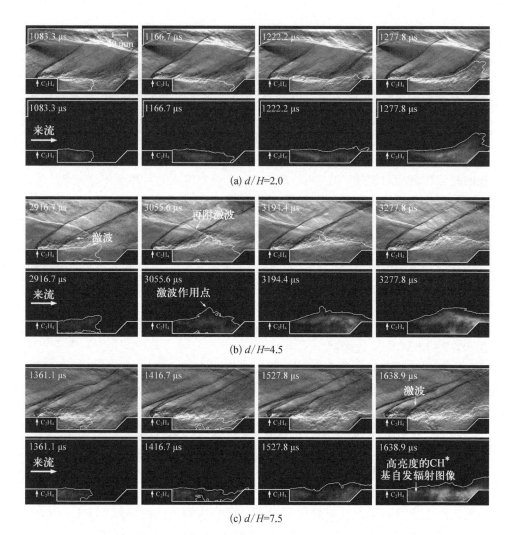

(a) d/H=2.0

(b) d/H=4.5

(c) d/H=7.5

图 6.9 d/H=2.0、4.5 和 7.5 的工况在 1 083.3~3 277.8 μs 的点火过程[10]

在 d/H=7.5 的工况中,小自持火焰在 1 361.1 μs 后快速增长。火焰前锋在之后的 55.6 μs 内到达凹腔后部。火焰右侧边界向下游的传播速度约为 800 m/s,明显快于另外两个工况(d/H=2.0 和 4.5)。这一方面是因为膨胀波提高了凹腔剪切层内的流速。另一方面可能是因为燃料射流上游的再附激波促进了凹腔与主流的质量交换,改善了凹腔局部的当量比。凹腔内的化学反应在 1 416.7~1 638.9 μs 变得越来越活跃,凹腔前缘处出现一道斜激波。此外,凹腔前部还出现了主要源自 CH$^{*[11]}$的明亮蓝色可见光,这意味着凹腔内的局部当量比可能比较适合点火。由于主流马赫数较高,火焰始终被压制在凹腔内部。

$d/H=2.0$ 的工况的点火过程在 1 277.8 μs 时结束。但是 $d/H=4.5$ 的工况的点火过程涉及更复杂的流动-燃烧相互作用,点火过程更长。图 6.10 为该工况在 4 277.8 ~ 5 750.0 μs 的点火过程。在该阶段,火焰不断向流道中心发展。3 277.8 μs 时尚在凹腔前缘的激波在 4 277.8 μs 时已被燃烧释热导致的反压推至凹腔上游。该激波在 4 972.2 μs 时与弓形激波重合。在随后的 777.8 μs 里,该激波在燃烧室上壁面的入射点在反压的作用下进一步向上游移动。此外,反压还提高了燃料射流的穿透深度,进而导致仅有很少的燃料能够进入凹腔。凹腔内部的化学反应相对较弱,主反应区位于凹腔上方的区域。

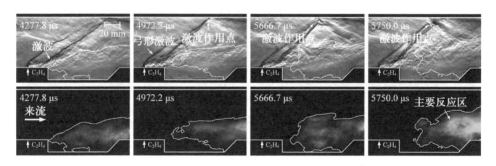

图 6.10　$d/H=4.5$ 的工况在 4 277.8 ~ 5 750.0 μs 的点火过程[10]

图 6.11 为 $d/H=7.5$ 的工况在 2 416.7 ~ 4 916.7 μs 的点火过程。由图易知,该工况的点火过程最为复杂。2 416.7 μs 时的图像表明,此时火焰主要在凹腔内部,只有小部分火焰位于凹腔上方。但是在 2 416.7 ~ 2 861.1 μs,凹腔上方的火焰亮度迅速增强,主反应区向主流移动。燃烧室上壁面的反射激波逐渐向上游移动。相比之下,凹腔内部的火焰亮度逐渐降低,因为位于凹腔后缘上方的主反应区消耗了大部分燃料。在之后的 222.2 μs 内,凹腔上方的化学反应越来越剧烈。在 3 083.3 μs 时,火焰锋面已传播到凹腔上游。

4083.3 μs 时的纹影图像表明,燃料射流诱导的弓形激波已经消失。燃料射流的穿透深度达到 27 mm(0.675H),大约是 2 416.7 μs 时燃料穿透深度的 3 倍。此时燃烧室下壁面应当已经出现了大尺度的分离区,燃料喷孔位于亚声速的环境内。4 083.3 μs 时的火焰图像表明,主反应区位于凹腔中部的上方,火焰的锋面位于燃料射流的下游。

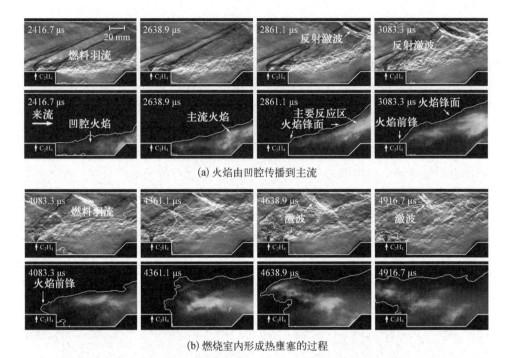

(a) 火焰由凹腔传播到主流

(b) 燃烧室内形成热壅塞的过程

图 6.11 d/H = 7.5 的工况在 2 416.7～4 916.7 μs 的点火过程[10]

复杂的流动-燃烧相互作用使主反应区和火焰锋面的位置是高度动态变化的。在 4 361.1 μs 时,主反应区依然位于凹腔上方,但是火焰的形态已出现明显变化。剧烈的化学反应和燃烧释热显著地提高了燃烧室内静压。反应区逐渐压缩超声速主流的流道,这增大了燃烧室内出现壅塞的概率。在该工况中,燃烧室在 4 638.9 μs 时出现壅塞。火焰锋面沿着燃料射流与主流的剪切层向上游传播,并在 4 916.7 μs 时传播到观测区域上游。在观测区域内,火焰几乎充满整个流道。虽然燃烧室上壁面附近出现不稳定的小激波,但是观测区域内的流场主要是亚声速的。

6.2.2 凹腔点火过程分析

除了对点火现象进行定性的描述外,本节还根据火焰图像统计了点火过程中火焰亮度的变化。采用 d/H = 7.5 的工况在稳定燃烧阶段的火焰亮度的平均值对所有的火焰亮度曲线进行归一化,结果如图 6.12(a)所示。该方法可以清晰地表征点火过程中火焰随时间的变化。为了分析点火过程中反应区在空间上的分布,本节根据火焰图像提取了反应区的位置。数据处理过程如下所述。将彩色火焰图像转变为灰度图像后计算亮度加权的反应区位置(x_r 和 y_r)。x_r 和 y_r 可用下式计算:

$$x_r = \sum_{i=1}^{n}(x_i I_i) \Big/ \sum_{i=1}^{n} I_i \tag{6.1}$$

$$y_r = \sum_{i=1}^{n}(y_i I_i) \Big/ \sum_{i=1}^{n} I_i \tag{6.2}$$

式中,x_i 和 y_i 为各像素的位置;I_i 为(x_i, y_i)处的像素亮度。由于火花塞辉光会使火焰图像严重过曝,处理数据时省略了火花塞放电期间的火焰图像。图 6.12(b)展示了采样时间为 15 ms 时的计算结果,每个数据点对应一张火焰图像。

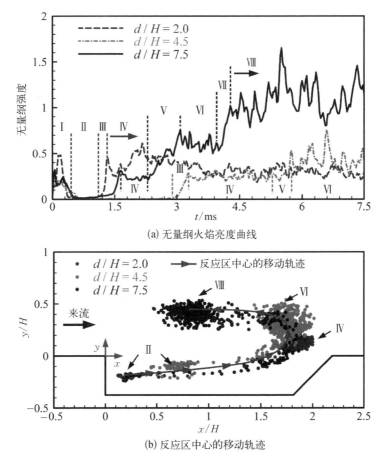

(a) 无量纲火焰亮度曲线

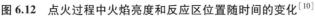

(b) 反应区中心的移动轨迹

图 6.12 点火过程中火焰亮度和反应区位置随时间的变化[10]

根据图 6.12(a) 中的火焰亮度曲线,可将各工况的点火过程分为 4~8 个阶段。$d/H = 2.0$ 的工况的第一阶段(Ⅰ)在 0~416.7 μs。火焰亮度曲线在前 166.7 μs 内迅速上升至 0.48,又在 416.7 μs 时下降至 0.022。第一阶段的火焰亮度主要受到火花塞辉光的影响,而不是火焰的化学发光。$d/H = 4.5$ 和 7.5 的两个工况在第一阶段的火焰亮度曲线与 $d/H = 2.0$ 的工况不同。但是很难据此得到有意义的结论,因为该阶段的火焰图像是严重过曝的。

各工况在点火的第二阶段(Ⅱ)的火焰亮度都比较低,分别为 0.016、0.005 和 0.025。主要原因是自由基和热量的生成与耗散仅仅能维持平衡。$d/H = 2.0$ 和 7.5 的反应区几乎在相同的位置,二者均在凹腔前缘附近。$d/H = 4.5$ 的反应区虽然也在凹腔内部,但是其位置相对第一个工况更靠近凹腔前缘下游。

第三阶段(Ⅲ)的起始点为火焰亮度曲线开始迅速上升的时刻。在 $d/H = 2.0$ 的工况中,第三阶段的起始点为 1 083.3 μs。火焰亮度在 1 333.3 μs 达到一个极值(0.443),该极值标志着第三阶段的结束。火焰亮度曲线在该阶段的平均斜率约为 1 681 s^{-1}。$d/H = 4.5$ 的工况进入第三阶段的时间较晚。这主要是因为凹腔前部的自持火焰比较弱。在第三阶段,该工况的火焰亮度由 2 916.6 μs 时的 0.013 上升至 3 305.5 μs 时的 0.285。火焰亮度曲线在该阶段的斜率仅为 699 s^{-1},比 $d/H = 2.0$ 的工况小 58.4%。$d/H = 7.5$ 的工况在 1 666.7 μs 时进入第三阶段。火焰亮度曲线在 1 694.4 μs 时达到极值 0.310,火焰亮度曲线的平均斜率为 880 s^{-1}。

虽然各工况的火焰亮度和上升速率在该阶段存在明显的差异,但是火焰都是通过凹腔剪切层向下游传播。$d/H = 2.0$ 和 7.5 的两个工况的凹腔流场比较相似,反应区的移动轨迹也基本一致。在 $d/H = 4.5$ 的工况中,再附激波抬升了凹腔剪切层的位置。反应区向下游移动时的轨迹更靠近超声速主流。

在第四阶段(Ⅳ),各工况的火焰亮度都比较稳定,平均值分别为 0.310、0.249 和 0.225。三个工况的反应区均在凹腔后缘上方,流场结构在整体上是相似的。$d/H = 2.0$ 的工况在第四阶段已实现稳定燃烧。$d/H = 4.5$ 和 7.5 的工况分别还需要经过 1 次和 2 次燃烧模式转换。

3 305.5~5 666.7 μs 为 $d/H = 4.5$ 的工况的第五阶段(Ⅴ),观测区域下游的反压进一步将反应区推向上游。主反应区依然在凹腔后缘上方,但是火焰锋面已传播到射流尾迹区。火焰亮度迎来第二次快速上升。进入第六阶段(Ⅵ)后,该工况的燃烧模式不再发生变化。

当 $d/H = 7.5$ 时,点火过程的第五阶段和第六阶段分别在 2 416.7~3 083.3 μs

和 3 083.3~4 083.3 μs。反应区和流场的变化规律与 $d/H=4.5$ 的工况类似。在第七阶段(Ⅶ),该工况的主反应区移动到凹腔中部的上方。燃烧模式由超燃模式转变为亚燃模式。综上所述,在各工况点火过程中,流场快速变化的阶段(即奇数阶段)和流场相对稳定的阶段(即偶数阶段)交替出现。流场与燃烧的相互作用可能是导致该现象的主要原因。

图 6.13 分析了燃烧模式在点火过程的第三、第五和第七阶段发生转换的机制。以往对凹腔激光诱导等离子体点火和火花塞点火的研究也曾发现第三阶段燃烧模式的转换[1],相关研究成果对解释本节观察到的实验现象具有重要的参考价值。图 6.13(a)为第三阶段凹腔内燃烧模式转换的示意图。火花塞生成的初始火核被凹腔回流区携带至凹腔前部,并形成一个局部自持火焰。局部火焰的下部为火焰基底,主要位于凹腔回流区内。火焰基底内的高温燃烧产物和自由基点燃了凹腔剪切层内的燃料/空气混合物,进而形成了凹腔剪切层火焰。

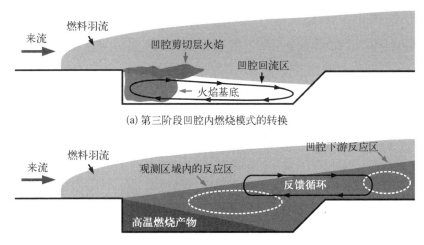

(a) 第三阶段凹腔内燃烧模式的转换

(b) 第五和第七阶段燃烧与流动的相互作用

图 6.13　点火过程中燃烧模式转换示意图[10]

虽然反应区被限制在凹腔前部,但是高温燃烧产物可以通过凹腔剪切层向下游传播。随着凹腔回流区温度的提高,燃料/空气混合物的点火延迟时间缩短,凹腔内自由基的累积加快。当局部自持火焰的尺寸达到一定阈值后,凹腔剪切层火焰的传播和火焰基底的增强之间形成正反馈。因为此时活跃的化学反应已经能够弥补热量损失和自由基损失。凹腔剪切层火焰和火焰基底以与凹腔剪切层流速相当的速度迅速向凹腔后缘传播。

在第三阶段,燃烧释热对流场结构的影响较小,凹腔剪切层主导了火焰向下游的传播。但是在第五阶段和第七阶段,火焰已传播到主流中,燃烧释热能够对流场造成显著的影响。如图 6.13(b)所示,这两个阶段燃烧模式的转换由流动与燃烧的相互作用主导。来自观测区域的燃烧产物和尚未燃烧的燃料/空气混合物随着主流向观测区域下游移动。高温燃烧产物与燃料/空气混合物掺混后在凹腔下游形成新的反应区,进而提高了凹腔下游的反压。反压的影响通过燃烧室下壁面附近的亚声速区域向上游传播。为了匹配燃烧室下游反压的升高,燃烧室上游流场会随着反压的变化而变化。上游流场的改变则会影响能够进入凹腔下游的可燃物,并进一步影响凹腔下游的反应区,至此形成反馈回路。当上游流场与下游反压不匹配时,流动与燃烧的相互作用将驱动反应流场不断发生变化。

6.2.3 典型凹腔火焰稳定模式

本小节采用与 6.1.1 小节相同的实验方案研究凹腔与引射火箭相对距离对火焰稳定模式的影响,在 $d/H = 1.5 \sim 7.5$ 范围内共发现三种火焰稳定模式。图 6.14 为 $d/H = 1.5$、2.0、4.5 和 7.5 的工况在成功点火后的时均火焰图像。$d/H = 1.5$ 时,火焰前锋位于凹腔前缘附近,主反应区位于凹腔剪切层内。火焰的迎风面沿着流动方向逐渐向主流中拓展。火焰亮度最大的区域在凹腔后缘附近,凹腔前部的火焰亮度则相对较弱。$d/H = 1.5$ 和 2.0 两个工况的火焰稳定模式基本相同。在 $0 < x/H < 1.29$ 范围内,这两个工况的火焰边界几乎是重合的。但是在 $x/H \geqslant 1.29$ 的区域内,$d/H = 2.0$ 的工况的火焰向主流中的传播更加显著。主要原因是膨胀波改变了燃烧室主流的流向,使主流偏向燃烧室上壁。膨胀波还加快了凹腔剪切层内的流速,进而增强了凹腔剪切层与凹腔后缘的相互作用和凹腔后缘的火焰亮度。

在 $d/H = 4.5$ 的工况中,反应区分布的范围更广。时均火焰图像表明火焰锋面位于凹腔前缘处,但是火焰锋面的位置是不稳定的,也可能出现在燃料射流和凹腔前缘之间。燃料射流使壁面附近的火焰锋面向下游凹陷。主反应区位于凹腔上方的区域,凹腔内部的化学反应则比较微弱。

相比于前三个工况,$d/H = 7.5$ 的工况的火焰稳定模式明显不同。火焰锋面位于观测区域的上游。在观测区域内,反应区占据了大部分流道。主反应区位

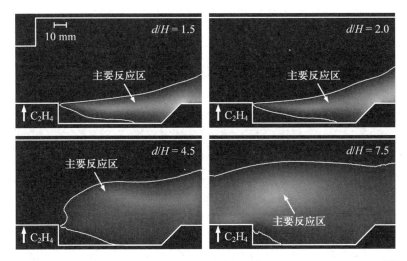

图 6.14　d/H = 1.5、2.0、4.5 和 7.5 的工况在稳定燃烧阶段的时均火焰图像[10]

于燃料射流下游和凹腔上方之间的区域。主反应区下游的火焰亮度逐渐降低。这意味着主反应区及其上游的反应区消耗了大部分燃料。

图 6.15 展示了 d/H = 1.5、2.0、4.5 和 7.5 的工况在稳定燃烧阶段的流场结构。在 d/H = 1.5 和 2.0 的工况中,燃烧室的主流是超声速的。由于化学反应提高了凹腔内的压力,凹腔前缘处出现一道激波。但是凹腔内的化学反应对弓形激波基本没有影响。弓形激波入射到引射火箭的尾迹区后使尾迹区出现一定的扩张。这削弱了膨胀波的影响,有利于火焰稳定。

与上述两个工况相比,d/H = 4.5 的工况中的化学反应更活跃。燃烧释热造成的反压提高了燃料羽流的穿透深度,并将弓形激波推至上游。增强后的弓形激波使引射火箭尾迹区的膨胀更加明显。虽然该工况的燃烧释热已经比较显著,凹腔后缘上方的激波表明主流依然是超声速的。

d/H = 7.5 的工况为亚燃模式。燃烧释热造成的逆压梯度使燃烧室壁面出现边界层分离。火焰锋面随着分离区不断向燃烧室上游传播。由于燃料射流位于亚声速区域内,燃料的穿透深度明显高于另外三个工况。这显著增强了燃料的掺混和燃烧。观测区域内的流场主要是亚声速的,但是燃烧室上壁面附近存在不稳定的激波串。激波串的尾部可能在凹腔前缘下游,也可能在观测区域上游。这表明观测区域内仍有部分流场处于超声速状态。受到观察窗尺寸的限制,本节使用的实验系统未能揭示激波串的振荡过程。

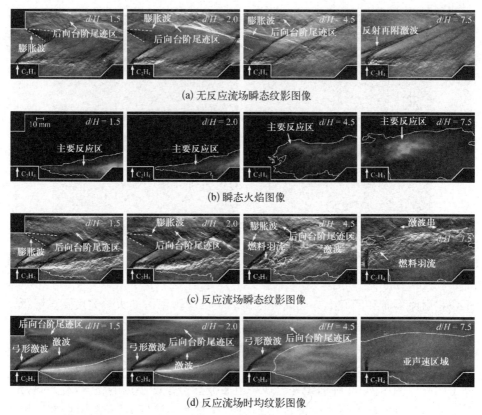

(a) 无反应流场瞬态纹影图像

(b) 瞬态火焰图像

(c) 反应流场瞬态纹影图像

(d) 反应流场时均纹影图像

图 6.15 $d/H = 1.5$、2.0、4.5 和 7.5 的工况在稳定燃烧阶段的流场结构[10]

除了拍摄纹影图像和火焰化学发光图像外,本节还测量了燃烧室下壁面的压力分布,结果如图 6.16 所示。虚线和实线分别为无反应流场和反应流场的压力曲线。在 $d/H = 1.5$ 和 2.0 的工况中,燃烧释热没有影响凹腔上游的壁面压力分布,但是提高了凹腔内部和凹腔下游的壁面压力。由于燃烧释热不够剧烈,壁面压力的升高并不明显,测量区域内的最大壁面静压约为 1.5。应当注意的是,在测量区域下游壁面压力可能会继续升高,需要更长的燃烧室才能实现燃料的充分燃烧。当 $d/H = 4.5$ 时,反应流场的壁面压力在 $-0.875 < x/H \leq 0.075$ 迅速提高。主要原因是火焰锋面在燃料射流和凹腔前缘之间振荡。在 $x/H > 0.075$ 的区域内,燃烧室壁面压力逐渐升高并在 $x/H = 2.69$ 处达到 1.83。对于反应流场而言,$d/H = 7.5$ 时的壁面压力明显高于另外三个工况。由于火焰锋面已传播到观测区域的上游,$x/H = -3.78$ 和凹腔前缘之间的壁面压力不断高,最终在凹腔内达到最大值(约 2.40)。更高的壁面压力往往意味着更高的燃烧效率。由于凹腔内部和凹腔下游的测压点均位于亚声速区域内,壁面压力在 $0.3 < x/H \leqslant 10.75$ 范围内没有明显变化。

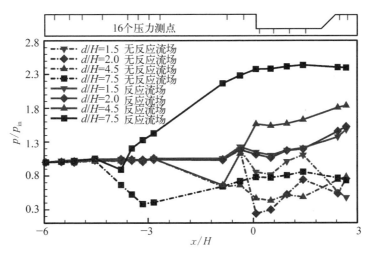

图 6.16　$d/H = 1.5$、2.0、4.5 和 7.5 的工况在稳定燃烧阶段的壁面压力分布[10]

根据火焰迎风侧边界的位置和是否存在热力学喉道可将上述四个工况 ($d/H = 1.5$、2.0、4.5 和 7.5)的反应流场分为三类,分别是凹腔火焰稳定的超燃模式、射流尾迹稳定的超燃模式和亚燃模式。图 6.17(a)为凹腔火焰稳定的超燃模式的示意图。该燃烧模式出现在 $d/H \leqslant 2.0$ 的工况中。当燃烧室工作在该模式时,火焰迎风侧边界位于凹腔前缘。化学反应主要发生在凹腔剪切层内,反应区的宽度沿着主流的方向逐渐增加。由于凹腔剪切层内的反应区消耗了大部分燃料,凹腔前部拐角处主要为高温燃烧产物。在该燃烧模式下,仅凹腔后部暴露于膨胀波形成的顺压梯度,膨胀波对化学反应的影响比较有限。由于燃烧释热较弱,燃烧室主流依然为超声速。

图 6.17(b)为射流尾迹稳定的超燃模式,出现在 $d/H = 4.5$ 的工况中。在该模式下,燃料射流和凹腔前部受到膨胀波的影响。再附激波入射到凹腔中部,使凹腔剪切层向主流偏转。更大的凹腔回流区有利于火焰稳定。因此,该模式的反应区明显大于第一种火焰稳定模式的反应区。燃烧释热在燃烧室后部建立起较高的反压。在反压的驱动下,火焰迎风侧边界可能传播到凹腔前缘上游。由于反压提高了燃料射流的穿透深度,化学反应主要发生在凹腔上方。燃

烧室后部的激波表明,燃烧释热没有造成壅塞。

如图 6.17(c)所示,$d/H=7.5$ 的工况工作在亚燃模式。在该模式下,膨胀波和再附激波在凹腔的上游。膨胀波降低了主流的静压,使燃烧室流场更容易受到反压的影响。虽然再附激波没有导致边界层分离,但是它使边界层对逆压梯度更加敏感。在膨胀波和再附激波的共同作用下,燃烧释热导致的反压在燃烧室内诱导产生大范围的边界层分离。位于亚声速区域的燃料射流具有远高于另外两种模式的穿透深度。受到几乎占据整个流道的反应区的压缩,超声速主流经激波串作用后转变为亚声速气流。

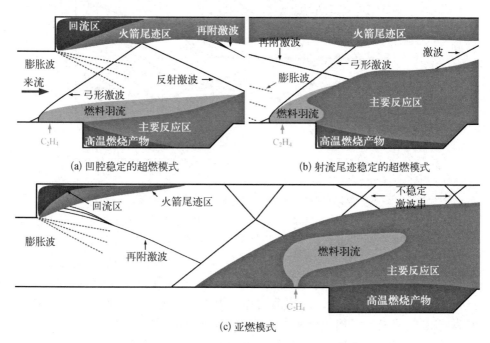

(a) 凹腔稳定的超燃模式

(b) 射流尾迹稳定的超燃模式

(c) 亚燃模式

图 6.17　三种典型火焰稳定模式示意图[10]

6.2.4　基于无监督学习的火焰稳定模式分析

目前,机器学习正逐渐被用于识别典型流动和燃烧特征。Li 和 Tan[12]采用马尔可夫聚类算法发现超声速混合层中存在两种典型流动结构,分别是单/双涡相互作用和多涡相互作用。其中单/双涡相互作用在混合层的发展中起主导作用。Han 等[13]将降噪自编码器和生成式对抗网络相结合,用于预测燃烧器的工作状态。Zhou 等[14]利用卷积神经网络分析旋流火焰的不稳定性,成功识别了火焰-壁面相互作用和混合效应等现象。Kong 等[15,16]利用神经网络重建隔离段中的流场,并识别了激波串的位置。Zhang 等[17]等利用数值仿真数据训练神经网络,然后利用神经网络和实验数据重建实验中无法准确观测的现象(气体爆震胞格的表面)。Huang 等[18]和 Cai 等[19]采用卷积神经网络成功重构了火核的三维结构。

6.1.3 小节展示了采用凹腔进行火焰稳定时燃烧室内出现的三种典型火焰稳定模式。上述分类方法依赖于研究人员的经验,具有较强的主观性。当一个工况出现多种燃烧模式时,人工判别可能不够准确。为降低主观因素对火焰稳定模式识别的影响,本小节采用无监督学习对火焰稳定模式进行自动分类。本小节采用的自编码器的结构如图 6.18 所示。自编码器的输入为彩色火焰图像。为减小训练神经网络所需计算资源,本小节将火焰图像的空间分辨率降低一半。

输入数据的维度为 160×320×3。为提取不同空间尺度的火焰特征,将火焰图像分别输入三个卷积层(图中蓝色方框所示)。每个卷积层包括两个卷积核($KN=2$),卷积核的尺寸(KS)在 2×2~6×6。各卷积层输出数据的维度(OS)为 160×320×3。将三个卷积层的输出数据汇聚后输入另一个卷积层(图中浅红色方框所示)。该卷积层的输出数据依次经 4 个卷积层作用后缩小为 5×10×2 的张量。将该张量展平后输入到两个神经元(即该网络的瓶颈)。这两个神经元的输出(V1 和 V2)即为神经网络对火焰图像的编码。输入图像到 V1 和 V2 之间的神经网络即为编码器。V1 和 V2 与输出图像之间为解码器。解码器的结构与编码器基本对称。为保证 V1、V2 和输出图像为 0~1,神经网络瓶颈处和输出层处的激活函数为 Sigmoid。其他神经元的激活函数均为 SELU。整个神经网络的可训练参数约为 2.6 万个。

采用 $d/H=1.5$、4.5 和 7.5 三个工况的火焰图像考察自编码器的聚类分析能力。每个工况包括 300 张火焰图像。将像素亮度归一化到 0~1,并将 900 张火焰图像随机排列。取 720 张火焰图像训练自编码器,取 180 张火焰图像验证自编码器。以 L_2 作为损失函数,采用 Adam 算法优化可训练参数,初始学习率为 0.001。训练过程中,自编码器在训练集和验证集上的损失函数如图 6.19 所示。在训练的前 25 步内,损失函数由 0.121 1 迅速下降到 0.005 以下。在之后的 75 步内,损失函数缓慢下降到 0.003 6。进一步延长训练时间和降低学习率不会降低损失函数。自编码器在训练集和验证集上的损失函数基本一致,这意味着自编码器没有过拟合训练数据。

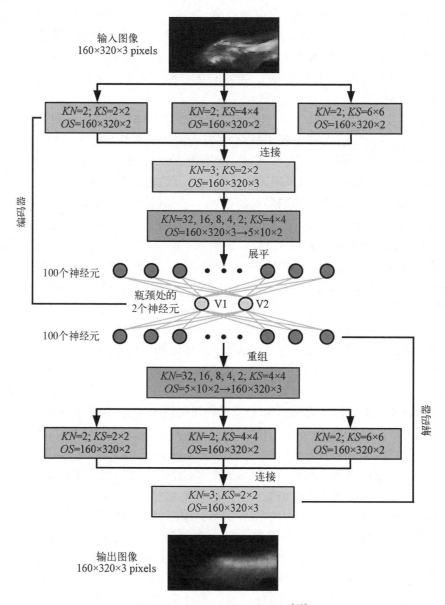

图 6.18　自编码器结构示意图[10]

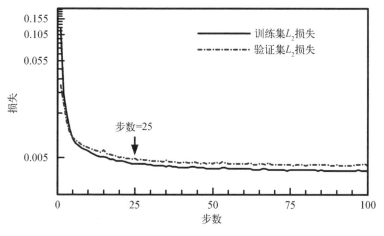

图 6.19　训练过程中自编码器的损失函数[10]

图 6.20 展示了训练过程中图像编码的变化过程。由于神经网络可训练参数的初始值为随机数,未经训练的神经网络对各工况火焰图像的编码重合在一起。此时神经网络不能区分各火焰稳定模式。训练 4 步后,损失函数下降到0.01。经过初步训练的神经网络已具备一定分类能力。凹腔稳定的超燃模式、射流尾迹稳定的超燃模式和亚燃模式的编码分别集中在 V2 = 0、V1 = 1 和 V2 = 1的三条直线附近。由于各工况的编码靠近 Sigmoid 函数输出范围的边界,此时自编码器的编码并不能很好地反映各工况之间的关系。

经过 16 步训练后,损失函数下降到 0.005。此时各火焰稳定模式的编码已比较稳定。当损失函数下降到 0.003 6 后,各火焰稳定模式的编码不再随着进一步的训练发生显著变化。凹腔稳定的超燃模式的编码靠近隐空间坐标系的横轴,在 0.144 1≤V1≤0.949 2、0.056 2≤V2≤0.229 5 范围内。射流尾迹稳定的超燃模式的编码集中在 0.470 2≤V1≤0.839 2、0.663 8≤V2≤0.951 8范围内。亚燃模式的编码则位于隐空间的左上角(即 0.023 9≤V1≤0.324 4、0.653 5≤V2≤0.963 3 范围内)。由图易知,自编码器准确地将同一种火焰稳定模式的火焰图像聚合在一起。不同火焰稳定模式的编码没有任何交集。自编码器比基于火焰图像亮度的方法更准确。射流尾迹稳定的超燃模式与亚燃模式的编码比较接近。二者距凹腔稳定的超燃模式的编码较远。这意味绿色点和蓝色点代表的火焰图像更加相似。该发现与图 6.14 展示的实验现象一致。

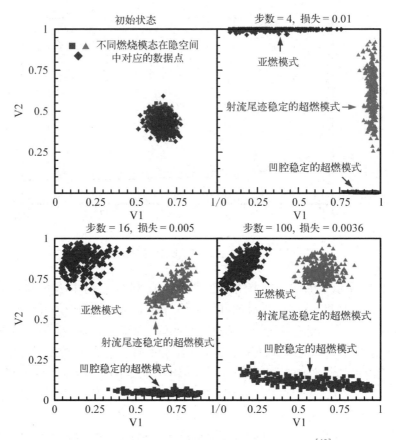

图 6.20 训练过程中火焰图像在隐空间上的编码[10]

图 6.21 对比了自编码器的输入图像和输出图像。由图易知，两类火焰图像中主反应区的位置和形态基本一致。输入和输出火焰图像的亮度也比较接近。自编码器成功生成了火焰图像的主要特征。但是自编码器中的信息瓶颈会导致图像信息损失，所以自编码器生成的火焰图像更接近图 6.14 展示的时均火焰图像，火焰的边界较为模糊。

图 6.20 表明本小节训练的神经网络能够准确地对火焰图像进行分类，但是 V1 和 V2 代表的物理意义并不明确。为明晰 V1 和 V2 的物理意义，本小节生成了不同编码所代表的火焰图像（图 6.22）。从整体上看，随着 V1 的增大，主反应区由观测区域前部逐渐向后部移动。随着 V2 的增大，主反应区由凹腔剪切层逐渐拓展到主流中。

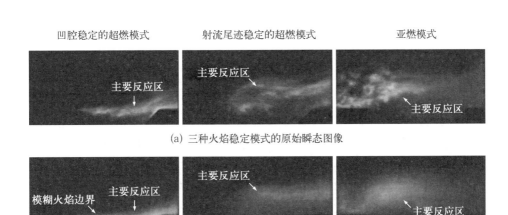

凹腔稳定的超燃模式　　　射流尾迹稳定的超燃模式　　　亚燃模式

(a) 三种火焰稳定模式的原始瞬态图像

(b) 神经网络生成的火焰图像

图 6.21　自编码器的输入图像和输出图像[10]

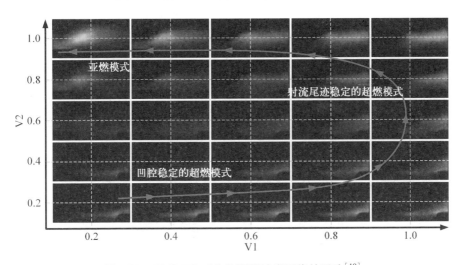

图 6.22　V1 和 V2 对自编码器输出图像的影响[10]

　　分析图像亮度的变化可以发现火焰稳定模式转换的规律。在 V2=0.2 附近的区域内,凹腔后部的火焰亮度随着 V1 的增大而增强。V1 在 0.8 附近时,火焰亮度(尤其是燃烧室主流中的火焰亮度)随着 V2 的增大而逐渐增加。燃烧模式逐渐转变为射流尾迹稳定的超燃模式。当 V2=0.8 时,火焰亮度与 V1 负相关。随着 V1 的减小,燃烧模式转变为亚燃模式。绘制火焰亮度增长的轨迹可以发现,图 6.22 中的带箭头曲线与图 6.12 中火焰传播的轨迹十分相似。因此,V1

和 V2 可视为火焰亮度加权的反应区位置。

6.2.5　凹腔燃烧不稳定性分析

在超声速来流条件下,流场的特征时间约 1 ms。当燃烧室工作在超燃或亚燃模式时,反应区的位置和形态是高度动态的。本小节根据火焰图像的亮度曲线分析反应区的动态特性。亮度曲线的计算方法与 6.1.2 小节相同,采样时间为 140 ms。如图 6.23(a)所示,火焰亮度随时间的变化十分明显。$d/H = 1.5$ 和 2.0 两个工况的无量纲平均亮度分别为 0.29 和 0.31。$d/H = 4.5$ 时,火焰的平均亮度(0.45)比第一个工况高 55%,但是明显低于 $d/H = 7.5$ 的工况。结合图 6.14 中的火焰图像可知,更高的火焰亮度意味着更大的反应区和更活跃的化学反应。图 6.23(b)为各工况火焰亮度的概率密度分布。采用正态分布函数拟合实验数据可取得很好的拟合效果。各工况的概率密度函数均只有一个峰值。这意味着虽然火焰亮度存在较大波动,但是各工况的火焰稳定模式不随时间变化。

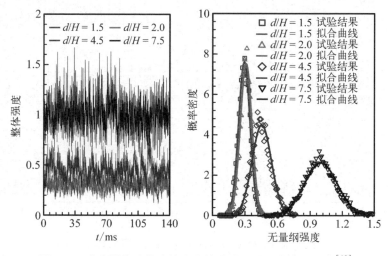

图 6.23　稳定燃烧阶段火焰亮度的波动及其概率密度分布[10]

为了分析各工况的燃烧振荡,本小节对火焰亮度进行快速傅里叶分析。结果如图 6.24 所示。为了分析燃烧振荡在空间上的分布,本小节还计算了火焰图像的标准差(图 6.25)。如图 6.24 所示,在 $d/H = 1.5$ 的工况中,火焰亮度的功率谱密度在 300~400 Hz 存在数个峰值,最大的峰值出现在 364.2 Hz 处。对应的振荡周期为 2.5~3.3 ms,与凹腔流场的驻留时间类似。

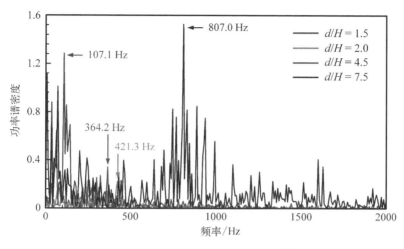

图 6.24　火焰亮度的功率谱密度[10]

如图 6.25 所示,凹腔后缘附近是火焰亮度标准差最大的区域。该现象表明,凹腔剪切层与凹腔后缘的相互作用是诱导燃烧振荡的主要原因。由于凹腔剪切层内存在大尺度涡结构,凹腔剪切层内也存在比较明显的燃烧振荡。$d/H = 2.0$ 的工况的燃烧模式和燃烧振荡的机制与第一个工况相同。火焰亮度

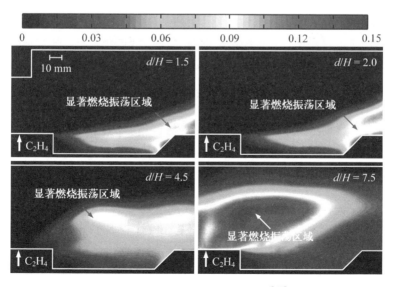

图 6.25　火焰亮度的标准差图像[10]

的功率谱密度在 421.3 Hz 处达到最大。振荡频率略高于第一个工况。主要原因是膨胀波提高了主流和凹腔剪切层的速度,缩短了凹腔流场的驻留时间。

在 $d/H=4.5$ 的工况中,燃烧振荡的主频为 107.1 Hz。由图 6.15 和图 6.25 可知,燃烧振荡最明显的区域与再附激波在反应区上的入射点重合,也和主反应区重合。因此,该工况的燃烧振荡应当是激波-火焰相互作用导致的。从振荡频率上看,该工况的主频与 Lin 等[20]发现的激波-火焰反馈环的主频(约 100 Hz)基本一致。当 $d/H=7.5$ 时,燃烧室工作在亚燃模态,激波串和热力学喉部是高度动态的。燃烧振荡的主频为 807.0 Hz。对应的振荡周期为 1.24 ms,与超声速主流的特征时间(约 1 ms)接近。不稳定的激波串和热力学喉部可能是导致燃烧振荡的主要因素。

6.3 引射火箭底部回流区火焰稳定与增强方法

在 RBCC 发动机中,位于燃烧室侧壁的凹腔是一种可靠的火焰稳定器。但是凹腔内部和燃烧室壁面附近剧烈的化学反应导致了严峻的热防护问题。利用引射火箭底部回流区进行火焰稳定时,静温相对较低的来流空气将位于流道中心的反应区和燃烧室侧壁隔离,能够显著降低热防护压力。为评估和增强引射火箭底部回流区的火焰稳定能力,本节采用数值计算考察影响底部回流区尺寸的主要因素,利用激波发生器促使底部回流区扩张,增强其火焰稳定能力。

6.3.1 引射火箭底部回流区的自点火、吹熄和火焰稳定

在对引射火箭底部回流区的形态等无反应流场的主要特征有了初步了解后,本小节通过拍摄纹影图像和火焰化学发光图像研究反应流场的特点,着重分析氢气和煤油在引射火箭底部回流区的自点火、吹熄和火焰稳定。实验系统的详细设置见 6.1 节。

6.3.1.1 回流区形态对火焰稳定模式的影响

由于氢气点火延迟时间短,容易实现稳定燃烧,本小节在燃烧室入口马赫数 2.52 条件下研究了回流区形态对燃烧模式的影响。采用矩形截面引射火箭(火箭 A)和圆截面引射火箭(火箭 B)进行火焰稳定。矩形截面引射火箭的厚度和宽度分别为 8 mm 和 50 mm,占流道横截面的 20%。圆截面引射火箭的直

径为 19.6 mm,支撑圆截面引射火箭的小支板的厚度为 6 mm,二者占流道横截面的比例分别为 15% 和 5%。通过 6 个直径为 1 mm 的喷孔喷注氢气,当量比为 0.08~0.16。两种引射火箭的具体参数分别如图 6.3 和图 6.4 所示。

图 6.26 展示了无反应流场中引射火箭构型对底部回流区和尾迹区的影响。从整体上看,两种引射火箭下游流场的主要结构是类似的,例如底部回流区、膨胀波、再附激波和尾迹区等。两种流场的差异主要有以下几点。最主要的是回流区的形态。采用火箭 A 时,底部回流区为楔形,回流区的长度约为 8 mm。假设流场是二维的,则回流区的体积为 $1.6~\mathrm{cm}^3$,回流区与主流交界面的面积为 $11.3~\mathrm{cm}^2$。相比之下,火箭 B 底部回流区的长度约为 18 mm。假设回流区是轴对称的,则回流区的体积以及回流区与主流交界面的面积分别为 $1.8~\mathrm{cm}^3$ 和 $6.3~\mathrm{cm}^2$。由此可知,在本小节研究条件下,锥形回流区长度更长、体积更大且表面积更小。其次是再附激波下游的尾迹区。相比于火箭 A,采用火箭 B 时尾迹区的宽度更宽,但是尾迹区宽度的增长相对较慢。

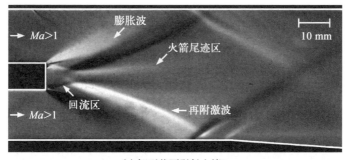

(a) 矩形截面引射火箭

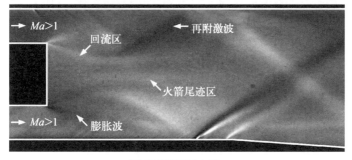

(b) 圆截面引射火箭

图 6.26　无反应流场中引射火箭构型对底部回流区和尾迹区的影响[10]

在本小节研究条件下,向燃烧室中喷注氢气后氢气可以实现自点火。采用 6.1.4 小节中的图像处理方法统计火焰亮度的概率密度分布,结果如图 6.27 所示。火焰图像的采样时间和采样频率分别为 250 ms 和 10 kHz。火焰的平均亮度随着当量比的增加而提高。在相同的当量比下,基于火箭 B 的方案具有更高的火焰亮度,即更活跃的化学反应。计算火焰亮度的标准差可以发现基于火箭 A 的方案的火焰亮度更加不稳定。采用正态分布函数拟合图 6.27 中各工况火焰亮度的概率密度分布可知,各工况均只存在一种火焰稳定模式。

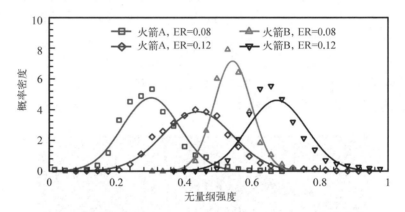

图 6.27　当量比为 0.08 和 0.12 时火焰亮度的概率密度分布[10]

图 6.28 展示了两种火焰稳定方案在当量比为 0.08 和 0.12 时的时均火焰图像。由图可知,在当量比为 0.08 时,采用火箭 A 的方案的反应区可以分为两个部分。第一部分位于引射火箭底部的楔形回流区内。由于回流区的尺寸较小,而且能够进入回流区的燃料较少,该区域内的火焰亮度较弱。火焰的宽度在再附激波的根部附近达到最小。来自引射火箭底部回流区的自由基和高温燃烧产物随着主流进入引射火箭的尾迹,并在与燃料的掺混过程中将其点燃。因此引射火箭的尾迹区内出现空间分布较广的反应区,即反应区的第二部分。将当量比提高到 0.12 后,火焰的亮度和反应区宽度均有所增加,但是火焰稳定模式没有发生变化。燃烧室始终工作在超燃模式。在相同的当量比下,采用火箭 B 进行火焰稳定时,引射火箭底部回流区的长度和宽度均大于采用火箭 A 的方案。主要原因是,在相同的阻塞比下,圆截面引射火箭底部的回流区在高度和长度上远大于矩形截面引射火箭底部的回流区。

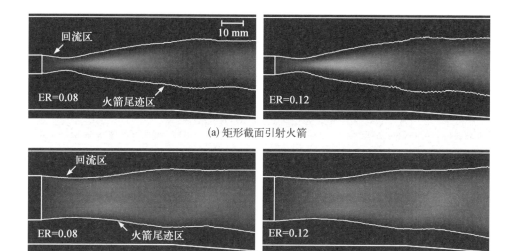

(a) 矩形截面引射火箭

(b) 圆截面引射火箭

图 6.28　当量比为 0.08 和 0.12 时两种火焰稳定方案的时均火焰图像[10]

　　两种火焰稳定方案在当量比为 0.08 时的反应流场如图 6.29 所示。对比图 6.26(a)和图 6.29(a)可知,当燃烧室内形成自持火焰后,引射火箭底部回流区出现小幅扩张。反应区的宽度在回流区的尾部(即再附激波的根部)达到最小。在再附激波下游,反应区随着主流向燃烧室两侧发展。燃烧释热降低了反应区内流体的密度,促进了引射火箭尾迹区的扩张。燃烧释热导致的反压促使再附激波在燃烧室上壁面的入射点向上游移动。对比时均和瞬态纹影图像可知,反应区是高度动态的。反应区的位置和形态随时间不断变化。由图 6.26(b)和图 6.29(b)可知,采用火箭 B 进行火焰稳定时,化学反应同样促进了引射火箭底部回流区和下游尾迹区的扩张。引射火箭下游的膨胀波和再附激波几乎消失。由瞬态纹影图像可知,采用火箭 B 时反应区的位置和形态更加稳定,这与图 6.27 得到的结果基本相同。

6.3.1.2　氢气-煤油的自点火和吹熄

　　相比于氢气,煤油等碳氢燃料更易运输和储存。由于碳氢燃料的点火延迟时间比氢气高 1~2 个数量级[21],实现碳氢燃料的稳定燃烧更为困难。本小节进一步考察采用引射火箭底部回流区实现碳氢燃料稳定燃烧的可行性。采用圆截面火箭进行火焰稳定,来流马赫数为 2.52。实验中先采用 6 个直径为 1 mm 的喷孔向燃烧室中喷注氢气,待燃烧室中形成稳定的氢气火焰后再采用 4 个直径为 0.4 mm

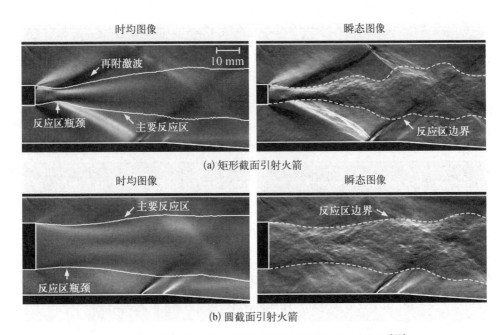

图 6.29　当量比为 0.08 时两种火焰稳定方案的反应流场[10]

的喷孔向燃烧室中喷注煤油。氢气喷孔位于火箭主体上游 5 mm 处。煤油喷孔位于火箭底部上游 110 mm 处。氢气和煤油的当量比分别为 0.08 和 0.20。

实验中采用高速相机 SA-X2 拍摄氢气火焰的化学发光。相机的帧频和曝光时间分别为 100 kHz 和 8.38 μs。由于氢气的火焰亮度较弱，且相机的曝光时间较短，火焰图像的像素亮度很低。为获得更好的显示效果，本小节将火焰图像的 RGB 三个通道相加，将像素亮度增强 20 倍后对数据进行伪彩色处理。将观测区域内首次出现氢气火焰信号的时刻定义为时间原点，结果如图 6.30 所示。

氢气火焰首先出现在局部温度较高的引射火箭底部回流区内。随着回流区内氢气火焰的空间分布和亮度的逐渐增加，火焰在 70 μs 时传播到回流区下游的尾迹区。在之后的 50 μs 内，虽然回流区内的火焰亮度没有明显增长，但是尾迹区内的火焰亮度迅速提高。由于再附激波提高了局部温度，再附激波根部附近的火焰亮度最高。火焰在 200 μs 时已传播到观测区域下游，火焰右侧边界的移动速度与燃烧室主流相当。但是由于引射火箭底部回流区内的火焰较弱，能够传播到回流区下游的自由基和燃烧产物相对较少，所以观测区域后部的火焰并不稳定。在 200 μs 时，回流区内的火焰和观测区域后部的火焰是分离的。随着氢气喷前压力

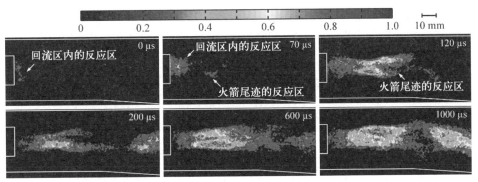

图 6.30　圆截面火箭下游氢气自点火过程[10]

和全局当量比的提高,火焰的整体亮度逐渐提高,火焰的空间分布也更加稳定。

喷注氢气后燃烧室内形成稳定的氢气火焰。进一步向燃烧室内喷注煤油后,燃烧室内先出现明亮的氢气-煤油火焰,但是火焰又在数毫秒内熄灭。为了更直观地显示氢气-煤油火焰的演化过程,本小节计算了火焰图像的无量纲亮度。将火焰亮度出现显著上升的时刻定义为时间原点。如图 6.31 所示,在煤油到达观测区域后的 0.98 ms 内,火焰亮度出现指数型增长。火焰亮度在 0.98~1.75 ms 达到准稳定状态,但是在之后的 0.27 ms 内火焰亮度迅速下降,直至火焰完全熄灭。所以在本小节研究条件下,即使有氢气作为辅助,引射火箭底部回流区依然不能实现煤油的稳定燃烧。

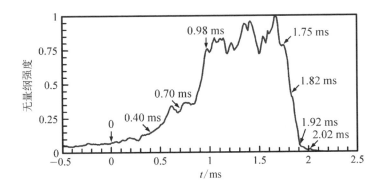

图 6.31　圆截面引射火箭下游氢气-煤油点火和吹熄过程的火焰亮度[10]

图 6.32 展示了形成准稳定的氢气-煤油火焰的过程。为了提高火焰图像的对比度,图中各像素的亮度被增强了 7.5 倍。由 0 ms 时的火焰图像可知,向燃

烧室中喷注煤油后,图像中出现源自 CH^* 的蓝色火焰化学发光。对比图像前部和后部的像素亮度可以发现,氢气-煤油火焰的化学发光明显高于氢气火焰。在之后的 0.40 ms 内,煤油被主流携带至下游。观测区域的后部开始出现 CH^* 的自发辐射。由 0.70 ms 时的火焰图像可知,引射火箭底部回流区与主流间剪切层内存在明亮的火焰化学发光。这意味着剪切层内存在较为剧烈的化学反应。在 0.98 ms 时,燃烧室内已建立起准稳定的反应流场。剪切层和引射火箭尾迹区内均存在活跃的化学反应。

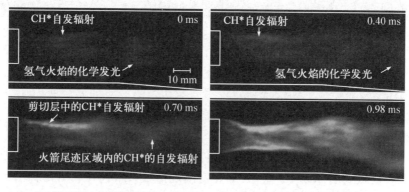

图 6.32　圆截面引射火箭下游氢气-煤油点火的火焰图像[10]

图 6.33 准稳定阶段(0.98～1.75 ms)的时均火焰图像如图 6.33 所示。由于全局当量比较低,燃烧释热对流场的影响并不明显。反应区的空间分布由流场主要特征和燃料掺混主导。在剪切层和再附激波根部附近的区域内,燃料和空气的掺混比较充分,且再附激波提高了局部温度,这两个区域内存在比较活跃的化学反应。回流区内的火焰亮度则相对较低。主要原因是回流区与主流的质量交换较少,仅有少量燃料能够进入回流区。在再附激波下游,明亮的火焰分布在

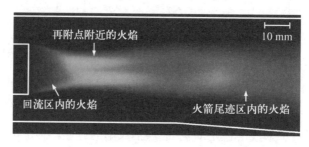

图 6.33　准稳定阶段(0.98～1.75 ms)的时均火焰图像[10]

燃烧室中线的两侧,中线附近的化学反应相对较弱。可能的原因是位于再附激波下游的主流将燃料向燃烧室两侧输运。再附激波下游的反应区虽然逐渐向燃烧室两侧拓展,但是始终未能占据整个流道。燃烧室主流依然是超声速的。

在本小节研究条件下,燃烧室处于准稳定阶段的时间(0.77 ms)与超声速主流的特征时间相当(≈1 ms)。在 1.75 ms 时燃烧室内尚存在比较活跃的化学反应。但是在 1.82 ms 时再附激波根部附近的反应区几乎消失,反应区可分为两部分。其中第一部分位于引射火箭底部回流区和剪切层内,第二部分则位于观测区域的后部。由 1.92 ms 和 2.02 ms 时的火焰图像可知,反应区的第二部分被主流携带至观测区域下游,直至完全消失。引射火箭底部回流区内火焰的存在时间虽然更长,但是最终也会完全消失。结合图 6.30 和图 6.34 可以发现,氢气自点火时火焰首先出现在回流区内,氢气-煤油火焰熄灭时回流区内的火焰最后消失。由此可见,在火焰稳定方面,无论是基于引射火箭的方案还是基于凹腔的方案,低速、高温的回流区都至关重要。

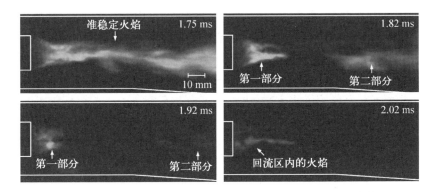

图 6.34 圆截面引射火箭下游氢气-煤油火焰的吹熄过程[10]

在本小节研究条件下引射火箭底部回流区可以实现氢气的稳定燃烧,但是无法实现煤油等碳氢燃料的稳定燃烧。主要原因是引射火箭底部回流区尺寸小,回流区内流体的驻留时间与碳氢燃料点火延迟时间不匹配。为了增强引射火箭底部回流区的火焰稳定能力,本小节提出了基于激波发生器的方案。

6.3.2 基于激波发生器的火焰稳定增强方法

本小节在来流马赫数 2.92 条件下研究了激波发生器对火焰稳定的影响。采用厚度为 8 mm 的矩形截面引射火箭作为火焰稳定器。实验中首先采用 6

个直径为 1 mm 的喷孔(引射火箭两侧各 3 个)向燃烧室中喷注乙烯,然后通过 4 个直径为 1 mm 的喷孔(引射火箭两侧各 2 个)喷注氢气以实现自点火,最后再关闭氢气。乙烯喷孔和氢气喷孔分别位于引射火箭底部上游 111.5 mm 和 85 mm 处。乙烯和氢气的当量比分别为 0.15~0.35 和 0.10。采用高度为 3 mm、楔角为 10°的激波发生器增强引射火箭底部回流区的火焰稳定能力。激波发生器的阻塞比(blockage ratio,BR)为 15%。激波发生器前缘到引射火箭底部的距离为 10 mm($d_s/H = 0.250$,$H = 40$ mm)。更详细的实验参数可参考 6.1.3 小节。

6.3.2.1 激波发生器作用下氢气-乙烯自点火

采用点火延迟时间较短的氢气点燃乙烯。图 6.35 和图 6.36 展示了燃烧室工作过程中火焰亮度随时间的变化。乙烯和氢气的当量比分别为 0.25 和 0.10。将火焰亮度迅速上升的时刻定义为时间原点。如图 6.35 所示,在采用激波发生器的方案中,火焰亮度在 1 ms 内迅速上升,在 5 ms 后达到相对稳定的状态。关闭氢气后,火焰亮度逐渐下降并在 230 ms 时降低到 0.52 左右。当燃烧室中没有激波发生器时,火焰亮度十分不稳定。火焰亮度在关闭氢气 20 ms 后迅速降低至 0(即火焰熄灭)。这意味着仅依靠火箭底部回流区无法实现乙烯的稳定燃烧。图 6.36 展示了自点火过程前 3 ms 内火焰亮度的变化。由图易知,在安装了激波发生器的燃烧室中,火焰亮度在前 0.65 ms 内迅速上升,但是火焰在 0.65~1.45 ms 接近熄灭。

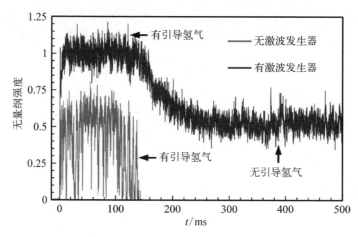

图 6.35 燃烧室工作过程中无量纲火焰亮度的变化(0~500 ms)[10]

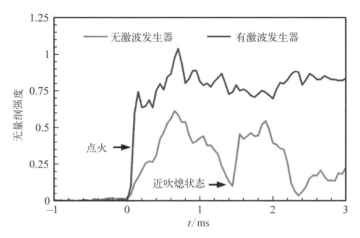

图 6.36　燃烧室自点火过程中无量纲火焰亮度的变化 (0~3 ms) [10]

图 6.37 为 0~650 μs 自点火过程的火焰图像和纹影图像。如图 6.37(a) 所示,初始火核首先出现在静温相对较高的回流区内。源自回流区的自由基和高温产物通过引射火箭尾迹区传播到燃烧室下游。在 50 μs 时,火焰的长度为 49.2 mm,火焰的右侧边界到达引射火箭下游 64.9 mm 处。火焰右侧边界对应的传播速度为 984 m/s。在之后的 600 μs 内,火焰的长度和宽度迅速增长。纹影图像表明,化学反应对流场的影响比较微弱。

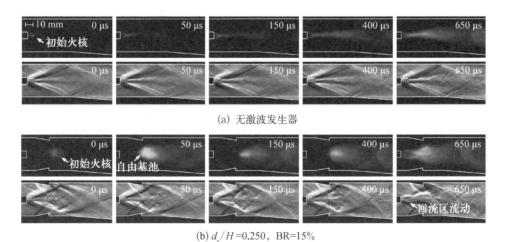

(a) 无激波发生器

(b) d_s/H =0.250, BR=15%

图 6.37　0~650 μs 的氢气-乙烯自点火过程 [10]

当燃烧室中存在激波发生器时,初始火核出现在马赫盘下游的区域。主要原因是斜激波提升了当地静温和压力。初始火核在 50 μs 内演化为一个较大的反应区和自由基池。自由基池能够持续地向燃烧室下游提供自由基和高温燃烧产物,燃烧室在 50~400 μs 出现准稳定的燃烧状态。火焰的右侧边界在该阶段被稳定在马赫盘处,但是马赫盘上游流场并未受到影响。燃烧释热逐渐提高了燃烧室后部的反压,火焰在 400 μs 后被逐渐推至上游。火焰到达引射火箭底部后,回流区出现显著膨胀,火箭出口处的膨胀波消失。

无激波发生器的方案的吹熄过程和采用激波发生器的方案在 850~1 500 μs 的自点火过程如图 6.38 所示。当燃烧室中无激波发生器时,火焰吹熄首先出现在观测区域的后部,主要原因是当地流速较高。但是引射火箭底部回流区内始终存在微弱的化学反应。850 μs 时的火焰图像表明,采用激波发生器的方案的化学反应依然比较活跃。引射火箭底部回流区在燃烧释热的作用下出现明显膨胀。由于回流区压缩了超声速主流的流道,引射火箭出口处形成两道斜激波。在之后的650 μs 内,回流区内的火焰亮度持续增加。由于化学反应主要发生在引射火箭底部和激波发生器之间,观测区域前部的压力持续增加,引射火箭出口处的斜激波进一步增强。虽然 1 500 μs 时的火焰看似稳定,但是燃烧室尚未达到最终的稳定状态。

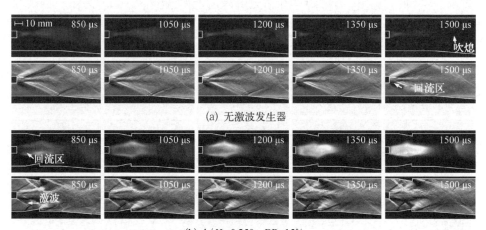

(a) 无激波发生器

(b) d_s/H=0.250,BR=15%

图 6.38　850~1 500 μs 的氢气-乙烯自点火过程[10]

6.3.2.2　激波发生器和当量比对火焰稳定模式的影响

图 6.39 展示了同时喷注氢气和乙烯时两种方案的火焰稳定模式。在无激

波发生器的方案中,引射火箭底部回流区内的化学反应相对较弱。火焰的宽度在再附激波的根部达到最小。但是在再附激波下游,反应区的宽度迅速增长。再附激波经燃烧室壁面反射后在观测区域后部相交,进而导致燃烧室后部的火焰亮度有所增强。根据纹影图像可知,燃烧释热没有显著改变引射火箭底部回流区、膨胀波和再附激波等流场的主要特征。

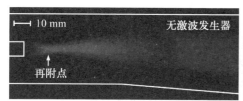

(a) 时均火焰图像

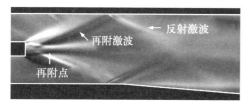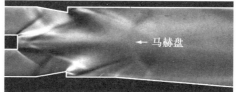

(b) 时均纹影图像

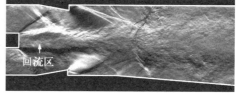

(c) 瞬态纹影图像

图 6.39　开启氢气时两种方案的火焰稳定模式[10]

如图 6.39(b)所示,激波发生器扩大了引射火箭底部回流区的尺寸。根据激波发生器下游马赫盘的位置可以将反应区分为两个部分。第一部分是稳定在引射火箭回流区内的反应区。由火焰图像的亮度和颜色可知,回流区与主流间剪切层中的化学反应最活跃(即剪切层火焰)。激波发生器下游的化学反应逐渐衰减,主要原因是反应区暴露于激波发生器下游的膨胀波。膨胀波降低了当地气流的静温和静压,进而抑制了化学反应。反应区的第二部分位于马赫盘下游。该马赫盘是源自激波发生器的再附激波在流道中心交汇后形成的。马赫盘极大地促进了下游的化学反应。由此可见激波在促进燃烧方面的重要作用。

　　本小节在关闭氢气的条件下研究了乙烯当量比对燃烧模式的影响。各工况(ER=0.15、0.25 和 0.35)的时均火焰图像如图 6.40 所示。当量比为 0.15 时,发生在引射火箭底部和激波发生器之间的化学反应消耗了大部分燃料,观测区域后部仅存在微弱的化学反应。将当量比提高到 0.25 和 0.35 后,反应区的宽度和火焰的亮度均明显增加。但是反应区的整体形态相比于 ER=0.15 的工况没有显著变化。在本小节研究条件下,提高乙烯当量比没有改变火焰稳定模式。

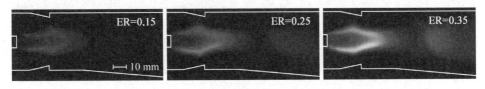

图 6.40　当量比为 0.15、0.25 和 0.35 时的时均火焰图像(已关闭氢气)[10]

　　为了揭示流动和燃烧的相互作用,图 6.41 展示了不同当量比下反应流场的火焰图像和纹影图像。与未关闭氢气时类似,剪切层内的化学反应最活跃。在 ER=0.15 的工况中,引射火箭出口处的激波相对较弱,主要原因是引射火箭底

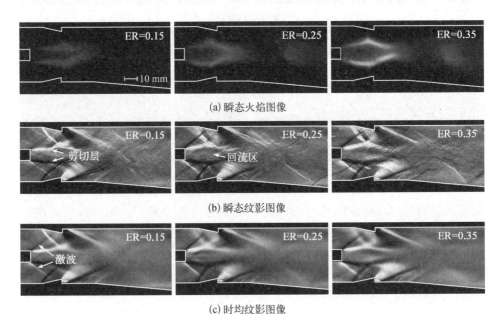

(a) 瞬态火焰图像

(b) 瞬态纹影图像

(c) 时均纹影图像

图 6.41　采用激波发生器时当量比对反应流场的影响[10]

部回流区几乎平行于超声速来流。随着乙烯当量比的提高,引射火箭底部回流区的宽度逐渐增加,进而增强了引射火箭出口处的激波。膨胀的回流区也压缩了超声速来流的流道,降低了主流的马赫数。结合无反应流场可知,激波发生器扩大了引射火箭底部回流区的尺寸。随着当量比的提高,引射火箭底部回流区的宽度逐渐增加,但是回流区的长度没有显著变化。

6.3.3　激波发生器阻塞比对火焰稳定模式的影响

本小节进一步研究了激波发生器阻塞比对火焰稳定模式的影响。燃烧室来流条件、引射火箭的构型和燃料的喷注方案等与 6.1 节相同。氢气和乙烯的当量比分别为 0.10 和 0.35。氢气仅用于实现点火,在氢气点燃乙烯后关闭氢气。激波发生器前缘到引射火箭底部的距离为 10 mm($d_s/H = 0.250$)。激波发生器的高度为 1 mm、2 mm 和 3 mm,对应的阻塞比为 5%、10% 和 15%。当激波发生器的阻塞比高于 25% 时可能会导致流道壅塞。

在本小节研究条件下,三个工况均实现了乙烯的稳定燃烧。激波发生器对反应流场的影响如图 6.42 所示。图 6.42 中火焰图像的曝光时间为 25 μs,短于图 6.40 中火焰图像的曝光时间(33.3 μs),所以图 6.42 中火焰图像的亮度相对较弱。将原始火焰图像转化为灰度图像后,以像素饱和亮度的 30% 为阈值识别主反应区的位置。对比火焰图像和纹影图像可知,各工况均存在两个主要的反应区。引射火箭底部回流区和激波发生器诱导的斜激波是形成第一个主反应的主导因素。随着激波发生器的阻塞比由 5% 增加到 15%,引射火箭底部回流和第一个主反应区的尺寸显著增加。引射火箭底部回流区的长度增长了 130.1%(由 10.3 mm 到 23.7 mm),第一个主反应区的宽度和长度分别增长了 32.5%(由 12.0 mm 到 15.9 mm)和 12.6%(由 50.6 mm 到 57.0 mm)。

由于第一个主反应区消耗了部分燃料,且当地流速较高,第二个主反应区在尺寸和火焰亮度两方面都逊于第一个主反应区。当阻塞比为 5% 时,源自引射火箭底部的再附激波的反射激波是产生第二个主反应区的主要因素。当阻塞比为 10% 和 15% 时,由于引射火箭底部回流区的扩张,引射火箭底部的再附激波已经消失。源自激波发生器后缘的再附激波诱导产生了第二个主反应区。结合时均和瞬态纹影图像可以发现,斜激波和引射火箭底部之间的流场比较稳定,但是斜激波交汇点下游的火焰存在明显的振荡。

在进一步的研究中,本小节提取了第一个主反应区的宽度和体积。如图 6.43 所示,主反应区的前缘随着阻塞比的增大而越来越靠近引射火箭底部。

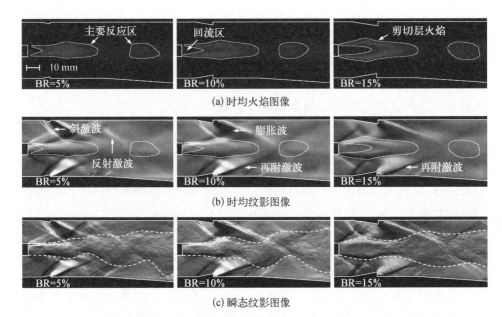

图 6.42　激波发生器阻塞比对反应流场的影响[10]

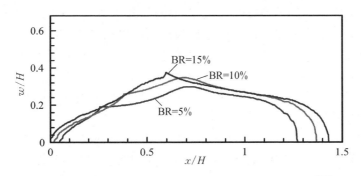

图 6.43　BR＝5%、10%和 15%时第一个主反应区的宽度[10]

在阻塞比为 5% 和 10% 的工况中,主反应区宽度最大的位置都在 $x/H＝0.69$ 附近。在主反应区的前缘和 $x/H＝0.69$ 之间,主反应区的宽度基本是单调递增的。阻塞比增大到 15% 后,剧烈的燃烧释热使激波发生器生成的斜激波向上游移动,斜激波在主反应区上的入射点(即主反应区宽度最大的位置)也随之前移。在斜激波入射点的下游,各工况主反应区的宽度都是单调递减的。主反应区宽度的减小起初近似线性,但是主反应区的宽度降低到一定阈值后出现指数型下降。

　　假设第一个主反应区是二维的,该反应区的体积(V_r)沿流向的积分值如图 6.44 所示。阻塞比为 5% 时,第一个主反应区的体积为 20.35 cm³。阻塞比增加到 10% 后,第一个主反应区的体积增长 23.5% 到 25.11 cm³。但是进一步将阻塞比增加到 15% 后,第一个主反应的体积仅增长 8.6%。综上所述,增大激波发生器阻塞比可以促进化学反应。但是当阻塞比增大到 10% 以上后,增大阻塞比的效果越来越弱。

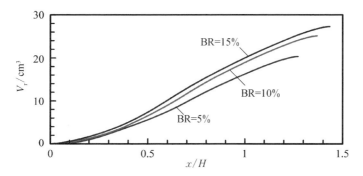

图 6.44　BR = 5%、10% 和 15% 时第一个主反应区的体积[10]

6.3.4　激波发生器位置对火焰稳定模式的影响

　　采用与 6.2.3 小节相同的燃烧室、火焰稳定器和燃料喷注方案,本小节研究了激波发生器与引射火箭底部回流区的相对位置对火焰稳定模式的影响。激波发生器到引射火箭底部的距离为 10 mm、15 mm、20 mm 和 25 mm(d_s/H = 0.250~0.625)。图 6.45 展示了激波发生器阻塞比为 10% 时 d_s/H 对无反应流场的影响。

　　图 6.45 所示 4 个工况的流场在整体上是相似的。各工况都具有源自火箭底部的膨胀波和再附激波,以及源自激波发生器的斜激波、膨胀波和再附激波等流场结构。各工况之间的差别主要体现在以下几个方面。① 斜激波在流道中心的交汇点随着激波发生器与引射火箭底部间距离的增大向燃烧室下游移动。越靠近燃烧室下游流道中心的流速越高。因此,激波交汇点处的马赫盘逐渐减小,直至在 d_s/H = 0.625 的工况中完全消失。② 源自激波发生器的膨胀波和再附激波随着 d_s/H 的增大而向燃烧室下游移动,该现象可能会影响第二个主反应区的位置。③ 源自引射火箭底部的再附激波与源自激波发生器的膨胀波之间的距离也随着 d_s/H 的增加而增大。膨胀波对再附激波的影响减弱,再

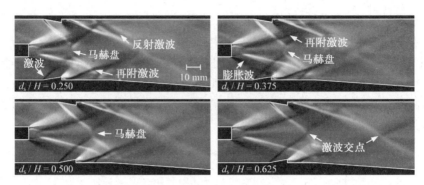

图 6.45　激波发生器位置对无反应流场的影响[10]

附激波向燃烧室侧壁的偏转减弱。在各工况中,源自底部回流区的再附激波在燃烧室侧壁的反射激波基本与源自激波发生器的再附激波重合。

　　激波发生器的阻塞比为 10% 时,仅 $d_s/H = 0.250$ 和 0.375 的两个工况能够实现乙烯的稳定燃烧。如图 6.46 所示,回流区和第一个主反应区的长度随着 d_s/H 的增加呈现相反的变化规律。将 d_s/H 由 0.250 增加到 0.375 后,激波对引射火箭底部回流区的影响减弱,引射火箭底部回流区的长度由 15.3 mm 缩短至 11.0 mm。第一个主反应区的主体随着斜激波在流道中心的交汇点向下游移动。因此,第一个主反应区的长度由 54.8 mm 增加到 58.3 mm。在图 6.46 所示的两个工况中,第二个主反应区都位于源自激波发生器的再附激波交汇点的下游。$d_s/H = 0.375$ 的工况的第二个主反应区远大于 $d_s/H = 0.250$ 的工况。两个工况中源自激波发生器的再附激波的角度基本相同,所以再附激波不是造成该差异的主要因素。可能的原因是 $d_s/H = 0.375$ 时两个主反应区的距离相对较近,源自第一个主反应区的燃烧产物的能量耗散和自由基耗散相对较弱。

　　第一个主反应区的宽度如图 6.47 所示。$d_s/H = 0.250$ 时,主反应区的前缘在 $x/H = 0.02$ 处。主反应区最宽处为 $w/H = 0.35$,位于 $x/H = 0.69$ 处。主反应区宽度在 $0.02 \leqslant x/H < 0.69$ 逐渐增加。在 $0.69 \leqslant x/H < 1.23$,主反应区的宽度是线性下降的。但是在 $1.23 \leqslant x/H < 1.37$,主反应区的宽度呈指数型下降。$d_s/H$ 增大到 0.375 后,主反应区的前缘在 $x/H = 0.05$ 处。主反应区最宽处的位置和宽度分别增加到 0.82 和 0.37。主反应区最宽处向下游移动的距离与激波发生器向下游移动的距离相同。在 $x/H = 0.82$ 下游,主反应区宽度的变化趋势与 $d_s/H = 0.375$ 的工况基本一致。

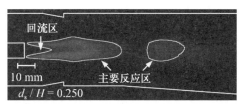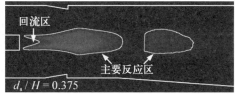

(a) 时均火焰图像

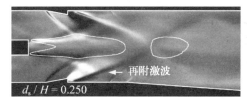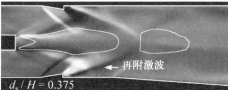

(b) 时均纹影图像

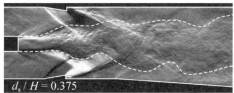

(c) 瞬态纹影图像

图 6.46　BR＝10％时激波发生器位置对反应流场的影响[10]

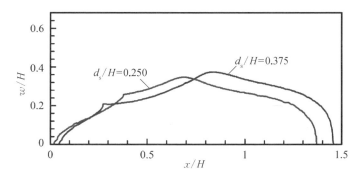

图 6.47　BR＝10％时激波发生器位置对第一个主反应区的宽度的影响[10]

图 6.48 展示了两个工况的第一个主反应区的体积沿流向的变化。在 $0.02 \leqslant$ $x/H < 0.74$，$d_s/H = 0.250$ 的工况的主反应区体积在整体上高于 $d_s/H = 0.375$ 的工况。$d_s/H = 0.250$ 的工况相比于 $d_s/H = 0.375$ 的工况的优势在 $x/H = 0.74$ 处达到最大。在 $x/H > 0.74$ 的区域内，$d_s/H = 0.375$ 的工况的主反应区体积逐渐增加，并在 $x/H = 1.01$ 处超过 $d_s/H = 0.250$ 的工况。该工况第一个主反应区的总体积为 $28.5~\mathrm{cm}^3$，比 $d_s/H = 0.250$ 的工况（$25.1~\mathrm{cm}^3$）大 13.6%。由此可见，增大激波发生器和引射火箭底部间的距离可以扩大第一个主反应区的尺寸。

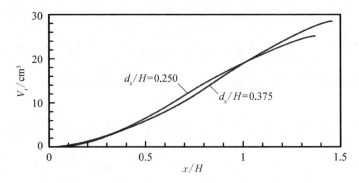

图 6.48　BR = 10% 时激波发生器位置对第一个主反应区的体积的影响[10]

在 $d_s/H = 0.500$ 和 0.625 的工况中，火焰在关闭氢气后逐渐熄灭，燃烧室无法实现乙烯的稳定燃烧。两个工况的熄火过程基本一致。以 $d_s/H = 0.500$ 的工况为例，关闭氢气后火焰的熄灭过程如图 6.49 所示。将火焰亮度开始迅速下降的时刻定义为时间原点。如 $-0.10~\mathrm{ms}$ 时的图像所示，在未关闭氢气时，燃烧室中心存在一个火焰亮度较低的低速区。该低速区几乎贯穿整个观测区域。无法根据火焰图像的亮度和颜色辨别引射火箭底部回流区的尺寸。引射火箭底部的主反应区和再附激波下游的主反应区之间不存在明显界限。再附激波入射到反应区上，但是并没有穿过反应区。该现象表明，在观测区域的后部，位于流道中心的流体是亚声速的。

由 $0~\mathrm{ms}$ 时的图像可知，位于流道中心的低速区迅速缩短，引射火箭底部回流区的长度约为 $20.0~\mathrm{mm}$。对比 $-0.10~\mathrm{ms}$ 和 $0~\mathrm{ms}$ 时燃烧室侧壁附近的激波可知，关闭氢气后超声速气流在流道中占据的比例有所增加。在 $12.5~\mathrm{ms}$ 时，火焰的空间分布和亮度进一步降低，引射火箭底部回流区的长度缩短至 $13.0~\mathrm{mm}$。在观测区域的后部，源自激波发生器的再附激波在流道中心汇聚后形成一道正激波。这意味着在观测区域的后部，流道中心的气流恢复到了超声速。

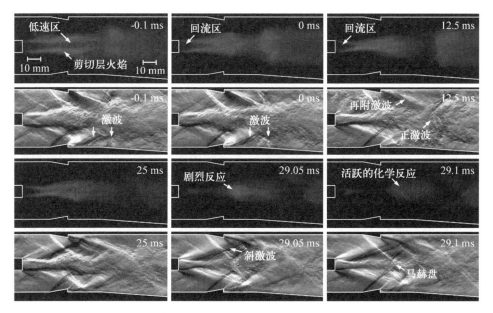

图 6.49　在 $d_s/H = 0.500$、BR = 10% 的工况中关闭氢气后火焰的熄灭过程[10]

在 12.5~25 ms,引射火箭底部回流区及其下游的反应区进一步缩小。由于燃烧释热的减弱和流动速度的提高,观测区域后部的正激波在 25 ms 时已转变为斜激波。在 29.05 ms 时,引射火箭底部回流区内的火焰接近熄灭。但是激波交汇点处依然存在比较活跃的化学反应。随着引射火箭底部回流区和斜激波交汇处化学反应的削弱,火焰在 29.1 ms 时分裂为两个相互独立的部分。由于火焰接近熄灭,流道中心的流动速度显著提高,斜激波交汇点处出现与无反应流场类似的马赫盘。在之后的数毫秒内,引射火箭底部回流区内的火焰逐渐熄灭。位于斜激波交汇点下游的火焰被主流携带至下游,直至完全消失。

当激波发生器的阻塞比为 15% 时,$d_s/H = 0.250$、0.375、0.500 和 0.625 的四个工况均实现了乙烯的稳定燃烧。$d_s/H = 0.250$ 时的反应流场可参考图 6.42,其余三个工况的反应流场如图 6.50 所示。当 $d_s/H = 0.375$ 时,燃烧室中存在两个主要的反应区。各反应区的位置和主要特征与 $d_s/H = 0.250$ 的工况类似。第一个主反应区(长约 61.2 mm)在引射火箭底部附近。其主要特征为引射火箭底部的回流区(长约 26.4 mm)以及回流区和主流之间的剪切层火焰。第二个主反应区位于源自激波发生器的再附激波交汇点下游。由于第一个主反应区消耗了部分燃料,该反应区的尺寸相对较小,当地火焰的亮度也比较低。

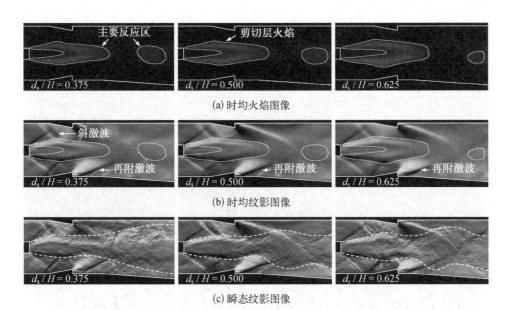

(a) 时均火焰图像

(b) 时均纹影图像

(c) 瞬态纹影图像

图 6.50　BR=15%时激波发生器位置对反应流场的影响[10]

将激波发生器和引射火箭底部之间的距离增大到 $d_s/H=0.500$ 后,第一个主反应区的长度(64.1 mm)和引射火箭底部回流区的长度(28.4 mm)都有所增加。主反应区长度的变化规律与 BR=10%时类似,但是引射火箭底部回流区长度的变化规律与 BR=10%时相反。相比于 $d_s/H=0.375$ 的工况,该工况的第二个主反应区距引射火箭底部更远且尺寸更小。造成该现象的主要原因是引射火箭底部的回流区消耗了大部分燃料,能够进入第二个主反应区的燃料进一步减少。将 d_s/H 增大到 0.625 后,引射火箭底部回流区的长度增加到(35.0 mm),第一个主反应区的尺寸也进一步增大,第二个主反应区的尺寸则进一步缩小。从整体上看,随着激波发生器向燃烧室下游移动,化学反应逐步向观测区域的前部集中,第一个主反应区消耗的燃料越来越多。由于激波发生器下游的燃烧释热相对较弱,当地声速较低,超声速气流在燃烧室下游占据的比例越来越大。

BR=15%时激波发生器与引射火箭底部相对距离对第一个主反应区宽度的影响如图 6.51 所示。在 $d_s/H=0.250\sim0.625$,各工况主反应区的前缘均在引射火箭底部。主反应区最宽处分别在 $x/H=0.60$、0.67、0.72 和 0.88 处,最大宽度分别为 $w/H=0.38$、0.41、0.43 和 0.50。在主反应区的前缘和最宽处之间,各工况的主反应区宽度基本相同,反应区的宽度近似是线性增加的。在主反应区最宽处的下游,主反应区的宽度依次呈现线性和指数型的下降。采用主反应区宽度的最大值对宽度曲线进行归一化可以发现各工况的无量纲宽度曲线基本重合。由此可知,各工况主反应宽度的变化规律具有很好的相似性。

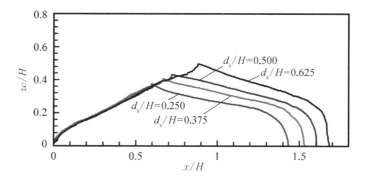

图 6.51　BR＝15％时激波发生器位置对第一个主反应区的宽度的影响[10]

图 6.52 展示了 BR＝15％时燃烧室中第一个主反应区的体积沿流向的变化规律。各工况第一个主反应区的体积在 $x/H \leqslant 0.60$ 的区域内是相同的。在主反应区最宽处的下游,各工况之间的差异逐渐加大。$d_s/H = 0.250$、0.375、0.500和 0.675 四个工况的第一个主反应区的体积分别为 27.3 cm³、32.6 cm³、36.2 cm³和 42.0 cm³。由此可见,增加激波发生器和引射火箭之间的距离可以显著增大第一个主反应区的长度和体积,进而提升燃烧效率。

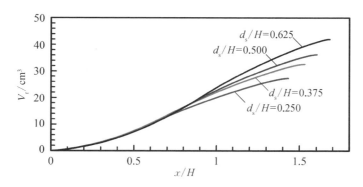

图 6.52　BR＝15％时激波发生器位置对第一个主反应区的体积的影响[10]

根据 6.2.3 小节和 6.2.4 小节的研究成果可以分析出在本小节研究条件下安装有激波发生器的燃烧室的工作包线,结果如图 6.53 所示。为避免激波发生器导致燃烧室内出现壅塞,激波发生器的阻塞比存在一个上限。当来流马赫数为 2.92 时,该上限在 15%~25%(如图 6.53 中点划线所示)。激波发生器阻塞比的下限(如图 6.53 中虚线所示)与 d_s/H 相关。随着 d_s/H 的增大,只有逐渐增大激波发生器的阻塞比才能实现乙烯的稳定燃烧。

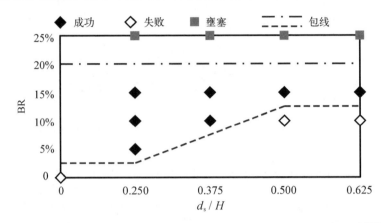

图 6.53 激波发生器的位置和阻塞比对引射火箭火焰稳定能力的影响[10]

基于 6.2.2 小节~6.2.4 小节的研究成果,本小节归纳了激波发生器增强引射火箭底部回流区火焰稳定能力的基本原理。如图 6.54 所示,以引射火箭底部回流区为基础的主反应区(即第一个主反应区)是火焰稳定的关键。激波发生器对第一个主反应区的影响主要体现在两个方面。激波发生器造成的逆压梯度促使了引射火箭底部回流区的扩张。更大的回流区往往具有更长的流体驻留时间和更强的火焰稳定能力。斜激波在流道中心创造了一个高温高压的区域,

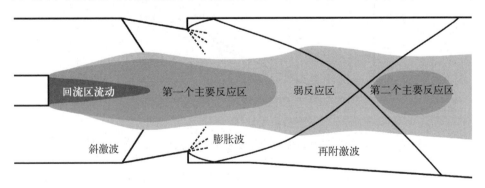

图 6.54 激波发生器作用下火箭底部回流区火焰稳定模式示意图[10]

促进了激波下游的化学反应,进一步延长了第一个主反应区的尺寸。源自第一个主反应区的燃烧产物和自由基随着主流向燃烧室下游传播,并在与燃料-空气混合物掺混的过程中诱导产生空间分布较广的弱反应区。激波发生器下游的膨胀波降低了当地静温和静压,进而抑制化学反应并使反应区缩小。但是激波发生器下游的再附激波则会诱导产生第二个主反应区。

6.4　凹腔与引射火箭底部回流区协同火焰稳定

为充分发挥 RBCC 发动机中低速回流区的火焰稳定能力,缩短燃烧室整体长度,实现碳氢燃料稳定高效的燃烧,本节在来流马赫数 2.52 条件下研究了凹腔与引射火箭底部回流区协同火焰稳定。燃烧室构型如图 6.2 所示。凹腔的深度为 15 mm,长深比为 5.83。凹腔到引射火箭的距离为 60 mm（$d/H=1.5$）。仅使用凹腔作为火焰稳定器时,采用 P1 和 P2 处的喷孔喷注燃料。同时使用凹腔和引射火箭底部回流区时,采用 P2 和 P3 处的喷孔喷注燃料。两种火焰稳定方案分别用方案 A 和方案 B 表示。乙烯的全局当量比在 0.25~0.40。

6.4.1　凹腔与引射火箭尾迹区无反应流场特征

图 6.55 展示了无燃料和燃料当量比为 0.30 时的无反应流场。原始纹影图像为彩色图像。为提高图像信噪比,本节将 RGB 三个通道的像素亮度相加获得灰度图像。根据无燃料喷注时的图像可知,由于凹腔和引射火箭之间的距离较近,膨胀波对凹腔流场没有明显影响。凹腔剪切层在凹腔后缘再附,凹腔流场为开式。采用方案 A 时,燃料的喷注位置在 P1 和 P2 处。由于 P1 远离观测区域,纹影图像未能揭示该燃料射流对流场的影响。P2 处的燃料射流在主流中诱导产生弓形激波。燃料羽流随主流向下游移动并通过凹腔剪切层内的大尺度涡结构[22]、凹腔与射流的相互作用[23]和撞击凹腔后缘[24]进入凹腔回流区。对比无燃料的流场可知,燃料羽流和弓形激波对膨胀波、凹腔回流区和引射火箭尾迹区的影响比较微弱。

采用方案 B 时,位于 P2 和 P3 处的燃料射流诱导产生两列弓形激波。源自 P3 的弓形激波在凹腔前缘下游约 15 mm 处入射到燃料射流。由于弓形激波的强度相对较弱,凹腔剪切层和燃料羽流没有向主流偏转。膨胀波的作用区域在弓形激波入射点的下游。对比方案 A 和方案 B 的无反应流场可知,弓形激波增

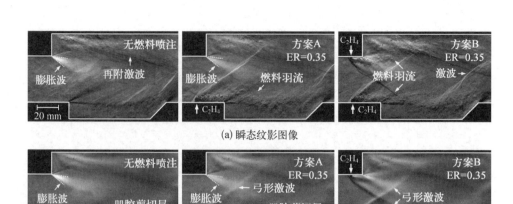

(a) 瞬态纹影图像

(b) 时均纹影图像

图 6.55 当量比为 0.30 时燃烧室无反应流场[10]

强了膨胀波对凹腔剪切层的影响。位于弓形激波入射点下游的凹腔剪切层和燃料羽流向凹腔底壁偏转。主要原因是弓形激波提高了凹腔前部的压力,间接增大了膨胀波导致的流向压力梯度。由于引射火箭底部回流区较小,且引射火箭尾迹区的马赫数高于凹腔回流区,源自 P2 处的弓形激波对燃烧室上壁面附近的流场没有明显影响。

6.4.2 凹腔与引射火箭尾迹区中的动态点火过程

方案 A 采用一个位于凹腔底壁的火花塞进行点火。除了凹腔内的火花塞外,方案 B 还需要在引射火箭底部回流区内安装第二个火花塞。方案 B 点火时先启动凹腔内的火花塞,间隔 20 ms 后再启动引射火箭尾迹区内的火花塞。图 6.56 展示了全局当量比 0.30 时火核在凹腔内的演化过程。火焰图像和纹影图像是通过两次独立的实验分别拍摄的。实验现象具有良好的重复性。图中标记的时间根据火焰图像确定。

如图 6.56(a) 所示,方案 A 的点火过程与 6.1 节中 $d/H = 2.0$ 的工况类似。在 375 μs 时,凹腔回流区将初始火核携带至凹腔前缘并形成一个局部自持火焰。火焰在 375~550 μs 缓慢地向下游发展。在之后的 150 μs 内火焰通过凹腔剪切层迅速向下游传播,并在 700 μs 时到达凹腔后缘。最终火焰在 825 μs 时从凹腔后缘传播到主流中。方案 B 的点火过程在火焰传播路径方面与方案 A 类似。由于方案 B 中有一半的燃料是在燃烧室上壁面喷注的,凹腔内的局部当量

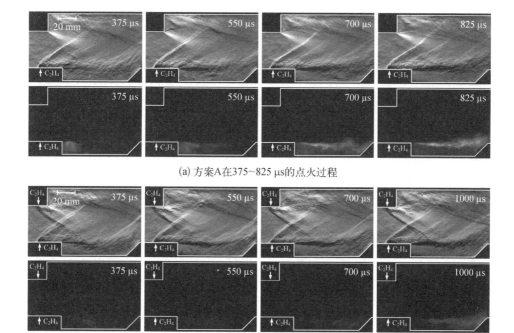

(a) 方案A在375~825 μs的点火过程

(b) 方案B在375~1000 μs的点火过程

图 6.56　当量比为 0.30 时火核在凹腔内的演化过程[10]

比较低。相比于方案 A,方案 B 中火焰的亮度更弱,火焰向下游传播的速度更慢。

方案 A 的点火过程在火焰从凹腔传播到主流中后结束,但是方案 B 还需要点燃燃烧室上壁面附近的燃料。应当注意的是,只有燃烧室下壁面形成稳定的火焰后才可能点燃引射火箭的尾迹区。图 6.57 展示了点燃引射火箭尾迹区的两种模式。如图 6.57(a)所示,当量比为 0.30 的工况需要依靠安装在引射火箭底部回流区的火花塞进行点火。该火花塞的点火能量约为凹腔内火花塞的 2.5 倍。图 6.57(a)中的时间原点为火花塞开始放电的时刻。由于引射火箭底部回流区的尺寸比较小,当地流动速度较高,初始火核面临严重的能量耗散和自由基耗散。底部回流区内的火焰在 1 100 μs 时才开始通过尾迹区与主流间的剪切层向下游传播,并在 1 225 μs 时传播到观测区域下游。在观测区域内,火焰右侧边界向下游快速传播的平均速度约为 575 m/s。

由纹影图像可知,当引射火箭尾迹区内形成较大的反应区后,引射火箭出口处的膨胀波消失。根据流道中激波的位置可知,伴随着火焰在引射火箭尾迹

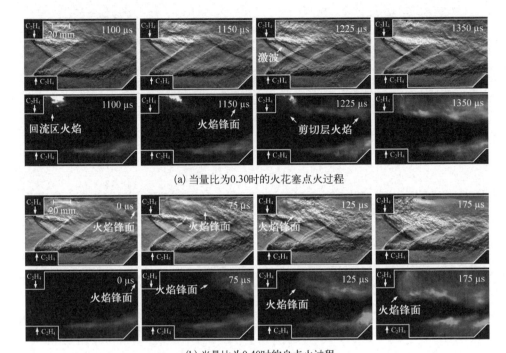

(a) 当量比为0.30时的火花塞点火过程

(b) 当量比为0.40时的自点火过程

图 6.57　点燃引射火箭尾迹区的两种模式[10]

区内的快速传播,反应区对超声速主流的压缩作用越来越明显。主流马赫数的降低能够促进化学反应。因此,凹腔附近的火焰亮度在 $1\,100\sim1\,350\,\mu s$ 持续增加,引射火箭尾迹区内的化学反应在 $1\,225\sim1\,350\,\mu s$ 进一步增强。

　　图 6.57(b)展示了全局当量比 0.40 时引射火箭尾迹区的自点火过程。将燃烧室上壁面首次出现火焰的时刻定义为时间原点。由第一列图像可知,当上壁面火焰还未到达引射火箭底部时,反压的影响已经通过上壁面附近的亚声速区传播到上游。引射火箭出口处的膨胀波消失,燃料射流也不再向燃烧室上壁面偏转。火焰在 $175\,\mu s$ 内由观测区域的右边界传播到引射火焰底部,平均传播速度为 $553\,m/s$。火焰在向上游传播的过程中不断压缩主流流道。在 $175\,\mu s$ 时,引射火箭尾迹区内的反应区明显大于燃烧室下壁面的反应区。

6.4.3　凹腔与引射火箭尾迹区协同火焰稳定机制分析

　　本小节分析了方案 A 和方案 B 在四个当量比下的火焰稳定模式(ER =

0.25、0.30、0.35 和 0.40）。方案 A 和方案 B 都能在 ER = 0.30 ~ 0.40 范围内实现
稳定燃烧。当量比为 0.25 时,仅方案 A 能够在燃烧室内建立起自持火焰。方
案 A 的贫燃极限比方案 B 低。参考 6.2.5 小节中的数据处理方法,本小节统计
了两种火焰稳定方案火焰亮度的概率密度分布,结果如图 6.58 所示。

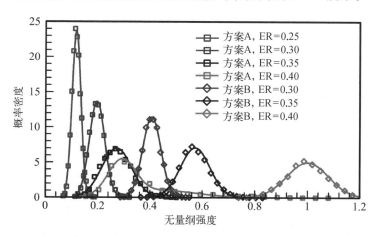

图 6.58　当量比和火焰稳定方案对火焰亮度概率密度分布的影响[10]

采用方案 A 时,随着当量比从 0.25 增加到 0.40,火焰的平均亮度由 0.118
增加到 0.363,火焰亮度的标准差由 0.017 增加到 0.136,即当量比越高化学反应
的强度和不稳定性越强。采用正态分布函数拟合 ER = 0.25、0.30 和 0.35 的工
况可以获得很好的效果,但是 ER = 0.40 的工况需要采用两个正态函数才能获
得较好的拟合效果。这意味着前三个工况各自仅存在一种火焰稳定模式,但是
ER = 0.40 时存在两种火焰稳定模式的转换。

采用方案 B 时,当量比的增加(ER = 0.30 到 0.40)同样会导致火焰平均亮
度(0.406 ~ 1)和火焰亮度标准差(0.035 到 0.080)的增加。正态分布函数在三
个工况中均取得很好的拟合效果。对比方案 A 和方案 B 可以发现,在相同的当
量比下,方案 B 的平均火焰亮度是方案 A 的 2.06 ~ 2.75 倍。由此可知,在观测
区域内方案 B 具有更高的燃烧效率。此外,本节还对各工况的火焰亮度曲线进
行了快速傅里叶分析。结果表明,除了采用方案 A 且 ER = 0.40 的工况存在主
频为 95 Hz 的振荡外,其他工况不存在明显的主频。

图 6.59 展示了当量比为 0.25 和 0.30 时方案 A 和方案 B 的反应流场。时
均火焰图像和时均纹影图像的采样时间为 100 ms。除时均图像外,图 6.59 还展

示了包含更多流场细节的瞬态纹影图像。如图 6.59(a) 所示,当量比为 0.25 时方案 A 的主反应区位于凹腔剪切层内。根据引射火箭出口的膨胀波和激波在引射火箭尾迹区上的入射点可知,引射火箭尾迹区的宽度有所增加,超声速主流向燃烧室上壁面的偏转并不明显。因此,膨胀波对主反应区形态的影响比较微弱。对比图 6.55 中的无反应流场可知,弓形激波等强度较弱的激波不足以促使引射火箭尾迹区变宽。结合图 6.57(b) 在 0 μs 时的纹影图像可以发现,燃烧释热在凹腔下游建立的高反压应当是导致引射火箭尾迹区变宽的主要因素。当量比增加到 0.30 后,火焰亮度有所增强。引射火箭底部回流区进一步扩大,引射火箭出口处的膨胀波被激波代替。该激波入射到主反应区上后导致反应区向主流一侧凸起,但是没有改变火焰稳定模式。

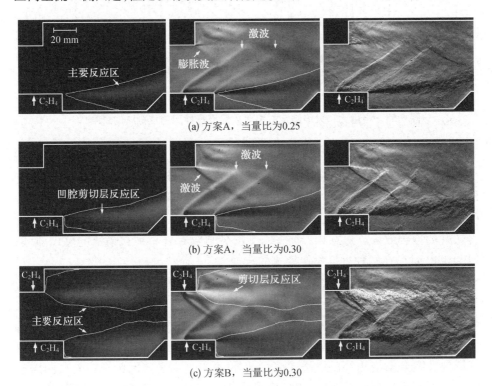

(a) 方案A,当量比为0.25

(b) 方案A,当量比为0.30

(c) 方案B,当量比为0.30

图 6.59　当量比为 0.25 和 0.30 时两种火焰稳定方案的反应流场[10]

图 6.59(c) 为方案 B 在当量比为 0.30 时的反应流场。由火焰图像可知,方案 B 存在两个较大的反应区。其中一个位于凹腔附近,另一个在引射火箭

的尾迹区。在主反应区靠近主流的一侧,燃料与空气的掺混比较充分,火焰为明亮的蓝色。但是在靠近壁面的一侧,火焰的亮度较弱。对比两个主反应区可知,引射火焰尾迹区内的反应区在尺寸和亮度上均优于位于下壁面的主反应区。主要原因是引射火箭尾迹区与主流间的剪切层远长于凹腔剪切层。根据激波的位置可以推断,在两个主反应区的挤压下,仅位于流道中心的部分气流处于超声速状态。燃烧室中大部分区域为亚声速流场,但是尚未形成壅塞。

　　如图 6.60 所示,当量比提高到 0.35 后,两种火焰稳定方案的反应流场出现显著变化。在方案 A 中,根据火焰图像的亮度可将反应区分为主反应区和弱反应区。其中主反应区位于凹腔剪切层内,弱反应区位于凹腔后部的上方。由纹影图像可知,弱反应区的上边界已接近引射火箭的尾迹区。造成该现象的主要原因是燃烧室已经接近壅塞,但是尚未形成壅塞,燃烧室仍然工作在超燃模式。在燃烧室下游反压的作用下,主反应区内的自由基和燃烧产物间歇性地传播到超声速主流中。在方案 B 中,位于引射火箭尾迹区的反应区和位于凹腔附近的反应区已经融合。在燃烧室下壁面,火焰已传播到燃料射流上游。位于上壁面的弓形激波表明 P3 处的燃料射流仍处在超声速气流中,但是位于 P2 的燃料射流已处于亚声速环境。虽然凹腔上方会出现不稳定的激波,观测区域内的流场已被亚声速区域主导,燃烧室工作在亚燃模式。

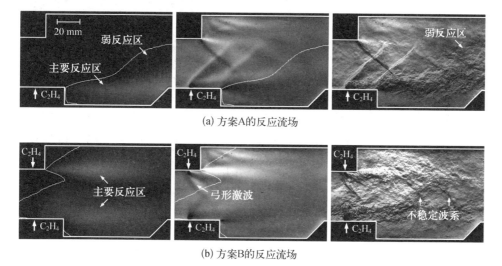

(a) 方案A的反应流场

(b) 方案B的反应流场

图 6.60　当量比为 0.35 时两种火焰稳定方案的反应流场[10]

进一步将当量比提高到 0.40 后,采用方案 A 的燃烧室内出现显著的燃烧振荡,火焰稳定模式在超燃模式和亚燃模式之间切换。根据图 6.58 中火焰亮度的概率密度分布,应当以 0.387 为阈值区分两种火焰稳定模式的火焰图像。但是该方法不能区分两种火焰稳定模式的纹影图像。为了合理区分两种火焰稳定模式,本小节采用 6.2.4 小节中的自编码器对该工况的火焰图像和纹影图像进行聚类分析。为便于对比,本节分别从 ER = 0.35 和 0.40 的工况中选取 300 张和 600 张火焰图像重新训练自编码器。采用 6.2.4 小节中的方法优化自编码器的可训练参数。火焰图像自编码器的 L_2 损失函数为 0.002 1。

图 6.61(a)展示了火焰图像自编码器对 2 300 张火焰图像的编码。其中 300 张图像属于 ER = 0.35 的工况,2 000 张图像属于 ER = 0.40 的工况。ER = 0.35 的火焰图像的编码(图中深色数据点)位于隐空间的下部(0.297 ≤ V1 ≤ 0.486、0.093 ≤ V2 ≤ 0.311)。ER = 0.40 时,火焰图像的编码(图中浅色数据点)可以分为两个部分。其中第一部分位于 V2 = 0.75 以下,与 ER = 0.35 的工况有部分重合。浅色点的第二部分位于 V2 = 0.75 的上方。两部分之间的数据点比较稀疏,很容易识别这两部分的边界。由此可知,该自编码器成功地将两个工况工作在超燃模式时的火焰图像聚合在一起,并且将同一工况处于超燃模式和亚燃模式的火焰图像区分开。参考图 6.61(b)和图 6.61(c)中的原始火焰图像可以发现

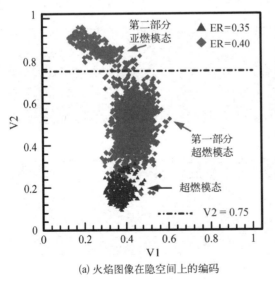

(a) 火焰图像在隐空间上的编码

(b) 第一部分数据点的典型火焰图像

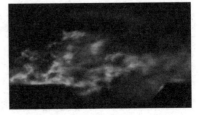

(c) 第二部分数据点的典型火焰图像

图 6.61 当量比为 0.35 和 0.40 时自编码器对火焰图像的编码[10]

自编码器对火焰图像的分类基本符合实际。

采用纹影图像训练自编码器后可获得纹影图像在隐空间上的编码。如图 6.62(a)所示，ER=0.40 时纹影图像在隐空间上的编码同样可以分为两部分。二者之间存在清晰的边界(图中点划线所示)。在该直线上方和下方的数据点分别代表超燃模式和亚燃模式。由图 6.62(b)和图 6.62(c)可知，各数据点所代表的纹影图像符合超燃、亚燃模式的基本特征。因此，本节设计的自编码器不但能够对火焰图像进行聚类分析，也能够准确地分析纹影图像。

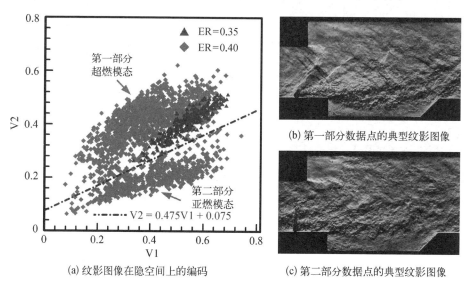

(a) 纹影图像在隐空间上的编码

(b) 第一部分数据点的典型纹影图像

(c) 第二部分数据点的典型纹影图像

图 6.62　当量比为 0.35 和 0.40 时自编码器对纹影图像的编码[10]

采用自编码器对火焰图像和纹影图像进行分类后可以计算时均图像。图 6.63(a)为方案 A 工作在超燃模式时的反应流场。此时主反应区位于凹腔剪切层和凹腔后缘附近的区域。虽然反应区位于凹腔前缘下游，但是由于燃烧释热导致的反压比较高，凹腔上游的燃料羽流和弓形激波等已受到反压的影响。流场中的激波表明，流道中仍有部分区域处于超声速状态。当方案 A 工作在亚燃模式时[图 6.63(b)]，火焰已传播到燃料射流上游。受到燃料穿透深度的影响，主反应区位于燃烧室下壁面和流道中心之间的区域。由于火焰和流场是高度动态的，火焰的上边界已到达引射火箭的尾迹区。观测区域内不存在明显的激波，这意味着流场处于亚声速状态。由于凹腔上游的区域消耗了更多的燃料，凹腔下游的反压可能降低，进而导致燃烧模式由亚燃模式转变为超燃模式。

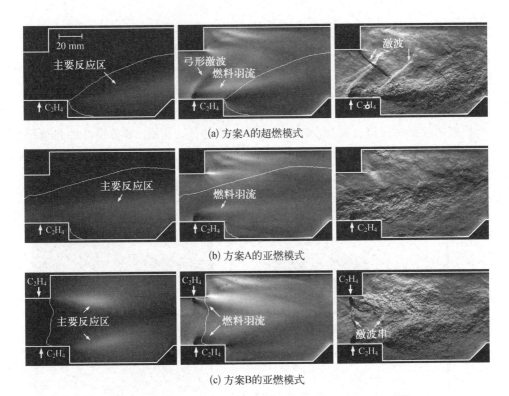

(a) 方案A的超燃模式

(b) 方案A的亚燃模式

(c) 方案B的亚燃模式

图 6.63　当量比为 0.40 时两种火焰稳定方案的反应流场[10]

　　当量比为 0.40 时,方案 B 依然工作在亚燃模式,火焰的亮度和化学反应的强度进一步提高。主反应区在引射火箭尾迹区和凹腔内。主反应区下游的火焰亮度逐渐降低,这意味着引射火箭出口和凹腔后缘之间的反应区消耗了大部分燃料。为了匹配燃烧释热导致的高反压,凹腔上游形成激波串。激波串降低了来流的速度,提高了来流的静温。燃料射流可能位于低超声速或亚声速区域内。相比于无反应流场,燃料射流的穿透深度大大增加。由于激波串存在明显的振荡,且可能被推到观测区域上游,时均纹影图像中没有观测到激波串。

　　各工况的燃烧室壁面压力分布如图 6.64 所示。图中灰色虚线为无反应流场的壁面压力。在无反应流场中,由于流道的扩张,壁面压力在凹腔前部下降至 0.70。在凹腔后缘和膨胀波的综合作用下,壁面压力在 $0.49 < x/H \leqslant 2.69$ 先上升至 0.99,然后下降至 0.35。

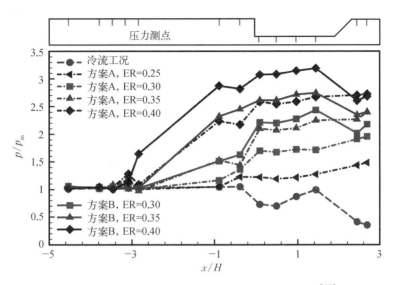

图 6.64　两种火焰稳定方案的燃烧室壁面压力分布[10]

　　图中点划线表示采用方案 A 时反应流场的壁面压力分布。当量比为 0.25 时,凹腔上游的壁面压力没有受到燃烧释热的影响。凹腔底壁的静压分布比较均匀(1.19~1.27)。由于主反应区延伸到了凹腔下游,燃烧释热的影响超过了膨胀波。壁面压力由 $x/H=1.44$ 处的 1.27 上升到 $x/H=2.69$ 处的 1.48。当量比提高到 0.30 后,凹腔及其下游的壁面压力上升到 1.70~1.96,整体上比 ER = 0.25 的工况高 0.48 左右。虽然主反应区位于凹腔下游,但是反压已经可以影响到凹腔上游的测压点。进一步将当量比提高到 0.35 后,凹腔及其下游的壁面压力(2.10~2.40)在整体上提高了 0.42。由于燃烧模式没有发生变化,壁面压力曲线的变化趋势与 ER = 0.30 的工况类似。当量比为 0.40 时,燃烧室工作在亚燃模态。壁面压力在 $-2.84<x/H \leqslant -0.89$ 之间迅速上升,这意味着燃烧室下壁面分离区的前缘应当在该区域内。凹腔前缘下游的压力提高到 2.54 以上。总体来看,随着当量比的增加,凹腔及其下游的压力逐渐提高。反压对凹腔上游壁面压力的影响逐渐增强,直至燃烧室内发生壅塞。但是值得注意的是,凹腔下游的壁面压力沿流向始终是单调递增的。这意味着壁面压力在观测区域内没有达到最大值。

　　对比方案 A 和方案 B 可以发现,在相同的当量比下,方案 B 的壁面压力始终高于方案 A。在凹腔下游的区域内,方案 B 的壁面压力比方案 A 高 0.50 左右。此外,方案 B 的壁面压力一般在凹腔前缘和后缘之间的区域(0.09<*x/H*≤1.44)达到最大。在凹腔下游(*x/H*>1.44),壁面压力在整体上呈下降趋势。因此,相比于方案 A,方案 B 可以在更短的燃烧室内实现燃料的高效燃烧,有利于缩短发动机的长度。

6.1.3 小节归纳的典型火焰稳定模式(图 6.17)可以解释方案 A 中发现的实验现象。当量比为 0.25~0.35 时,方案 A 的火焰稳定模式为凹腔稳定的超燃模式。当量比为 0.40 时,火焰稳定模式在凹腔稳定的超燃模式和亚燃模式之间切换。但是图 6.17 展示的三种火焰稳定模式并不能解释方案 B 中观察到的实验现象。

根据实验数据本节将方案 B 的火焰稳定模式分为两类,分别是凹腔-引射火箭稳定的超燃模式和凹腔-引射火箭稳定的亚燃模式。图 6.65(a)为第一种火焰稳定模式的示意图。该模式出现在当量比为 0.30 的工况中。来自凹腔回流区和引射火箭尾迹区的高温产物不断将燃料-空气混合物点燃,在凹腔剪切层和主流与引射火箭尾迹区的剪切层中形成两个主反应区。主反应区压缩了超声速气流的流道,燃烧室中心形成一系列激波和反射激波。由于当量比较低,且燃料的穿透深度有限,两个主反应区之间还存在超声速气流。

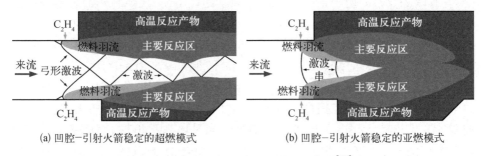

(a) 凹腔-引射火箭稳定的超燃模式　　(b) 凹腔-引射火箭稳定的亚燃模式

图 6.65　方案 B 的火焰稳定模式示意图[10]

第二种模式出现在当量比为 0.35 和 0.40 的工况中。两个主反应区的主体依然位于上述两个剪切层中,但是部分反应区可以传播到凹腔和引射火箭上游。剧烈的燃烧释热使燃烧室后部产生较高的反压,进而在主反应区上游诱导产生激波串。激波串提升了燃料射流的穿透深度,促进了燃料与空气的掺混。该模式下两个主反应区相互融合,燃烧室已经壅塞。

6.5　低动压条件下凹腔点火及火焰稳定特性

本节研究低于常规动压(50 kPa)飞行条件下的凹腔点火、火焰稳定和燃烧不稳定特性,展示了四种来流动压条件下的燃烧室流场结构,是对低动压弹道下超燃冲压发动机设计的初步探索,能为进一步拓宽动压边界提供参考。

6.5.1　低动压弹道下冲压发动机燃烧特性分析

6.5.1.1　低动压实验系统介绍

实验在国防科技大学直连式实验台进行,本节给出了三种来流条件下的实验结果。三种来流具有不同总压($P_0 = 1.0$、1.3、1.6 MPa),但是保持总温($T_0 = 1\,650$ K)和马赫数($Ma_{in} = 2.52$)不变,分别对应飞行马赫数 6 条件下动压为 0.25、0.34、0.43 个标准大气压的三种弹道。对应的飞行高度分别为 30.8 km、29.1 km、27.7 km。进行上述参数设计时考虑进气道总压恢复系数约为 0.6。对于每种来流条件,通过调整当量比研究其燃烧特性的变化,实验工况如表 6.2 所示。

表 6.2　实验工况设置

来流条件	T_0/K	总压 P_0/MPa	燃料	Ma_{in}	工况序号	ER
A1	1 650	1.0	C_2H_4	2.52	1	0.20
					2	0.30
					3	0.35
					4	0.43
					5	0.48
					6	0.57
					7	0.63
					8	0.69
A2		1.3			1	0.22
					2	0.25
					3	0.28
					4	0.32
					5	0.35

续 表

来流条件	T_0/K	总压 P_0/MPa	燃料	Ma_{in}	工况序号	ER
					6	0.42
					7	0.46
					8	0.51
					9	0.59
A3		1.6			1	0.20
					2	0.24
					3	0.27
					4	0.28
					5	0.29
					6	0.35
					7	0.39
					8	0.43
					9	0.51

燃烧室构型如图 6.66 所示。在燃烧室底壁安装后缘突扩凹腔,凹腔长度 $L=48$ mm,前缘深度 $D_1=12$ mm,后缘深度 $D_2=9$ mm,后缘角为 45°。燃料喷孔沿中心线布置,距凹腔前缘 10 mm,喷孔直径为 2 mm。燃烧室展向宽度为 50 mm。采用火花塞进行点火,火花塞安装在凹腔底壁上,放电频率 50 Hz,单次放电脉冲能量约为 5 J。实验选用常温纯乙烯作为燃料。火花塞在燃料射流开启 100 ms 后开始工作,确保点火前燃料质量流量已经稳定。

如图 6.66 所示,燃烧室的侧壁安装有两个观察侧窗,上游窗口对应于凹腔区域。纹影成像系统通过上游窗口进行流场结构观测。使用汞(Xe)弧光灯(66485‒500HX‒R1,Newport)作为光源,由配备 Nikkor 200 mm f/4 镜头的高速相机(SA‒Z,Photon)进行拍摄。纹影图像的曝光时间、帧频和空间分辨率分别为 248 ns、30 kHz 和 0.2 mm/pixel。

另一台高速摄影(SA‒X2,Photon)同时拍摄火焰 CH^* 自发辐射,该相机使用 50 mm f/1.4 Nikkor 镜头,并配备中心波长为 430 nm(Edmund 65198)的 10 nm 窄带滤光片。实验过程中该台相机帧频也设置为 30 kHz 以保证同纹影图像严格对应。沿流向共有 24 个测压孔测量壁面静压,压力传感器的采样频率为 100 Hz,不确定度为 ±0.5% FS(满量程)。

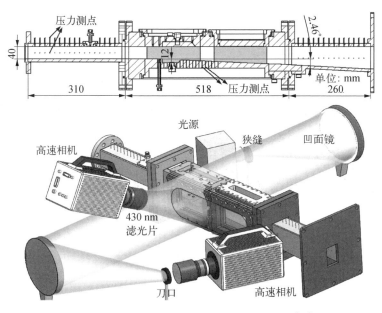

图 6.66 燃烧室构型和光学诊断系统示意图[25]

6.5.1.2　低动压条件下的典型火焰稳定模式

图 6.67 展示了 $P_0 = 1.3$ MPa 时的时均火焰图像(未使用滤光片)和典型纹影图像。工况 A2-1 和 A2-3 中的火焰主要集中在凹腔剪切层以及凹腔下游的近壁区域,这对应典型的凹腔剪切层模式。相应纹影图像显示,这种模式下的上游流场没有受到燃烧的显著影响。随着当量比增加,燃烧区域扩大,燃烧强度增强。此外,这些工况对应的流场明显受到强释热引起的背压升高的影响。具体来看,预燃激波串出现在工况 A2-5 和 A2-6 的射流尾迹上方,这表明凹腔内强释热引起了凹腔剪切层抬升。本小节将这种火焰稳定模式称为抬升剪切层模式。纹影结果表明,在工况 A2-8 和 A2-9 中,燃料喷孔上游几乎没有激波,这表明燃烧主要是在亚声速流动中发生的。该火焰稳定模式为典型亚燃模式。

时均壁面压力结果如图 6.68 所示。相同火焰稳定模式下压力分布相似,但不同火焰稳定模式对应的压力分布显著不同。此外,注意到壁面压力不随当量比线性增加,而是随着火焰稳定模式的变化呈阶跃式变化。此外,凹腔剪切层模式下由于燃烧带来的压力提升很小,这表明该火焰稳定模式燃烧效率较低。当量比增加到 0.59(A2-9)时,反压已经影响到了隔离段入口流场,这意味着当量比进一步增加可能导致进气道不起动,在实际飞行中应当避免达到上述当量比。

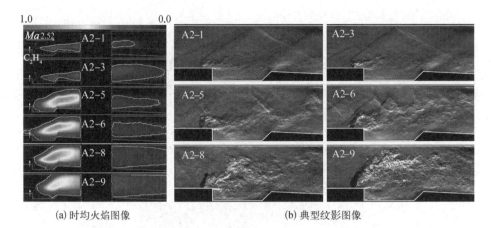

(a) 时均火焰图像   (b) 典型纹影图像

图 6.67 来流总压 1.3 MPa 时不同当量比对应的火焰稳定模式[25]

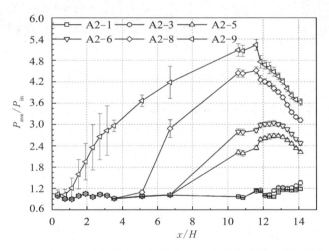

图 6.68 $P_0 = 1.3$ MPa 来流总压下不同当量比对应的时均壁面压力分布[25]

6.5.1.3 低动压条件下燃烧振荡特性

总火焰亮度(I)定义为特定区域内所有像素亮度的总和。六种工况下上游观察窗(I_u)和下游观察窗的(I_d)火焰亮度如图 6.69 所示。此外，还给出了 I 的概率密度分布和相应的拟合曲线。拟合曲线是通过计算相应样本的平均值(μ)和标准差(σ)得到的正态概率密度函数。从图 6.69 可以看出，凹腔剪切层模式 I_u 对应的统计结果与其他火焰稳定模式的统计结果显著不同。该模式具有较小的样本均值和方差。此外，工况 A2－9 的样本分布与其他工况不同，其无法准确地拟合相应的正态分布曲线。样本不符合正态分布可能是受到由预燃激波串向上游缓慢移动引起的极低频流场扰动所造成的。

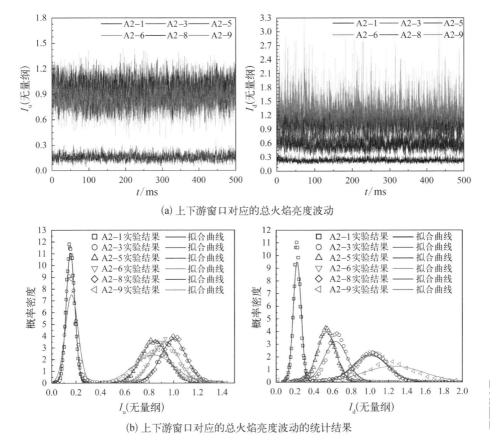

(a) 上下游窗口对应的总火焰亮度波动

(b) 上下游窗口对应的总火焰亮度波动的统计结果

图 6.69　总火焰亮度在 0~500 ms 的波动过程、概率密度分布和正态拟合曲线[25]

6.5.2　不同动压弹道下的火焰稳定特性对比分析

6.5.2.1　火焰稳定模式转化及火焰分布特性

本小节分析不同动压弹道下的燃烧流场特征及燃烧不稳定性。基于 6.5.1 小节给出的模式分类,图 6.70 展示了表 6.2 中列出的所有工况的火焰稳定模式。对于三种来流条件,当量比小于 0.2 时火焰无法自持。具体来看,在 $P_0 = 1.0\ \text{MPa}$ 的情况下,即使在当量比为 0.3 时点火仍不能成功,表明在较低压力下组织超声速燃烧更为困难。但是当来流的总压增加到 1.3 MPa 和 1.6 MPa 时，在相同当量比下可以实现稳定自持燃烧。当量比在 0.25~0.3 的范围内时，观察

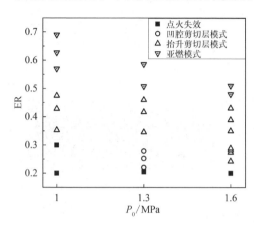

图 6.70 燃烧状态与来流总压和当量比的关系[25]

到 $P_0 = 1.3$ MPa 下的火焰稳定模式为凹腔剪切层模式。然而 $P_0 = 1.6$ MPa 时，在相同的当量比范围内抬升剪切层模式占主导地位，而且所有工况中都没有观察到凹腔剪切层模式。造成这种现象的原因可总结如下：与其他两种来流条件相比，相同当量比下 $P_0 = 1.6$ MPa 时的燃料质量流量更大；此外，在来流条件 $P_0 = 1.6$ MPa 时，燃烧室中的空气密度较高，有利于提高化学反应速率；因此，在成功点火的前提下，$P_0 = 1.6$ MPa 时的释热会比在较低来流总压的情况更强。

如图 6.70 所示，当量比为 0.35~0.45 时，三种来流条件下的火焰稳定模式均为抬升剪切层模式。进一步提高当量比可以发现，在总压较大的来流条件下的火焰稳定模式将更早地转变为亚燃模式。

6.5.1 小节的研究表明，不同的火焰稳定模式在流场结构、火焰和壁面压力分布等方面表现出完全不同的特性。因此，本小节在当量比相近、火焰稳定模式相同的情况下分析不同来流总压造成的影响。针对抬升剪切层模式选取两组实验结果，一组由工况 A1-3、A2-5 和 A3-6 组成（当量比均为 0.35），另一组包含工况 A1-4、A2-6 和 A3-8（工况 A1-4 和 A3-8 中当量比为 0.43，而工况 A2-6 中当量比为 0.42）。针对亚燃模式同样选取两组工况，分别由 A2-8、A3-9（当量比为 0.51）和 A1-6、A2-9（A1-6 中当量比为 0.57，而工况 A2-9 中当量比为 0.59）组成。

上述四组工况的时均 CH^* 自发辐射图像和相应的火焰亮度分布如图 6.71 和图 6.72 所示，分别对应于抬升剪切层模式和亚燃模式。由图 6.71 可知，火焰结构随着总压的增加而变化。具体来说，随着来流总压的增加，I 峰值对应的 x 坐标向上游移动。相比之下，当量比为 0.42±0.1 时不同动压下的火焰分布大体相似。

图 6.72 中的结果对应于亚燃模式。与图 6.71 所示抬升剪切层模式相比，亚燃模式下的火焰区域明显扩大。类似地，随着来流总压的增加，CH^* 自发辐射

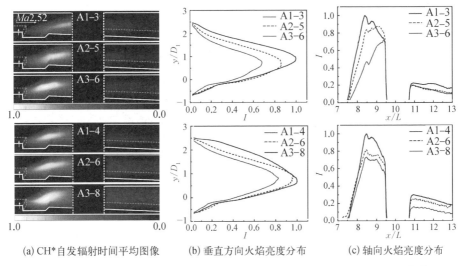

(a) CH*自发辐射时间平均图像　(b) 垂直方向火焰亮度分布　(c) 轴向火焰亮度分布

图 6.71　抬升剪切层模式对应的时均 CH*自发辐射图像和火焰亮度分布[25]

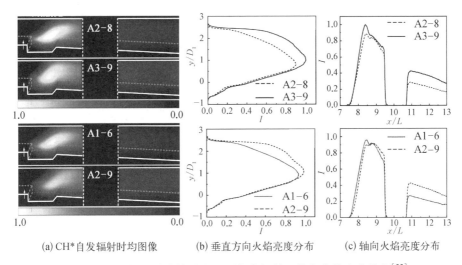

(a) CH*自发辐射时均图像　(b) 垂直方向火焰亮度分布　(c) 轴向火焰亮度分布

图 6.72　亚燃模式对应的时均 CH*自发辐射图像和火焰亮度分布[25]

增强。主要原因是来流的质量流量与总压成正比。为了保持相同的当量比,燃料质量流量应与总压成正比。当总压较高时,抬升剪切层模式的 CH*自发辐射强度主要在上游窗口(对应于凹腔区域)显著增强。但是在亚燃模式下 CH*自发辐射的增强主要发生在下游窗口。这意味着亚燃模式下凹腔附近区域的释热已趋于饱和,燃烧增强主要发生在凹腔下游。

6.5.2.2 燃烧不稳定特性分析

图 6.73 展示了以上四组工况的燃烧不稳定特性。使用与图 6.69 一致的方法计算总火焰亮度 I 的概率密度可以发现,抬升剪切层模式中相同当量比工况的样本方差相近。此外,该火焰稳定模式下不同工况的样本均值与来流总压近似成正比。这体现出当量比相同时,不同来流总压下冲压发动机内燃烧流场的统计相似性。此外,假设飞行器升阻比在小飞行高度范围($27.5 \sim 31$ km)内保持不变,线性增加的样本均值实际上保证了不同弹道下推阻比近似不变。对于亚燃模式,在总压较高的情况下,I_u 的样本方差略微增大,而总压与样本均值之间并没有明显的规律性。

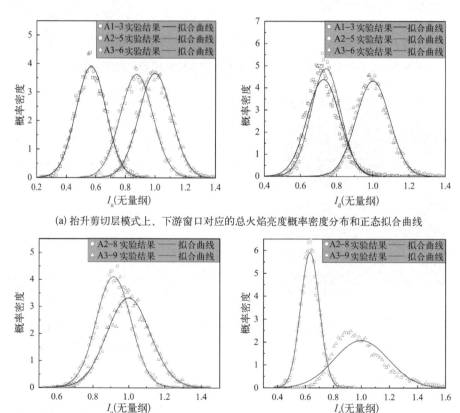

(a) 抬升剪切层模式上、下游窗口对应的总火焰亮度概率密度分布和正态拟合曲线

(b) 亚燃燃烧模式上、下游窗口对应的总火焰亮度概率密度分布和正态拟合曲线

图 6.73 不同来流总压下总火焰亮度 I 的概率密度分布及对应拟合曲线

6.5.3　极低动压弹道下的燃烧特性

6.5.3.1　实验方法介绍

本小节研究了极低动压条件下碳氢燃料(常温乙烯)的自点火过程和燃料喷注方案对燃烧特性的影响。实验模拟的飞行马赫数为 6、飞行高度为 40 km (动压约为 7 kPa)。假设进气道的总压恢复系数为 0.75,则燃烧室入口来流的总压为 0.33 MPa、总温为 1 650 K。

燃烧室及相应尺寸参数见图 6.74。隔离段入口高度为 40 mm、宽度为 53.6 mm。燃烧室底壁安装后缘突扩凹腔。凹腔长度为 115 mm、前壁深度为 36 mm、后壁深度为 24 mm、凹腔后壁面倾斜角为 45°。J1 ~ J3 对应三个喷注位置,到凹腔前缘的距离分别为 35、21 和 7 mm。每个喷注位置均为展向并联 3 孔喷注。对于每个喷注位置,中心孔均位于燃烧室中心线上,相邻喷孔间距为 13.4 mm,喷孔直径均为 1 mm。采用安装在凹腔底壁的火花塞进行点火。

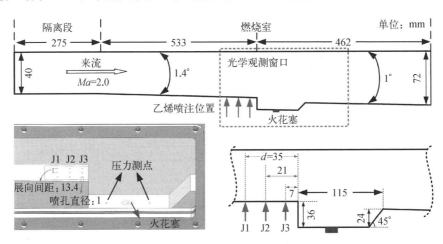

图 6.74　单边扩张燃烧室实验模型示意图

6.5.3.2　凹腔辅助的火焰自点火过程

实验中采用高速相机拍摄火焰化学发光,拍摄频率设置为 27 kHz。采用 J1 喷注点位,燃料全局当量比为 0.4。实验结果表明,该来流条件下的自点火过程存在火焰产生阶段和火焰发展阶段。此处火焰发展阶段强调的是燃烧状态从燃烧强度较弱的凹腔剪切层模式向具有更大燃烧强度的抬升剪切层模式的过渡过程。火焰产生阶段很短,火焰发展阶段则需经历较长时间。图 6.75 展示了火焰产生阶段的典型瞬态火焰图像(以可见火焰可被初次捕捉到的时刻为零时刻)。自点火过程中,火焰最初产生在凹腔后缘顶部,并不断前传至凹腔内部(如 $t = 0.26$ ms 所示)。此后凹腔内火焰亮度不断增大,并快速向主流传播(如 $t = 0.37$ ms 所示)。火焰主体转移至主流后凹腔内部火焰消失。

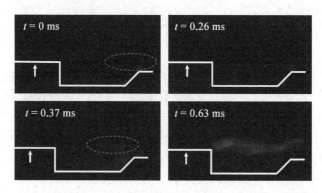

图 6.75　火焰产生阶段典型瞬态火焰图像

图 6.76 展示了火焰在自点火成功后的发展阶段。该阶段历时较长,火焰最初集中于凹腔剪切层附近,凹腔内部几乎没有可以被观测到的火焰。但是在 $t = 15.44$ ms 时,凹腔剪切层火焰产生明显的纵向扩张并覆盖了凹腔后缘。随后在凹腔回流区内产生富燃火焰(如 $t = 19.15$、22.85 ms 时凹腔内的高亮区域)。上述实验现象表明,在此类极低动压飞行条件下的点火过程中,火焰在建立后将以凹腔剪切层模式长时间稳定自持,火焰建立后的发展过程相比于火焰建立过程的耗时大大增加。

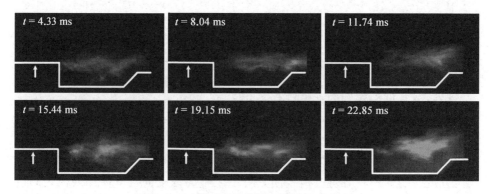

图 6.76　火焰发展阶段典型瞬态火焰图像

6.5.3.3　喷注方案对火焰稳定特性的影响

为研究凹腔上游远距离喷注对燃烧稳定特性的影响,本小节除 J1~J3 喷注点位外,还在距离凹腔前缘 120 mm 处增设直径为 2 mm 的单孔喷注点位(命名为 J0)。具体实验工况设置如表 6.3 所示。本小节实验采用的观测方式包括火焰图像高速摄影和壁面压力测量。

表 6.3　实验工况设置

喷 注 方 案	ER
J1	0.8
J2	0.8
J3	0.8
J1+J2	0.8
J2+J3	0.8
J1+J3	0.8
J1+J2+J3	0.8
J0	0.8

图 6.77 对比了后缘突扩凹腔上游单点喷注的不同方案,燃料全局当量比为 0.8。采用 J0 喷注方案时,燃烧区域几乎全部位于主流中。凹腔内部几乎不存在火焰,且主要燃烧区域集中于凹腔前部以及凹腔前缘上游对应的主流区域内,说明燃料在输运至凹腔前便已实现剧烈反应。时均火焰图像表明此时的火焰稳定模式主要为射流尾迹模式。在此模式下燃烧主要发生于凹腔上游的主流区域内,凹腔作为火焰稳定器的作用被削弱。

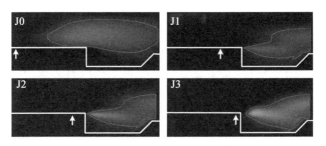

图 6.77　不同单点喷注方案下的时均火焰图像(当量比 0.8)

近距离喷注方案下,火焰全部位于凹腔及凹腔下游,表现出典型的凹腔稳定的火焰形态。对于近距离喷注方案,增大喷注距离(由J3至J1)并未显著改变火焰形态,不过可以观察到更近的喷注位置(如J3喷注方案所示)可以产生更集中的火焰。具体来说,工况J1的火焰亮度最弱,而工况J3的火焰亮度最强。这一结果表明,随着喷注距离的增加,凹腔附近的燃烧强度降低。此外,工况J1和J2中的时均火焰的空间分布似乎并不连续,火焰结构在凹腔剪切层后部发生分离。这种特殊的火焰形态源于射流尾迹区域内由富燃导致的局部熄火。

此外,本小节还开展了凹腔前缘近距离喷注点位组合喷注方案的对比研究。燃料全局当量比为0.8。图6.78展示了四种组合方案对应的时均火焰图像。从图中可以看出J2J3、J1J3和J1J2J3三种方案所产生的火焰形态几乎没有差别,均为凹腔稳定的燃烧模式,火焰主要集中于凹腔内部。这一分布特征与近距离单点喷注方案一致。但是J1J2方案对应的火焰前缘较其他组合喷注方案更靠近凹腔前缘。

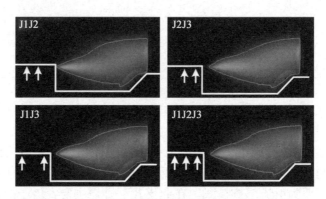

图6.78 不同组合喷注方案下的时均火焰图像(当量比0.8)

图6.79展示了不同喷注方案下燃烧室壁面压力分布。可以看到远距离J0喷注方案所对应的壁面压力相较于其他喷注方案呈现以下特征:前部压力明显偏高而后部压力略有降低,但降幅并不明显。近距离喷注方案下,不同工况沿程压力分布整体相差不大,变化趋势基本相似。在所有工况中,凹腔的后部均出现明显的压力峰值且凹腔下游的压力迅速减小,这表明流动从凹腔后部开始加速。与其他工况相比,单点喷注方案J1和J2对应的壁面压力相较于其他方案更高。在组合喷注方案中,J1J2J3方案总体壁面压力较高,但在全程范围上仍小于J1和J2喷注方案、高于J3喷注方案。这说明采用较远距离的单点喷注

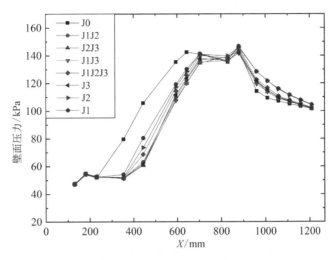

图 6.79 不同喷注方案壁面沿程压力对比(当量比 0.8)

方案可能优于凹腔前缘近距离组合喷注方案。

图 6.80 展示了上游近距离喷注条件下不同全局当量比对应的时均火焰图像。当量比较低时火焰整体比较紧凑、亮度较大。当量比增大至 0.8 时,时均火焰呈现明显的分离形态,整体火焰亮度降低。火焰亮度的降低往往意味着该区域内的燃烧强度有所减弱。造成该现象的原因可能是当量比过高造成了射流尾迹区域的局部富燃,从而使得该区域内出现局部熄火。凹腔前缘远距离喷注也有类似的规律,不过值得注意的是当量比较小时(0.4),远距离喷注并不能形成稳定的火焰,整体上处于时断时续的燃烧状态,这种情况下势必会对真实发动机推力性能及稳定性造成较大影响。

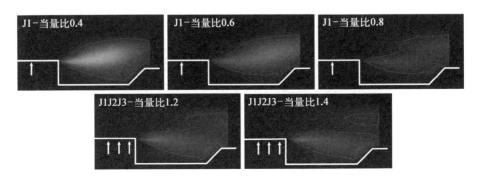

图 6.80 上游近距离喷注条件下不同全局当量比的时均火焰图像

图 6.81 展示了上游远距离喷注时不同全局当量比的时均火焰图像。由图可知,不同工况的火焰分布基本一致。随着当量比的增大,高亮区范围(细线标注)逐渐扩大。对于不同当量比的工况,最大亮度区域皆集中在凹腔前缘至喷注位置之间,但是凹腔附近的火焰亮度较弱。在凹腔后缘处火焰亮度急剧降低。凹腔内部的火焰亮度始终较低,凹腔前缘附近的回流区甚至处于几乎无火焰的状态。

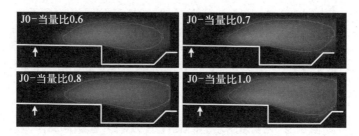

图 6.81　上游远距离喷注条件下不同全局当量比的时均火焰图像

6.6　本章小结

本章以实现 RBCC 发动机燃烧室在冲压模态的稳定工作为目的,采用实验与数值计算相结合的方法研究了凹腔回流区和引射火箭底部回流区的火焰稳定能力,探究低动压弹道下的发动机燃烧特性,主要得到以下结论。

(1)在复杂波系作用下,凹腔点火过程和火焰稳定模式涉及复杂的流动-燃烧耦合现象。在点火初期,流动主导着火核的传播。凹腔回流区将火核携带至凹腔前部。随着局部自持火焰的增强,凹腔剪切层火焰和火焰基底间的正反馈促使火焰沿凹腔剪切层快速向下游传播。当燃烧释热能够对流场造成显著影响时,反应区与上游流场的相互作用驱动着燃烧室流场逐渐演化到最终状态。

(2)基于凹腔的火焰稳定方案存在三种典型火焰稳定模式。仅凹腔后部受到膨胀波的影响时为凹腔稳定的超燃模式。由于凹腔剪切层撞击凹腔后缘,该模式的火焰亮度出现主频在 300~500 Hz 的振荡。再附激波对凹腔流场起主导作用时为射流尾迹稳定的超燃模式。再附激波-火焰反馈环使火焰亮度以大约 100 Hz 的频率振荡。当凹腔位于膨胀波和再附激波下游时,膨胀波降低了主流静压,再附激波使边界层对下游反压更加敏感。燃烧释热在燃烧室内诱导产生大尺度分离区,燃烧室工作在亚燃模式。不稳定的热力学喉道使火焰亮度出现主频约为 800 Hz 的振荡。对火焰稳定模式聚类分析的研究表明,基于卷积神经网络的自编码器可以根据火焰化学发光图像和纹影图像准确区分不同火焰稳定模式。

（3）激波发生器可以增强引射火箭底部回流区的火焰稳定能力。在反应流场中,斜激波导致的逆压梯度大大拓展了火箭底部回流区的长度。斜激波下游的高温、高压区也促进了化学反应。燃烧室中实现了乙烯的稳定燃烧。在不造成流道壅塞的前提下提高激波发生器的阻塞比可以进一步提升火箭底部回流区的火焰稳定能力。随着激波发生器和火箭之间距离的增大,火箭底部回流区的尺寸呈现先增大后减小的趋势,即二者之间的距离存在最优解。该最优解随着激波发生器阻塞比的增加而增大。

（4）在采用凹腔与火箭底部协同火焰稳定的燃烧室中,凹腔反应区能够促使火箭底部回流区及其尾迹区扩张,在火箭下游营造适宜点火和火焰稳定的亚声速环境。相比于仅采用凹腔的方案,凹腔与火箭底部协同火焰稳定具有更高的燃烧效率,更稳定的流场结构。

（5）低动压来流条件下,随着当量比的升高火焰稳定模式将由凹腔剪切层模式转变为抬升剪切层模式,并最终演化为完全亚燃模式。来流总压较低时（$P_0 = 1.0$ MPa）,贫燃点火极限提高。随着来流总压提高,超燃-亚燃转换点对应当量比变小。在相同的当量比且燃烧模式处于亚燃模式时,更高动压来流下的凹腔下游区域燃烧振荡将会明显加剧。对于极低动压来流条件,在较高静温下点火方式以自点火为主。喷注位置可以显著影响燃烧室壁面压力分布,采用单点喷注方案的室压略高于组合喷注方案。

参考文献

[1]　An B, Yang L, Wang Z, et al. Characteristics of laser ignition and spark discharge ignition in a cavity-based supersonic combustor[J]. Combustion and Flame, 2020, 212: 177 – 188.

[2]　Ratzke A, Schöffler T, Kuppa K, et al. Validation of turbulent flame speed models for methane-air-mixtures at high pressure gas engine conditions[J]. Combustion and Flame, 2015, 162: 2778 – 2787.

[3]　Ruan J L, Domingo P, Ribert G. Analysis of combustion modes in a cavity based scramjet

[J]. Combustion and Flame, 2020, 215: 238 – 251.

[4] Saxena S, Kahandawala M S P, Sidhu S S. A shock tube study of ignition delay in the combustion of ethylene[J]. Combustion and Flame, 2011, 158: 1019 – 1031.

[5] Huang W. Mixing enhancement strategies and their mechanisms in supersonic flows: A brief review[J]. Acta Astronautica, 2018, 145: 492 – 500.

[6] Liu Q, Baccarella D, Hammack S, et al. Influences of freestream turbulence on flame dynamics in a supersonic combustor[J]. AIAA Journal, 2017, 55: 913 – 918.

[7] 汤祥.RBCC 支板火箭超燃模态动态过程与性能研究[D].西安: 西北工业大学, 2015.

[8] Zhang D, Song W. Experimental study of cone-struts and cavity flameholders in a kerosene-fueled round scramjet combustor[J]. Acta Astronautica, 2017, 139: 24 – 33.

[9] An B, Sun M B, Wang Z G, et al. Flame stabilization enhancement in a strut-based supersonic combustor by shock wave generators[J]. Aerospace Science and Technology, 2020, 104: 105942.

[10] 安彬.火箭基组合循环发动机冲压模态火焰稳定机理和增强方法研究[D].长沙: 国防科技大学,2021.

[11] Ombrello T, Blunck D L, Resor M. Quantified infrared imaging of ignition and combustion in a supersonic flow[J]. Experiments in Fluids: Experimental Methods and Their Applications to Fluid Flow, 2016, 57(9): 140.

[12] Li H, Tan J G. Cluster-based Markov model to understand the transition dynamics of a supersonic mixing layer[J]. Physics of Fluids, 2020, 32(5): 056104.

[13] Han Z Z, Li J, Zhang B, et al. Prediction of combustion state through a semi-supervised learning model and flame imaging[J]. Fuel, 2021, 289: 119745.

[14] Zhou Y C, Zhang C, Han X, et al. Monitoring combustion instabilities of stratified swirl flames by feature extractions of time-averaged flame images using deep learning method [J]. Aerospace Science and Technology, 2021, 109: 106443.

[15] Kong C, Chang J T, Li Y F, et al. Flowfield reconstruction and shock train leading edge detection in scramjet isolators[J]. AIAA Journal, 2020, 58: 4068 – 4080.

[16] Kong C, Chang J T, Wang Z, et al. Prediction model of flow field in an isolator over various operating conditions[J]. Aerospace Science and Technology, 2021, 111: 106576.

[17] Zhang Y N, Zhou L, Meng H, et al. Reconstructing cellular surface of gaseous detonation based on artificial neural network and proper orthogonal decomposition[J]. Combustion and Flame, 2020, 212: 156 – 164.

[18] Huang J Q, Liu H C, Wang Q, et al. Limited-projection volumetric tomography for time-resolved turbulent combustion diagnostics via deep learning[J]. Aerospace Science and Technology, 2020, 106: 106123.

[19] Cai W W, Huang J Q, Deng A D, et al. Volumetric reconstruction for combustion diagnostics

via transfer learning and semi-supervised learning with limited labels [J]. Aerospace Science and Technology, 2021, 110: 106487.

[20]　Lin K C, Jackson K, Behdadnia R, et al. Acoustic characterization of an ethylene-fueled scramjet combustor with a cavity flameholder[J] Journal of Propulsion and Power, 2010, 26: 1161 - 1169.

[21]　Colket M B, Spadaccini L J. Scramjet fuels autoignition study[J]. Journal of Propulsion and Power, 2001, 17: 315 - 323.

[22]　Wang H B, Wang Z G, Sun M B, et al. Large-eddy/Reynolds-averaged Navier-Stokes simulation of combustion oscillations in a cavity-based supersonic combustor[J]. International Journal of Hydrogen Energy, 2013, 38: 5918 - 5927.

[23]　Liu C Y, Zhao Y H, Wang Z G, et al. Dynamics and mixing mechanism of transverse jet injection into a supersonic combustor with cavity flameholder[J]. Acta Astronautica, 2017, 136: 90 - 100.

[24]　Lazar E, Elliott G, Glumac N. Control of the shear layer above a supersonic cavity using energy deposition[J]. AIAA Journal, 2008, 46(12): 2987 - 2997.

[25]　Wang T, Wang Z, Cai Z, et al. Combustion characteristics in scramjet combustor operating at different inflow stagnation pressures[J]. AIAA Journal, 2022, 60: 4544 - 4565.

第 7 章　RBCC 发动机燃烧
技术展望

　　进入 21 世纪以来,围绕高超声速飞行、低成本空间运输和全球到达等目标,以美国和俄罗斯为代表的众多国家都在大力发展可重复使用高超声速飞行器及其对应的组合动力技术。目前的组合发动机形式包括双循环组合发动机(如火箭冲压组合循环发动机、涡轮基组合循环发动机)和三循环组合发动机(如涡轮/火箭/冲压组合循环发动机、空气涡轮火箭、协同式吸气火箭发动机、涡轮辅助火箭增强冲压组合循环发动机等)。随着变推力火箭及宽范围冲压技术逐步发展成熟,火箭冲压组合发动机有望成为最先取得突破的组合循环动力方案之一。

　　RBCC 发动机融合了火箭发动机宽适用性和冲压发动机优良的高速性能,适用于高超声速宽域飞行,并且可以做到可重复使用,是高超声速飞机实现在宽速域、大空域内智能机动、自由穿梭的理想动力装置。但该发动机研制难度巨大,国内外经历了 60 余年的艰难探索仍未完成实用型 RBCC 发动机的研制,主要原因在于发动机宽域多模态燃烧组织、发动机高低速性能兼顾及发动机多模态平稳转换等技术尚未得到有效突破。

　　在宽范围来流条件下,发动机燃烧室入口气流速度、压力和温度等参数的变化范围很大。大范围变化的进气条件对同一流道内实现快速燃料掺混、鲁棒点火和稳定燃烧带来巨大困难。此外,在宽范围冲压流道内增加变推火箭及低马赫数燃烧区后,势必会对原本的宽范围冲压性能及火箭引射增推性能造成影响。如何优化总体设计及模态转换控制方法,以保证组合发动机在引射模态及冲压模态实现宽范围性能折中是亟须攻克的关键问题。进一步发展 RBCC 发动机宽域多模态燃烧组织技术需着重从以下几个方面开展研究。

　　1. 加强总体方案对宽域多模态燃烧技术研究的牵引

　　宽速域适应能力是 RBCC 发动机的最大特点,不同的飞行任务及总体方案对发动机的速域要求及推力比冲性能要求存在较大差异,从而牵引出不同的

RBCC 发动机宽域多模态燃烧室的设计要求。因此,在开展宽速域多模态燃烧组织研究初期,便需要明确具体的应用背景及相应的发动机总体方案,之后再开展与总体方案相适应的多模态燃烧组织技术研究。确保不同模态的燃烧组织方案研究成果相容兼顾,进而最大限度提高 RBCC 发动机宽域燃烧室设计效率。

2. 突破宽域冲压燃烧及变推力火箭等基础关键技术

RBCC 发动机是火箭发动机与冲压发动机的有机高效耦合,突破 RBCC 发动机宽域多模态燃烧组织技术的前提是要优先突破宽范围冲压燃烧组织技术、变推力火箭发动机技术及火箭与宽范围冲压的高效匹配技术。宽范围冲压燃烧组织技术是 RBCC 发动机的基础,超燃模态是 RBCC 发动机的巡航状态,亚燃模态是衔接超燃与引射模态的关键模态。只有将宽范围冲压的基础打牢,才能够保证 RBCC 发动机的总体性能。变推力火箭是 RBCC 发动机引射模态所必需的关键技术,只有火箭实现可靠的变推力调节,才能够控制 RBCC 发动机在爬升阶段的燃油消耗,保证发动机的比冲性能。在宽范围冲压燃烧组织技术的基础上增加变推力火箭后,在引射模态下火箭燃气与空气的混合气流在总温、总压和内流道流场结构等方面势必与常规冲压发动机有所不同,这是一个全新的课题。此外内流道增加火箭后,对亚燃及超燃模态工作性能带来的影响也需要进行评估。

3. 探索新型燃烧组织技术

RBCC 发动机飞行速域宽、飞行空域大,发动机燃烧室往往需要工作在极端条件(如低动压来流条件),因此需要深入开展极端环境下的火焰稳定及火焰增强技术。RBCC 发动机的工作模态多(如引射模态、亚燃冲压模态、超燃冲压模态、火箭模态、火箭/冲压及其他组合模态等),且要在有限的空间内实现各模态的可控高效燃烧和平稳转换,这要求发动机燃烧组织鲁棒性极好,具备熄火后再点火的能力。因此需要开展多模态燃烧调控如等离子体调控及助燃等技术研究。RBCC 发动机宽域多模态燃烧组织虽然融合兼顾了多种单一动力燃烧组织的优势,但是兼顾宽速域的设计势必导致特定状态点的燃烧组织性能相较单点设计的专用发动机燃烧组织性能稍有逊色,因此需要探索基于先进循环方案(如爆震燃烧等)和基于先进能源方案(如高能燃料燃烧等)的新型燃烧组织方式,不断提升 RBCC 发动机在宽速域下的燃烧性能。

4. 发展先进的数值及实验研究方法

RBCC 发动机尚处于应用论证和关键技术攻关阶段,各种发动机燃烧组织方案层出不穷,迫切需要通过先进的数值手段对不同燃烧组织方案在宽速域范围内的综合性能进行高效高精度分析评估,进而优选出与飞行任务匹配最优的燃烧组织方案。现有数值仿真方法还存在数值模型不够准确、计算精度不高、求解效率较低和应用范围较为局限等问题。为更好支撑 RBCC 发动机宽域多模态燃烧组织技术的研制,需借助新兴技术不断提升数值仿真能力。伴随着人工智能技术的兴起,相关研究方法正快速渗透至发动机数值仿真的各个方面。一方面,可借助人工智能突破数值仿真的发展瓶颈,全面提升数值仿真的准确性、精度和速度,提高数据处理和知识挖掘的效率。其次,可利用人工智能技术融合数值仿真数据、实验数据和先验经验,并在数据融合的基础上构建实体发动机的数字孪生体,最终实现虚实交互的发动机设计。

　　RBCC 发动机实验技术面临的技术难点是宽速域宽空域飞行与模态转换等因素引起的发动机来流状态持续变化的问题。当前直连式实验和自由射流实验设施存在模拟量级小、工作范围窄且不能模拟连续变马赫数等问题,无法真实验证系列尺度的 RBCC 发动机点火、宽范围燃烧及模态转换等过程。因此,很有必要针对 RBCC 动力系统实验模拟状态点多、工况复杂、实验强度大等特点,统筹开展系列尺度的组合动力综合实验系统关键技术研究,突破系列尺度组合发动机宽流量范围、宽速域、宽空域直联式实验技术、高空模拟实验技术和自由射流实验技术等,支撑系列尺度 RBCC 发动机的快速研制。